はじめに

戦記好きの小学生が知った"状況認識"の重要性

　私が初めて「軍事」あるいは「安全保障」といった分野に関心を持つようになったのは、いつ頃だっただろうか。と思って記憶をたどると、小学校低学年の頃まで遡れる。学校の図書館に置いてあった、スラバヤ沖海戦について書かれた本を読んでいた記憶が残っているからだ。また、筆者の父が戦記関連の本をいろいろ買い集めていたので、それも手当たり次第に読んだ。そうした本の多くは、今では拙宅の書棚に収まっている。（なんという小学生だ、まったく）

　当然、そうした本は後から事実経過が明らかになった後で書かれたものだから、それを読む度に後知恵で「あの場面で、こうやっておけば勝てたかも知れないのに！」と思わされる話はいろいろ出てくる。たとえばミッドウェイ海戦であれば、低空から侵入してきた雷撃機の相手に専念してしまい、上空から突っ込んできた急降下爆撃機に対する警戒が疎かになってしまった件がそうだ。

　いまどきの感覚からすれば、「レーダーを作動させて敵機の接近を把握できる体制をとっておけば、ここまで悲惨なことにはならなかったかも知れないのに！」というところだろうか。これに限らず、状況が見えていなかったために負け戦になったり、あるいは苦戦したりした事例は、それこそもう、掃いて捨てるほどある。

　あいにくと、筆者は戦史や兵器に関心を持っただけで軍人への道は目指さなかったのだが、戦車でも艦艇でも航空機でも、「これが実戦で使われたらどうなるだろう？」という関心は人並みに持っていた。だから、海外のテクノ・スリラー小説はいろいろ読んだし、パーソナル・コンピュータで動作するシミュレーション・ゲームもいろいろ試した。

　初めて自前のパーソナル・コンピュータを手に入れたときには、さっそく『大戦略II』や『大戦略III』で遊んだものだ。ちなみに、機種は日本電気のPC-9801RX2。CPUはインテル80286/12MHz、メモリ搭載量は1.6MB、当初はハードディスクなしだった。なにせ「ハードディスク1MBあたりの単価が1万円」という時代である。

　閑話休題。敵も味方も配置状況がすべて丸見えになっている『大戦略II』では、慎重すぎるせいで時間がかかることが多かったものの、ほぼ完勝だった。一度だけ、敵の首都付近に送り込んだ部隊を次々にすりつぶしてしまって時間との戦いになり、ギリギリのところで辛勝したことがあるけれど、これは例外的。ところが、味方部隊の周辺しか状況が見えず、それ以外のところに敵がいるのかいないのかが分からない

『大戦略III』になったら、たちまち苦戦するようになってしまった。

　そして、『ハープーン』である。といっても対艦ミサイルではなくて、トム・クランシーが『レッド・ストーム作戦発動』（井坂清訳、文春文庫、1987年）を書いたときに参考にしたというボードゲーム、あれのコンピュータ版の方。当初はIBM PC互換機で動作する英語版しか日本に入ってきていなかったのだが、後になってPC-9801で動作する日本語版ができたというので、さっそく買い求めた。ちなみに、このフロッピーディスクは今も手元にあるのだが、それを動かせるコンピュータがない。

　この『ハープーン』、もっとも簡単なシナリオはノルウェー海軍のミサイル艇と駆逐艦を使って敵艦隊を迎え撃つ、という内容だったと記憶しているが、小説を読むのと実際に指揮官の立場でプレイしてみるのとでは大違い。捜索のためにレーダーを動作させれば、たちまち敵に逆探知される。それを避けようとして、逆探知されないようにレーダー発信を止めてEMCON体制を敷くと、いきなり敵の対艦ミサイルがドンドコ撃ち込まれて指揮下の艦が次々に轟沈、という具合で完敗続き。つくづく、本職を目指さなくて良かったと思ったものである。何も海戦に限った話ではないが、状況が見えないというのはおそろしい。

衛星から最新情報をダウンロードする!?

　そんな私に鮮烈な印象を与えたテクノ・スリラー小説が、デイル・ブラウンの『スカイ・マスターズ』だった。刊行が1991年（日本語版は1993年）だから十数年も前の話になるが、そこに登場するB-2爆撃機改造の「空飛ぶ戦艦」の内容がすごい。といっても、武装の話がすごいのではない。

　まず、B-2爆撃機のコックピット右席を大改造して、大画面ディスプレイを設置する。そこに、衛星からダウンロードした、リアルタイムに近い敵味方の状況がグラフィック表示される。しかも、その大画面ディスプレイはタッチスクリーンと音声認識の併用で、口頭で命令を発するとウィンドウが開いたり閉じたりして、さまざまな情報を見られるという設定。ただし、「ソフトウェアの書き換えは、ほんの数ヶ月でできます」という主人公の台詞にだけは、おおいに違和感を感じた。IT業界人の立場からすると「そんな気楽に言うな！」と。

　ともあれ、これなら事前に偵察機を飛ばして情報を集めて、搭乗員に状況説明を行ってから機体を発進させる必要がなくなる。とりあえず必要な燃料と爆装を積んで発進させておいて、敵情については後から衛星通信経由でダウンロードさせればよい。実は現在、それと似たようなことをアフガニスタンの上空でB-1B爆撃機がやっている。

　この話を読んだときには、小説の中のこととはいえ、「なんだか空想科学小説みたいな話だなあ」と思ったものだ。確かに、1980年代に刊行された「未来の軍用機」みたいな内容の本には、音声認識、あるいは大画面ディスプレイをデンと据え付けたス

ーパー・コックピットとかいった類の話が出てきていた。ところが、その後で冷戦が崩壊、「平和の配当」を求める声を受けて各国は国防支出を削減する時代になってしまったので、もはや夢物語で終わりかと思ったものだ。ところがである。

現実は小説の世界を追い越している

　内容に若干の違いはあるが、衛星や無人偵察機を初めとする各種の情報収集資産を活用して得られた敵情、あるいは味方部隊の配置・展開状況といったデータを通信回線経由で入手してディスプレイに表示したり、それによって得られる情報面の優越を活用して有利に戦闘行動を運んだりといったスタイルは、今では現実のものになってしまっている。特にこうした動きが加速したのは、2000年代に入ってからといえるだろう。

　それと似たようなことを、小説の中で何年も前に書いていたデイル・ブラウンの先見の明には、まことにおそれいった次第だ。もっともデイル・ブラウンは米空軍の爆撃手出身だから、ある程度の内部情報に基づいて『スカイ・マスターズ』を書いていたのかも知れない。そういうバックグラウンドがあるから、デイル・ブラウンが書くものは基本的に「爆撃機びいき」であり、作中で核爆弾をポンポン炸裂させるのだろうか？

　閑話休題。その『スカイ・マスターズ』で出てきたタッチスクリーン式の大画面ディスプレイも、すでにF-35ライトニングIIで具現化している。おまけにF-35では、HMD（Helmet Mounted Display）に自機の周囲の映像を投影する、なんていうSFちっくな仕掛けまである。パイロットが下を向くと、機体下面に取り付けたカメラの映像が表示されるのだ。パイロットから見れば、自分が乗っている飛行機が透明になったのと同じことである。

　しかもF-35では、HUD（Head Up Display）を止めて、すべてHMDに情報を表示するようになった。かつて、ベッカー高原上空での空中戦などを引き合いに出して「HUDを備える最新世代の戦闘機は、それより前の戦闘機と比べると有利である」なんていう解説を読んだものだが、そのHUDがなくなってしまう時代が来たのだからビックリである。

　ただし音声認識だけは、まだフル活用するに至っていないようだ。それは筆者自身がカーナビの音声認識機能でさんざん苦労させられた経験からいって、無理もないことだろうなと思う。筆者が使っているP社の製品に限ったことなのかどうか分からないが、自分が喋ったのとは全然違うところに連れて行かれそうになった経験、読者の皆さんもお持ちではないだろうか。

　これがカーナビであれば、頭に来て手作業で行先を再設定すれば済むが、一国の命運がかかっている空中戦の現場では、そんな悠長なことはやっていられない。誰が喋っても確実に認識できる音声認識システムを作り上げるのは、あまり簡単なことでは

なさそうだ。

そして筆者はC4ISRマニアになった

　それはそれとして。『スカイ・マスターズ』に影響されたのかどうかは定かでないが、筆者自身の興味の対象分野が、以前とは明らかに変わってきている。一言でいえば「戦車」「戦闘機」「艦艇」といったプラットフォームから、そこに搭載するセンサー、通信機器などといったC4ISR分野へのシフトだ。だから、艦艇の一般公開なんかに行くと、特に電測兵装の写真を撮りまくっており、それが大量に手元に蓄積されている。あれ、こんなことを書いたら「出入り禁止」になっちゃうだろうか？　そしてもちろん、UAVを初めとする各種無人ヴィークルについても、かなり熱心に情報を集めている。

　IT業界で10年近く仕事をしていたおかげで情報通信系の話には強いが、まさかそれだけが「C4ISRシフト」の理由ではあるまい。「状況が見えていないせいで負けた話」をいくつも読んだ子供の時代。実際にウォー・ゲームをプレイして苦戦した経験。そして、IT分野における経験・知識の蓄積の相乗作用が、今の自分の姿につながったのではないか、と勝手に分析している。しかも、IT業界で働いたバックグラウンドがあるから、コンピュータやネットワークのメリットだけでなくデメリットについても、それなりに考えられるようになったのではないか、と思う。

　本書の中では、ウェポン・システムで使用するソフトウェアの開発やテストの話が出てくる。この分野については、筆者自身がソフトウェア企業で開発・テストの現場に関わっていたことがあるので、その分だけ突っ込んだことを書ける。通信技術やネットワーク・セキュリティの話、あるいは小難しいテクノロジーの話を噛み砕いて解説する手法にしても、IT分野の書籍や雑誌で記事を書いた経験が活きている。

　何も予備知識がないと、コンピュータをポンと設置するだけで何でもできるのではないかと考えてしまうが、実はそんな簡単な話ではない。そのことを骨身にしみて感じている分だけ、ことにC4ISR分野については、他の同業者の方よりも深い突っ込みが可能になっているのではないだろうか。そして、「航空自衛隊のF-X候補機について論じる際に、誰もC4ISR関連機能に言及しない」といって、一人でカッカしている（笑）。

　もっともそのせいで、「爆撃機出身だから爆撃機びいき」のデイル・ブラウンと似たように、「IT業界出身だからC4ISRびいき」の傾向があるのは否めない。といっても、「C4ISRがあれば戦は勝てる」なんて能天気なことは考えていないつもりだ。C4ISRとはあくまで、物理的に敵をぶちのめすのを容易にするための支援手段だから。

　それに、技術屋さんが往々にして見落としがちなポイントであるけれども、テクノロジーだけで戦争ができるわけではなくて、本当に重要なのはそれを扱う人間である。人的・社会的要素を無視して、新しいテクノロジーだけを広めることはできない。と

ある大手防衛関連企業の先進研究部門に所属する方が、これと同じような趣旨のプレゼンテーションをするのを聞いて、「我が意を得たり」と思ったものだ。

民生品の軍用化、サイバー戦の時代に

本書を読んでいくと、それこそもうSF小説みたいな話が次々に出てくる、と感じられるかも知れない。しかし、本書に出てくる話はすべて現実である。しかも、意外に思われるかも知れないが、公開されている情報をベースにして書いている。特に、米国防総省や大手防衛関連企業のWebサイトは、おおいに参考にさせてもらった。いろいろと捜していくと、公開されている範囲だけでも、貴重な情報はいろいろと存在するものである。

実際、あるデータリンク機材に関する技術情報では「ああ、それならGoogle（この辺、記憶があやふや。bingだったかもしれない）で、キーワード"○○"と"site:.mil"を指定するだけで資料が出てきましたよ」なんていうことがあった。

ところが、本書はそうした軍事関連情報だけで成り立っているわけではない。というのは、特にC4ISR分野では民生用の情報通信機器、あるいは関連するテクノロジーが盛大に活用されているからだ。かつては、SFみたいな革新的テクノロジーというと、軍事技術に限られていた。ところが最近では話が違い、民生品でもSFを超越したようなテクノロジーはいろいろある。そしてそれは往々にして、軍事技術にも応用できる。

たとえば、人の顔を探し出して自動的にピントを合わせるデジタルカメラ、さらにそこから発展して特定個人を認識してピントを合わせるデジタルカメラまである。これをチョイと応用すれば、指名手配犯人やお尋ね者のテロリストを見つけると自動的にピントを合わせて写真を撮る、そんなカメラだって作れるだろう。

それに、「COTS化」の掛け声の下、軍用のコンピュータやネットワーク機器が次々に、民生品と似たような内容、あるいは民生品そのものに置き換えられてきている。もちろん、民生品を利用することに起因する問題点もいろいろあるのだが、今からこの流れを押しとどめて元に戻すわけにはいかないだろう。こうして、民間の側から軍事分野に接近する状況ができた。

一方では、インターネットの普及により、戦場が一般市民のところに近寄ってきた、という事実もある。もちろん、インターネットを使って都市を無差別爆撃したり自動車爆弾を突っ込ませたりすることはできないが、サイバー戦・宣伝戦・心理戦という名の戦争は起きている。実弾ではなく、電子が飛び交う戦争だ。

一般市民が徴兵されて戦場に行く国では、戦争は市民生活と深く結びついていたし、「国民的常備軍」という言葉にも重みがあった。しかし、戦争や兵器の高度化によってプロの軍人が求められるようになり、徴兵制を止めて志願制に切り替える国が増えている。そうなると、軍事と社会の距離が広がってきて、戦争とは経験者から話を聞

くものではなく、テレビで中継を見るものになってしまった。

　ところが、大規模正規戦から不正規戦・対テロ戦へという流れ、そしてインターネットの普及と情報通信技術の発達。この2つの流れが結びついたことで、弾や爆弾が飛び交う戦場ではなく、電子が飛び交うサイバー戦の戦場が、身近なところに出現している。このことは案外と認識されていないかも知れない。というわけで、本書の末尾では章をひとつ割いて、サイバー戦について可能な限りの解説を試みた。

　また、サイバー戦と並んで注目度が高まってきている分野として、各種の無人ヴィークル、いわゆる軍用ロボットがある。これもまたC4ISRとは密接な関わりがあるので、章をひとつ割いて解説を試みた。単に「こんな無人ヴィークルがある」というだけでは面白くないので、「無人ヴィークルを実現するには何が必要か」という話を持ち出したところがポイントだ。

まずは分かるところから読んでみて

　この本は、「C4ISR入門となる教科書」というつもりで書いた。無論、いずれの章についても可能な限りの筆力を駆使して、小難しい話でもできるだけ平易に書くように心掛けたつもりだが、読者の皆さんの趣向や知識の方向性・水準はさまざまだから、中には理解が難しいと思われる話が出てくるかも知れない。

　そんなときには、分からないところはすっ飛ばして、関心が持てそうなところだけ読んでみていただいても構わない。後になって「ああ、あのことか」ということになったときに、該当する部分を読み返していただくという使い方も、十分に「あり」ではないかと思う。

　本書に接することで、戦争行為、あるいはウェポン・システムにおけるC4ISR分野の重要性であるとか、サイバー戦の実相や本当に注意すべきポイントであるとか、そういった話について、いくらかでも理解を深めていただければ幸いだ。

戦うコンピュータ 2011
目次

はじめに　001

第1章　軍用ITと軍事革命 ………………………………………015
❶現代兵器はドンガラよりもアンコで決まる ………………………016
サイズや見た目と強さは比例しない　016／コンピュータとミッション・システム　016

❷戦場の霧と、戦場の情報化 ……………………………………018
過去にifは禁物だけれど……　018／情報の優越が軍事作戦の優越につながる理由　019

❸軍事面における革新を実現するための手段 ……………………020
情報の優越を得るために必要なもの　020／通信技術の活用によって何が変わるか　021

❹System of Systemsという考え方 ………………………………022
システムと、システムの集合体　022／複数のプラットフォームが連携するシステム　023／ミサイル防衛システムの場合　024／プラットフォーム中心 vs ネットワーク中心　025

❺情報化によって変わること・変わらないこと ……………………026
情報化に依存しすぎるのは危険　026／最後にケリをつけるのは人間　026

第2章　コンピュータとウェポン・システム …………027
❶コンピュータと兵站 …………………………………………………028
軍隊は兵站なしでは動けない　028／兵站を効率化するには　028／RFIDによる、補給業務の可視化　029／RFIDの種類・規格と関連システム　030／RFIDを読み取って得たデータの活用　031／物資配送の速度・状況を把握する　032／イラク戦争における兵站効率化の実例　033／リアルタイムの情報収集と整備・補給　034／空中給油とRFIDの意外な関係　035

❷コンピュータとプラットフォーム ……………………………………037
飛行制御コンピュータとステルスとCCV　037／コンピュータ制御ならではの注

意点　039／エンジンの電子制御化　040／機体・エンジンの統合制御（推力偏向装置の場合）　040／機体・エンジンの統合制御（VTOL機の場合）　041／ミッション・コンピュータとMPS　043

❸コンピュータと射撃指揮 ……………………………………………… 045
砲熕兵器の射撃照準　045／艦砲射撃における測距と測的　046／機械の問題点とコンピュータの登場　047／戦闘機の空対空射撃　048／戦車砲の射撃統制　049／自由落下爆弾の照準　050／インターフェイスと信号線　052

❹コンピュータと精密誘導兵器 ………………………………………… 054
精密誘導兵器を実現する技術　054／無線指令誘導　055／TVカメラ誘導　056／赤外線誘導　056／レーダー誘導　057／レーザー誘導　058／精密誘導兵器と敵味方識別　059／精度の向上と低威力化という傾向　060

❺コンピュータと航法・誘導 …………………………………………… 062
ナビゲーションのやり方いろいろ　062／電波航法の登場　062／慣性航法装置の登場　064／GPSの登場　065／GPSの信号と軍用・民間用　066／精密誘導兵器とGPS　067／GPS誘導兵器の目標指示　069／GPSにおける妨害対策　070／他国の競合システム　071

❻コンピュータと電子戦 ………………………………………………… 074
電子戦とは　074／電子戦の実現方法　074／電子戦と脅威ライブラリ　075

❼コンピュータと訓練 …………………………………………………… 077
各種シミュレータの活用　077／シミュレーションとモデリングの関係　078／シミュレータ同士の通信対戦やデータの連携　079／実弾を撃つ代わりとなるMILES　080／空戦訓練の軌道図を描き出すACMI　080／パソコンを使ったCBTとe-ラーニング　081

第3章　兵器のIT化とウェポン・システム開発事情 …… 083

❶装備開発の基本的な流れ ……………………………………………… 084
米軍の装備開発（マイルストーンAまで）　084／米軍の装備開発（マイルストーンB〜C）　086／米軍の装備開発（量産配備・IOC・FOC）　086／スパイラル開発が現在の基本　087／コスト上昇とスケジュール遅延が多発する背景　088

❷既存装備のアップグレードも花盛り ………………………………… 090
戦闘機における延命の考え方　090／何でもアップグレードできるわけではない　091／アップグレードではないアンコの換装　091

❸開発のためには試験の環境が必要 …………………………………… 092
テストしなければ完成しない　092／テストのために設備が要る例　092／開発

できる≠実用化できる　093

　❹軍用コンピュータとCOTS化……………………………………095
　　　要はソフトウェアの違い　096／SMCS NGにおけるCOTS化　096／イージス戦闘システムにおけるCOTS化　097／その他のCOTS化事例　098／オペレーティング・システムのCOTS化　100／市販アプリケーション・ソフトの活用　100／システムのオープン・アーキテクチャ化　101／COTS品は陳腐化が早い　103／COTS化と武器輸出管理　103

第4章　軍用ITを支えるコンピュータと関連技術……105

　❶コンピュータとソースコードとインターフェイス………………106
　　　コンピュータでできること　106／コンピュータと高級言語とソースコード　107／ソースコードとバージョン管理　108／ソースコードとアルゴリズム　110／ソースコードの開示が問題になる理由　111／ソフトウェアの実行環境　112／インターフェイスとプロトコル　112

　❷集中処理と分散処理………………………………………………114
　　　コンピュータのダウンサイジング　114／データバスはウェポン・システムのバックボーン　115／米軍規格のデータバスいろいろ　116

　❸軍用のコンピュータ・システムに求められる条件………………117
　　　振動・衝撃・EMPなどへの対処は必須　117／相互運用性と相互接続性　118／インターフェイスがないと兵装を投下できない　120／ソフトウェアが合わなくてミサイルを撃てない！　121／プラグ&プレイ化する昨今の軍艦　122

　❹コンピュータと暗号………………………………………………124
　　　暗号化の基本概念　124／共通鍵暗号のメカニズム　126／公開鍵暗号のメカニズム　126／共通鍵暗号と公開鍵暗号の併用　127

　❺コンピュータと身元の証明と改竄検出……………………………129
　　　デジタル署名の基本概念　129／デジタル署名とデジタル証明書　130

第5章　軍用ITと無人ヴィークル……………………133

　❶無人ヴィークルとは…………………………………………………134
　　　無人ヴィークルの定義　134／遠隔操作と自律行動、man-in-the-loop　135

　❷無人ヴィークルの用途………………………………………………136
　　　偵察・情報収集　136／偵察＋目標指示（ISTAR）　138／偵察＋目標指示＋攻

撃　138／各種の情報収集　139／広域監視　140／機雷処分　141／爆弾処理・危険物調査　143／港湾警備　143／通信中継　144／物資補給　144

❸無人ヴィークルの実現に必要な技術 ……………………………… 147
測位・航法技術　147／判断・指令・制御技術　148／通信技術　148／障害物の探知・回避技術　149

❹無人ヴィークルのメリットとデメリット ……………………………… 151
人が乗らないメリット　151／人手を減らせるメリット　151／キル・チェーンの短縮　152／既存勢力からの反発　152／コンピュータはカンピュータになれない　152

❺無人ヴィークルにまつわる諸問題 ……………………………… 154
管制ステーションの乱立　154／データリンクの盗聴・混信・干渉　155／無人ヴィークルに対する批判と法的問題　156／UAV運用はゲーム感覚？　157／有人プラットフォームとの混在運用　157

第6章　軍用ITを支える通信技術 ……………………………… 159

❶通信は軍事作戦の基本 ……………………………… 160
通信手段の進歩　160／電気通信手段の登場で問題解決　161／データ通信の登場とデジタル通信　162／軍用通信には高い秘匿性が求められる　162／無線通信と情報収集　163／「○○INT」のいろいろ　165

❷有線・無線通信の基本と電波の周波数 ……………………………… 166
波形変化と変調　166／アナログ通信とデジタル通信　167／デジタル・データの変調方法　167／電波の周波数　168／レーダーが使用する電波の周波数分類　169／通信機器が使用する電波の周波数分類　169／周波数とレーダーの能力の関係　170／通信と電離層の関係、通信中継　170

❸衛星通信をめぐるあれこれ ……………………………… 172
通信衛星の種類　172／衛星の種類の選択　174／衛星通信に使用する周波数帯　174／バスとペイロード　175

❹主な軍用通信衛星 ……………………………… 176
主な米軍の通信衛星　176／米海軍の通信衛星　177／他国の通信衛星　178／民間の衛星を借りる事例も多い　179

❺スペクトラム拡散通信とは ……………………………… 180
直接拡散　180／周波数ホッピング　181

❻マルチバンド無線機とソフトウェア無線機 ························· 182
　　無線通信と変調と電気回路　182／マルチバンド無線機　183／ソフトウェア無線機のハードはひとつ　184

第7章　データリンクと情報共有をめぐるあれこれ ···· 187

❶ネットワークは階層構造で考える ······························· 188
　　階層構造って？　188／コンピュータ・ネットワークと階層構造　189

❷データリンクとは？ ·· 190
　　データリンクが必要になる理由　190／データリンクに求められる条件　191／データリンクと相互運用性　192／海賊対策事案と相互運用性　193／異種ネットワークの相互接続　194

❸西側諸国の標準・Link 16 ····································· 195
　　Link16とは機能の総称　195／Link16のターミナル（JTIDSとMIDS）　195／Link16が通信を行なう仕組み　197／衛星を用いるS-TADIL-J　198／データリンクの統合とC2P・NGC2P　199

❹Link 16以外のデータリンク ··································· 201
　　Link11（TADIL-A/B）　201／Link22　202／LINK14　203／Link10とSTDL　203／Link4（TADIL-C）　203／IVIS　204／IDM　204／CDLとTCDL　205／SADL　206

❺最新世代のデータリンク ······································ 208
　　IFDLとMADL　208／TTNT/FAST/RCDL　209／JDCS（F）　210

❻データリンクを利用した情報の共有と連携 ····················· 211
　　データリンクのメリット　211／艦隊防空とデータリンク　212／CECによる共同交戦　212／空対空戦闘とデータリンク　213／バイスタティック探知とセルダー　214／対潜戦とデータリンク　215

❼データリンクを利用した情報・指令の伝達 ····················· 217
　　ミサイル誘導におけるデータリンクの利用　217／リアルタイム情報に基づく整備・補給　219／頓挫したアーセナル・シップ　220

❽データリンクを利用した静止画・動画などのデータ伝達 ·········· 221
　　近接航空支援を安全・確実なものにするROVER　221／TCDLとVUIT-2　221

❾データリンク導入の事例 ······································ 223
　　米空軍のデータリンク導入事例　223／米空軍以外のデータリンク導入事例

224／自衛隊におけるデータリンク導入動向　225

第8章　コンピュータとC4ISRとネットワーク ‥227

❶状況認識（SA）・ISR・C4ISR ‥‥‥‥‥‥‥‥‥‥‥‥‥‥‥228

状況が見えていないとどうなるか　228／状況を知るための手段（ISR）　229／状況を利用するための手段（C4I）　229／センサーの探知手段いろいろ　230／C4ISR資産に対する攻撃と防禦　231／プラットフォームへの影響　232／電波は限りある資源である　233

❷コンピュータとISR（EO/IR編） ‥‥‥‥‥‥‥‥‥‥‥‥‥‥‥234

可視光線と電子光学センサー　234／暗闇でも使える赤外線センサー　234／探知手段としてのレーザー　236／電子光学センサー・ターレット　238／ターゲティング・ポッドと航法ポッド　238／最近はターゲティング・ポッドだけ　240／ターゲティング・ポッドとデータリンク　242

❸コンピュータとISR（レーダー編） ‥‥‥‥‥‥‥‥‥‥‥‥‥‥243

レーダーの原理とコンピュータの関わり　243／レーダーによる射撃管制とコンピュータ　244／機械走査式から電子走査式へ　245／アレイ・レーダーのバリエーション　247／合成開口レーダーと逆合成開口レーダー　248／地表貫通レーダー・森林貫通レーダーなど　249

❹コンピュータとISR（その他編） ‥‥‥‥‥‥‥‥‥‥‥‥‥‥‥250

レーダー電波の逆探知（ESM／RWR）　250／音響センサー（潜水艦の場合）　251／音響誘導魚雷と有線誘導魚雷　253／音響センサー（陸上の場合）　253／測位システムとISR　254

❺ISR資産から得たデータの提示と融合 ‥‥‥‥‥‥‥‥‥‥‥‥‥256

情報を分かりやすく表示することの重要性　256／頭を下げずに情報を把握することの重要性　257／センサー融合・データ融合　258／第Ⅲ世代暗視装置におけるデータ融合　259／E-3とE-8のデータ融合実験　260

第9章　ネットワーク中心戦と指揮統制システム ‥‥‥‥261

❶必要な情報はネットワークに集中・共有する ‥‥‥‥‥‥‥‥‥‥262

情報の共有とCOP　262／CICによる、情報と指揮の集中化　263／大量の動画データを処理するという課題　264／動画の自動分析システムが登場　265／味方の位置情報を把握するFBCB2とJBC-P　267／民生用のPDAやスマートフォンを個人向け端末機器に　268／FBCB2と砲兵隊の連携　269／市街戦における個人レベルの位置把握　270

❷戦術レベルの指揮管制とITの関わり ……………………………… 271

コンピュータと戦術指揮の関係　271／対空戦の指揮管制（SAGEシステム）　272／対空戦の指揮管制（イージス武器システム）　273／AWACSにおける、センサーと指揮管制機能の融合　275／AEWとAEW＆CとAWACSの違い　277／陸戦の指揮とBMS　278／陸戦用BMSの具体例　279／SAR／GMTIと戦場監視機　281／砲戦と対砲兵射撃と指揮管制　282／対潜戦の指揮管制　283／将来個人用戦闘装備と情報化の関係　284

❸作戦・戦略レベルの指揮統制とITの関わり ……………………… 286

最後に行き着くのは全軍をカバーするシステム　286／ネットワーク化はボトムアップ式に　286／情報の収集・分析・配信と指揮統制の関係　287／作戦指揮システムの例（JOTS）　288／統合作戦と現代の指揮所　289／情報化によって変わる指揮所の姿　290

❹全軍規模のシステムと軍種ごとのシステム …………………… 292

共通化すべきところと、独自に整備した方がいいところ　292／情報が行き来する組織階層の違い　292／米軍の情報網を統括するGIG　293／情報通信網と軍種別のシステム（米軍編）　294／情報通信網と軍種別のシステム（自衛隊編）　296

❺米陸軍のLandWarNet …………………………………………… 298

発端はIVIS　298／JNNからWIN-Tへ　298／WIN-Tを構成する要素技術　300

❻米海軍のFORCEnet ……………………………………………… 302

NMCI・IT-21・TDN　302／艦隊用のデータリンク　302／新世代の艦内ネットワーク・CANESとCALI　303／FORCEnetへの発展　304

❼米空軍のC2 Constellation ……………………………………… 305

コソボ紛争で露見した問題点　305／最初はC4ISR資産から　305／プラットフォーム同士のネットワークから発展　306

第10章　サイバー防衛と市民生活 …………………… 307

❶すでにネットワーク中心戦は現実 ……………………………… 308

ネットワーク中心戦の具体例　308／情報通信網に依存すれば、それが攻撃目標になる　308／ネットワークへの依存度が高まるクラウド化　309

❷サイバー戦とは具体的に何をするもの？ ……………………… 311

サイバー攻撃とは多様なもの　311／どんなテクノロジーでも悪用できる　312／インターネットは宣伝ツールとして有用　312／不正プログラムを駆使した攻撃　313／マルウェアの感染ルートと脆弱性　314

❸すでに現実になっているサイバー戦 ……………………………… 316
サイバー攻撃すなわち不正侵入とは限らない　316／エストニアを麻痺させたサイバー攻撃（2007年）　317／グルジア紛争（2008年）　318／各国の軍を狙った情報漏洩事件・ウィルス感染事件　318／サイバー戦は貧者の最終兵器　319

❹サイバー防衛組織の整備を急ぐ各国 …………………………… 321
民間レベルの取り組みの例　321／政府レベルでの取り組みの例　322／軍レベルでの取り組みの例　322／日本における防衛省の取り組み　324

❺サイバー防衛の実際 ……………………………………………… 325
インターネット経由の攻撃とIPアドレス　325／実際には簡単な話ではない　326／サイバー攻撃網の存在と否認の問題　326／戦場がサイバーなら演習もサイバーに　328／サイバー戦と法的問題　329／実は人間がセキュリティ上の盲点　330

　註　　331

　資料
　　1　MDS命名法　334
　　2　統合弾薬命名法　337
　　3　頭文字略語集　338

図版作成・佐藤輝宣

装幀───天野昌樹

第1章

軍用ITと軍事革命

　昨今でこそ「IT（Information Technology）革命」という言葉は、いささか色褪せた感があるが、いいかえれば、それだけITの活用が一般的なことになった、といえる。これは軍事の世界にもいえることで、かつては「ハイテク兵器」「精密誘導」などといって話題になっていたものが、今では日常的なものとなっており、「革命」は概念ではなく現実になっている。

　まずは、そうしたIT活用による変化と、IT化に際して関わってくる考え方や言葉について取り上げてから、第2章以降で個別の話に進むことにしようと思う。

❶ 現代兵器はドンガラよりもアンコで決まる

サイズや見た目と強さは比例しない

　かつては、戦車でも艦艇でも航空機でも、「強さ」が目に見える形で現われた。それは、自身のサイズ、装備する武器のサイズや数、といった要素が、そのまま外見に反映されたからだ。だから、海軍軍縮条約といえば軍艦の排水量を単位にして制限を課していた。強力な武器を搭載して、かつ優れた防御力をもたせた軍艦は、それだけ排水量も大きくなるという公式が成立したからだ。
　では、現在はどうだろうか。陸・海・空を問わず、大きいモノほど強い、高価なモノほど強い、と単純に判断できない状況になっている。依然として戦車は陸戦における王者だが、ウカウカしていると、歩兵が物陰から撃ち込む対戦車ミサイルにやられる可能性がある。昔の戦艦よりも、対艦ミサイルを搭載した小型ミサイル艇の方が遠方から攻撃できるし、速力も速い。大型の戦闘機よりも小型の戦闘機の方が機敏で、しかも高性能のレーダーやミサイルを搭載している場合がある。

コンピュータとミッション・システム

　こうした下克上な状況が発生する場面が出てきた背景には、ミサイルを初めとする武器体系の多様化、レーダーを初めとする各種センサー技術の発達、それらの背景にあるエレクトロニクス技術やコンピュータ技術の発達がある。つまり、車両・船・飛行機といったドンガラの部分だけでなく、その中に装備するセンサー・情報処理システム・兵装といったアンコの方が、むしろ全体的な能力に大きく影響するようになったわけだ。
　こうしたアンコのことを、一般にミッション・システムと呼ぶ。ミッションとは任務のことであり、その任務をこなすためのシステムだからミッション・システムだ。そして、ミッション・システムの優劣が勝負を決める。
　特に、ウェポン・システムの世界にコンピュータが持ち込まれたことで、ソフトウェアによって制御される部分が多くなった。すると、ハードウェアが同じままでもソフトウェアの改良によって機能が増えたり、能力が向上したり、といったことが起きる。そうした変化は外見には反映されないから、同じハードウェアを使用するウェポ

ン・システムでも、使用するソフトウェアによって能力差が生じる、ということが起きる。

　こうなると、かつてのように単純な数やサイズだけでウェポン・システムの能力を推し量ることも、制限することもできない。ところがそれでも、軍事力を比較する指標というと「数」や「サイズ」が用いられることが多いし、戦闘機の良し悪しについて論じようとすると最高速度・航続距離・推力重量比といった数字に偏重する傾向が強い。なかなか、アンコの良し悪しについて議論する人はいないし、いてもせいぜいレーダーの探知可能距離が長いか短いか、という程度の話に留まっているのが現状だ。もっとも、アンコに関する情報は「秘」の度合が高く、なかなか表に出てこないので、こういう傾向になってしまうのも致し方ない部分はある。

　では、各種のウェポン・システムでITを活用すると、何が得なのだろうか。

UH-60Mブラックホークの操縦席。外見は初期モデルと比べて大きく変わっていないが、中身も能力も別物だ（US Army）

② 戦場の霧と、戦場の情報化

過去にifは禁物だけれど……

　戦史をひもといてみると、「どうして、ここでこういう風に動けなかったのかなあ」と歯痒い思いをすることが、よくある。それだからこそ、「あの場面でこうしていれば！」ということで、いわゆる「IFもの」の架空戦記が人気を集めるわけだ。

　もっとも、それは後になってすべての事実関係が明るみに出ているからいえる話。当事者は、真偽のほどが定かでない断片的な情報がいろいろと入ってくる中で、信頼できそうな情報を選り分けて、それに基づいて判断を下している。ところが、正しいと思った情報が実は間違っていた、あるいは判断を下すところで間違った、そもそも情報が入ってこなかった、といった事情が、勝てると思っていた戦闘を負け戦にしてしまう。

　こうした問題のことを、「戦場の霧」と呼ぶ。五里霧中とはよくいったもので、敵や味方の状況に関する情報が、まさに霧に包まれたかのごとき状況になるわけだ。その「戦場の霧」が発生する原因を大きく分けると、情報の収集・情報の伝達・情報の分析/利用ということになる。

　いうまでもないことだが、軍事作戦の基本は指揮・統制にある。敵と味方の位置関係を知り、指揮下の部隊を最善と思われる位置に十分な数だけ配置して、「撃て」と命令したら撃つ。「撃ち方止め」と命令したら撃つのを止める。これがちゃんとできないと、軍隊が軍隊として機能できない。

　ところが、敵と味方の位置関係を知るには、情報の収集と伝達が正しく行なわれる、という前提条件がある。それが満たされないと、戦場の霧が生じて、間違った命令を出してしまう原因になる。それに、正しい情報が入ってきても、それを基にして判断を下す課程でミスが入り込む可能性もある。過去の戦史には、そんな事例がたくさんある。

　こうした問題のことを、業界用語では状況認識（SA：Situation Awareness）という。自軍の周囲がどういう状況になっているかを正しく認識できなければ、正しい判断も、正しい行動もとれない。これは、個人・個別の航空機・個艦といったローカルなレベルでも、軍団・艦隊・戦域・国家といった大きなレベルでも同じことだ。

情報の優越が軍事作戦の優越につながる理由

　では、こうした問題を解決するには、どうすればよいのだろうか。情報の収集と伝達に問題があると「戦場の霧」が生じるわけだから、その問題を解決すれば、程度の差はあれ「霧を晴らす」ことができる。つまり、情報の収集・伝達・分析・利用に用いる手段を改善する必要がある、ということになる。

　この分野で改善を図り、敵に先んじて情報を得ることができれば、先回りして有利な行動をとることができる。敵の弱点、守りが弱い場所がどこなのかを正確に判断できれば、そこに指揮下の部隊を集中的に投入して局地的な戦力の優越を実現できる。そうやって突破口を開くことができれば、戦線の後方に自軍を送り込んで敵を攪乱して、総崩れにさせられる可能性が出てくる。こうすることで敵の"重心"を精確に狙って潰すことで、迅速に戦闘の決着をつけることができる可能性につながる。

　また、自軍の戦力と比べて敵軍の戦力が少ないと事前に判明していれば、不必要に多くの部隊を投入する事態を避けられる。そうやって戦力を有効活用できれば、戦力を必要とするところに麾下の部隊を集中して、それ以外のところは必要最低限の部隊で済ませることができ、効率的かつ経済的な軍事作戦を実行できる。それを実現するには、敵と味方の状況に関する、最新かつ精確な情報を持っている必要がある。

　さらに、敵が行なう情報の収集・伝達を妨害して流れを遮断すれば、その分だけ敵が「戦場の霧」に覆われた状態になるので、相対的に自軍の優位を強化できる。こういう形でも、情報は有効な武器として機能する。

　第二次世界大戦のときに喧伝された電撃戦理論は、敵の弱点を見つけて突破口を開き、その後方に機動力のある部隊を送り込むことで敵を総崩れにさせる、という考え方に立脚している。それを実現するには、敵の弱点を見つけられるという前提がある。そうなると、そもそも電撃戦自体、スピードだけでなく情報・通信の能力に依存する部分がある、といえる。

　これが、かつてRMA（Revolution of Military Affairs）と呼ばれた概念の中で、迅速に戦争にケリを付ける際の基本となった考え方だ。最近では、RMAという言葉はあまり用いられなくなったが、考え方は変わっていない。また、戦う相手が国家の正規軍からテロ組織などに変化してきたからといって、情報の重要性が低下したわけでもない。むしろ、一般市民の間に埋没して攻撃を仕掛けてくる敵が相手だけに、情報を入手して速やかに活用することの重要性は増したといえる。

❸ 軍事面における革新を実現するための手段

情報の優越を得るために必要なもの

　では、情報の収集・伝達を迅速・確実なものにするには、何が必要だろうか。

　まず、情報を収集する手段が必要になる。斥候を徒歩で送り込んで偵察させた場合、目で見える範囲のことしか分からない。そこで、さまざまな種類のセンサーを用意する必要がある。

　具体的にいうと、人間の目玉（別名Mk.Ⅰアイボール）に加えて、夜間でも視覚的に状況を確認できるようにする各種の暗視装置、距離を精確に計ることができる光学式、あるいはレーザー式の測距儀、自己の位置を正確に知ることができるGPS（Global Positioning System）、レーダー、ソナーといった類のものだ（各種センサー技術の概要については、第8章で詳しく取り上げる）。

　また、そのセンサーを目的地に送り込むための手段も必要になる。人間が担いで移動するのでは、速度の面でも地形的制約の面でもハンデがあるので、車両、航空機、艦船、人工衛星など、さまざまな手段を使い分ける。

　ただし注意しなければならないのは、人間の目で確認する必要性が全くなくなったわけではない、ということ。もちろん、さまざまなテクノロジーを活用するのは結構なことだが、最終的にそれを見て判断するのは人間だし、機械には「どうも怪しそうだ」といってカンを働かせるような器用な真似はできないからだ。だから、過酷な環境下で地べたを這い回って偵察と情報収集を担当する、米海兵隊フォース・リーコンのような部隊の必要性はなくならない。

　なんにしても、情報を手に入れた後には、情報の伝達という問題がある。

　徒歩の斥候を送り出した場合、その斥候が歩いて戻ってくるまではデータを手に入れることができない。進出距離が長くなるほど、その問題は大きくなる。そうやって伝達に手間取っている間に情報が古くなってしまうかも知れないし、特に機動力に優れている現代の軍隊ではその問題が大きい。「どこそこに敵がいます！」という報告を受けて、いざ行なってみたら敵軍は移動した後でもぬけの殻、逆に味方が手薄にした場所になだれ込んでいた、なんていうことになったらシャレにならない。

　ということは、センサーが得た情報を迅速かつ正確に伝達するための、通信手段が

必要という話になる。せっかく美味しい情報を手に入れても、それをすぐに指揮官に伝えて活用しなければ、意味がなくなってしまう。徒歩よりも早馬や伝書鳩の方が速いが、さらに電気通信技術を導入することで、情報の伝達には長足の進歩がみられた。

通信技術の活用によって何が変わるか

といいたいところなのだが、これにもひとつ問題がある。無線電話、あるいは有線電話による情報伝達は20世紀に入ってから当たり前のものになったが、有線電話は電線が切られれば使えないし、無線電話は妨害や盗聴の問題がある。さらに、自然現象によって無線通信が妨げられる場合もある。

しかも、人間が音声でやりとりしている限り、言い間違いや聞き間違いという問題がついて回る。しかも、組織の中で複数の人が関わって口頭で情報を伝達していれば、伝言ゲーム化するリスクがある。それを防ぐために音標アルファベット（フォネティックコード）のようなものが考え出されたが、完全ではない。

折から、情報の収集・蓄積・分析に、コンピュータが多用されるようになった。といっても、コンピュータに情報を入力しなければ何もできないのだが、そこで通信技術の話が関わってくる。口頭で聞いた情報を手作業でコンピュータに入力するのと、コンピュータ同士が直接データをやりとりするのと、どちらが間違いが少ないだろう？

そこで、データリンクという考えが出てくる。人間が介在する代わりに、コンピュータ同士が直接データ通信を行なうものだ。口頭での伝達、あるいは手作業でのデータ入力に起因する間違いを減らせるだけでなく、迅速な伝達が可能になる利点もある。

❹ System of Systems という考え方

システムと、システムの集合体

　つまり、軍事分野のハイテク化と革命が進展してきた背景には、コンピュータや各種センサーを組み合わせて構成した各種システムの存在と、それらを結びつけて情報の流れを受け持つネットワークの存在がある。

　個々のシステムがそれぞれバラバラに動作するのではなく、互いにネットワークを介して情報をやりとりしながら、あたかも一体のシステムであるかのように動作する。システムの集合体によって構成される大規模なシステムということで、こうした考え方のことをSoS（System of Systems）と呼ぶ。

　個別のシステムがバラバラに動作している場合、その間を人間が取り持つ必要がある。たとえば、戦闘機の操縦士が敵の攻撃を探知・回避する場面について考えてみよう。

　戦闘機同士が空中戦を行なっているときに、敵の戦闘機が後方に食らいついて、射撃のためにレーダー照射をかけてきたとする。すると、レーダー電波を浴びた戦闘機の側ではレーダー警報受信機（RWR：Radar Warning Receiver）が作動して、どちらの向きからどの種類のレーダー電波を照射されたかを、コックピットのディスプレイに表示する。パイロットはそれを見て、どちらに回避行動をとるかを決める。ということは、ディスプレイの内容を見間違えたり、判断ミスをしたりすれば、撃ち落とされるリスクが増える。

　また、ミサイル接近警報装置（MWR：Missile Warning Receiver）がミサイルの飛来を感知して警報を出した場合、妨害のためにチャフやフレアを散布したり、電子戦装置を作動させて妨害したりする。ところが、飛来するミサイルの種類を正しく判断しないと、妨害する手段の選択を間違える。赤外線誘導ミサイルが飛来しているのにチャフを撒いても意味がないし、レーダー誘導ミサイルが飛来しているのにフレアを撒いても意味がない。

　この例では、レーダー警報受信機やミサイル接近警報装置、チャフ/フレア・ディスペンサー、電子戦装置、といったものが、個別の「システム」にあたる。それぞれのシステムはパイロットに情報を提示したり、パイロットからの指示を受けて作動したりするが、なんにしてもシステムとシステムの間にパイロットの判断と操作が介在

していることに変わりはない。

　そこで、これらのシステムを互いにつないで、データを自動的に行き来させることを考えてみよう。レーダー警報受信機は、どんな種類のレーダーから照射されたかを教えてくれる。それが分かれば、どんな敵機がいるのか、そしてどんな兵装を積んでいる可能性があるのかを判断する材料が得られるから、それに基づいて、対処方法を自動的に決めて実行する。こうすることで、人間が介在するよりも速く、確実な対処が可能になるかも知れない。

　その場合、「レーダー警報受信機＋ミサイル接近警報装置＋電子戦装置＋チャフ/フレア・ディスペンサー」が一体のものとして機能することになるので、これは一種のSystem of Systemsといえる。実際、F-22やF-35のように、複数のシステムを連携動作させる戦闘機が出てきている。

複数のプラットフォームが連携するシステム

　先に挙げた例は、ひとつの戦闘機の中で完結する話だった。だから、システム同士の通信も、同じ戦闘機の中でだけ行なわれる（艦艇や装甲戦闘車両でも、道具立ては異なるものの、同じ考え方を適用できる）。

　この考え方を発展させると、複数の戦闘機をネットワーク化して協調動作させる、という考え方につながる。たとえば、ある戦闘機がレーダーで敵を発見したときに、敵と味方の位置関係に関する情報を基にして、最適な位置にいる味方戦闘機がどれかを判断、その戦闘機に交戦の指示を出す、なんていう考え方が成り立つ。また、複数の戦闘機が互いに目標に関する情報をやりとりして、分担を決めることで「二重撃ち」を防ぐこともできる。

　実際、F-22A・F-35・B-2といった機体は、こうした機能を実現する、あるいは実現する予定となっている。同一編隊を構成する機体同士が"電子のささやき"を交わして、情報を交換することで、状況認識の改善や効率的な戦闘行動を可能にする。

　さらに話が大きくなると、異なる種類のプラットフォーム同士が連携することになる。その典型例が米海軍のCEC（Cooperative Engagement Capability）だろう。CECを使うと、E-2早期警戒機やイージス艦の連携動作が可能になるので、E-2のレーダーが捕捉した脅威情報に基づいて、複数のイージス艦が連携しながら、無駄も漏れもないようにイージス武器システムによる要撃交戦を実施する、なんていうことが可能になる。イージス艦の代わりにパトリオット地対空ミサイルを組み合わせれば、陸上で同様の機能を実現できる。

　さらに話を大きくすると、同一の戦域に展開しているさまざまな種類のプラットフォームが互いにネットワーク化されて、戦域レベルで情報の共有と共同交戦を行なう、という話になる。

ミサイル防衛システムの場合

　その極めつけが、弾道ミサイル防衛（BMD：Ballistic Missile Defence）ということになる。最近では「弾道」を取り去ってミサイル防衛（MD：Missile Defence）と呼ぶ方が一般的だから、こちらの用語を使う。

　ミサイル防衛、特に弾道ミサイルが相手の場合には、発射点と弾着予想点が離れている。そこで、広い範囲にさまざまな種類のセンサーを展開する必要がある。2009年4月に北朝鮮がテポドン2の試射を実施した場合のことを考えてみると、

・赤道上空の静止軌道上にいる、DSP（Defense Support Program）衛星の赤外線センサー
・航空自衛隊の車力分屯基地に設置された、米軍のAN/TPY-2レーダー（FBX-T：Forward Based X-band Transportable）
・米空軍の三沢基地に設置した、早期警戒データ受信用のJTAGS（Joint Tactical Ground Station）
・航空自衛隊のJ/FPS-5レーダー（いわゆるガメラレーダー）
・BMD対応改修を実施した、海上自衛隊のイージス護衛艦×2隻

と、日本の近隣だけでこれだけの機材を配備した。これらが互いにネットワークで結ばれて、リレー式に探知・追跡を行なうことで、発射された弾道ミサイルの軌跡を継続的に追うことができる。

　さらに、そのデータを利用して、要撃を担当するイージス艦、あるいはアラスカとカリフォルニアに配備されたGBI（Ground Based Interceptor）といった「シューター」に要撃の指示を出す、指揮管制システムが必要になる。これはアメリカ・コロラド州のシュライバー空軍基地にある指揮所に設置してあるC2BMC（Command, Control Battle Management and Communications）のことで、ネットワーク経由で各種センサーから流れ込んできたデータを基にして、最適な要撃手段を判断して指令を出す。こうしたシステム一式が、BMDS（Ballistic Missile Defense System）を構成する。

　このように、ミサイル防衛では広範囲に展開したセンサーとシューターを相互連携させることが、成功の鍵を握っている。まさに極めつけのSystem of Systemsといえるだろう。そして、その際の生命線となるのが、センサーとシューターと指揮管制システムを結ぶネットワークだ。

プラットフォーム中心 vs ネットワーク中心

つまり、ネットワークで結ばれた複数のシステムからなるSystem of Systemsが、あたかも一体の、ひとつの単位となって戦闘行動を取ることになる。内部では互いにネットワークで結ばれたシステムがあり、ネットワークを通じて情報を得たり、指令を出したりする。

まさに、ネットワークを中核とする戦闘システム、あるいは戦い方ということで、こうした考え方のことをネットワーク中心戦（NCW：Network Centric Warfare）という。ちなみに、NCWというと米軍の用語で、イギリス軍ではNEC（Network Enabled Capability）という言葉を使う場合があるが、日本電気と紛らわしいので、本書では、より普遍的に使われているNCWを使う。

そのNCWの反対に位置する概念が、プラットフォーム中心戦（Platform Centric Warfare）だ。これは個別のプラットフォームを単位とする考え方で、個別のプラットフォームが持つ能力を用いて、目標の発見・追跡・交戦を行なう形態だと考えればよい。

プラットフォーム中心戦の場合、戦闘能力を高めるにはプラットフォーム自体の能力を向上させる必要がある。たとえば、F-4ファントムからF-15イーグルに代替わりしたことで、搭載するレーダーが強力になり、探知性能が向上した。また、加速力や機動性も向上した。後に、搭載するミサイルの性能も向上した。これらの能力向上はいずれも、戦闘機というひとつのプラットフォームの中で完結している。

一方、NCWの場合はどうかというと、複数のプラットフォームやシステムをネットワークで結んだ組み合わせが単位になっているから、必ずしも、必要な能力をすべて、個々のプラットフォームで抱え込むとは限らない。また、能力向上についてもプラットフォーム単位で行なうとは限らない。別のところにあるシステムの能力を向上させて、それをネットワーク経由でもらってきて活用するのが、NCW的な考え方になる。

❺ 情報化によって変わる こと・変わらないこと

情報化に依存しすぎるのは危険

　ここまで説明してきたことを要約すると、以下のようになる。
「センサーで情報を得て、それをコンピュータで処理・分析・活用して、ネットワークを通じて共有することができるシステムの集合体を構築することで、作戦行動の迅速化や、"戦場の霧"の軽減を期待できる」
　しかし、注意しなければならないのは、こうして実現した「神の目から見たかのごとき状況」は、決して「神の目から見た状況」と同一とは限らない点だ。なぜなら、情報を得て活用するには、それをセンサーが捉えている必要がある。センサーが捉えていない情報は知らないのと同じであり、センサーが捉えた情報がすべてとは断言できない。なまじセンサーや情報技術が発達すると、それに依存し過ぎてしまい、センサーや情報システムから入ってきたものがすべてだと考えがちだ。そこに落とし穴がある。
　また、情報はあくまで軍事作戦を効率的に遂行するためのツールであり、情報を得れば敵が叩きのめされるわけではない。情報を活用して打撃力を投入することで初めて、敵が叩きのめされる。そして、最後には土地を占領して敵を制圧しなければ、戦争は終わらない。

最後にケリをつけるのは人間

　また、テクノロジーにばかり依存してしまい、人的要素を無視するようになると危険信号だ。特に低烈度紛争や不正規戦では、地元住民に対する民心掌握が鍵となる。そこではテクノロジーにはあまり出番がないし、むしろ最先端のハイテク製品を露骨に駆使することが足を引っ張る可能性もある。
　だからこそ、イラクで苦労した米軍はカリフォルニア州のフォート・アーウィンにあるNTC（National Training Center）で、イラクの町並みを再現した訓練施設を作り、在米イラク人を傭って、イラクの地元住民を相手にする場面について訓練するためのロールプレイを行なうようになった。
　テクノロジーは重要だが、最後に戦争の決着をつけるのは、あくまで人間である。

第 2 章

コンピュータと
ウェポン・システム

　第1章では、ITの活用によって軍事作戦にどういった変化が生じるか、ということのうち、概念的な話を中心に取り上げた。続いて第2章では、個別のウェポン・システムなどとIT、特にコンピュータとの関わりについてみていくことにしよう。

① コンピュータと兵站

軍隊は兵站なしでは動けない

　いきなり何事かと思われそうだが、軍隊の活動を支えるのは補給であり、その分野ではコンピュータを初めとする情報通信技術が大きな革新をもたらしているため、この分野の話から始めることにしたい。

　平時でも戦時でも、軍隊が活動するためには、実に多様な物資を必要とする。すぐに思いつくのは燃料・武器・弾薬・糧食といったものだが、さらに衣服、各種の個人用装備、スペアパーツ、各種日用品など、膨大な数の補給品を扱わなければならない。品目も数も多いので、それを管理するのは大変な仕事だ。もちろん、そうした補給品の中には、事細かに動向を管理しなければならないものもあれば、そうではないものもある。しかし、いずれにしても必要なときに必要とされる場所に必要とされるだけの物資を確保しておかなければ、厄介なことになる。

　特に戦闘に際しては、燃料・武器・弾薬を十分に確保する必要がある。そこで用いられる一般的な方法は、一日あたりの基本的な消費量を経験から割り出しておき、それを単位（ユニット）にして「これだけの任務が予想されるので、○ユニットの補給品を確保する」と決める方法だ。そして、それを戦線に近い策源地に集積しておき、必要に応じて前線に輸送して、最前線の部隊に交付する。

兵站を効率化するには

　一般的には、こうして事前集積する補給物資は60〜90日分が目安とされているが、ひとつの「ユニット」をどの程度の分量で構成するかという話も含めて、国や時代によっても違いがある。無論、大量の物資を集積しておく方が安心感は高まるが、集積する物資が増えれば調達費用も増えるし、それを輸送するための人手や車両も、物資の量に比例して多くなる。結果として、兵站支援の負担が増える。それで使い残しが発生すれば（あくまで結果論だが）無駄が生じる。

　さらに厄介なことがある。物資を請求する前線部隊の側では「物資が足りなくなったら大変」と思うから、ついつい多めに請求したり、物資の交付に時間がかかったときに二重に請求してしまったり、といったことが起きる。これも結果として、物資の

調達・輸送にまつわる負担を増やしてしまう。

　裏を返せば、そうした負担を減らすことができれば経費の節減になるだけでなく、兵站支援を担当する人員・車両の数を減らすことができる。それはさらなる経費節減につながるし、捻出した人員を前線に転用する余裕にもつながる。そして、兵站線の負担が減れば、それを警備・保護するための負担も軽減できる。

　具体的には、必要以上に多くの物資を集積・輸送しなければよい。それには、以下の条件を満たす必要がある。

　１．請求があった物資を前線に送り届ける際に、物資の流れ（LCOP：Logistics Common Operating Picture）を見えやすくして、請求があった物資が輸送ルート上のどこにあるかを把握できるようにする。早い話が、宅配便の配送状況追跡と同じだ

　２．物資の消費状況を、できるだけ精確に把握する。消費した分だけ補給すれば、補給の手間は最低限で済む

　もっとも、「２．」を実現するのは難しいので、この話は後回しにしよう。まずは「１．」の話からだ。そこでRFID（Radio Frequency Identifier）、いわゆる無線ICタグが登場する。

RFIDによる、補給業務の可視化

　現在、商店の店頭で売られている商品にはたいてい、バーコードがつけられている。バーコードの内容は商品ごとに決まっており、読み取り装置でピッと読み取るだけで、どの商品なのかを識別できる。だから、レジでバーコードリーダーを使って商品のバーコードを順番に読み取れば、どの商品がどれだけ売れたかは容易に把握できるし、入力ミスも起こりにくい。いわゆるPOS（Point of Sales）システムだ。

　バーコードは宅配便などでも利用されているし、もちろん軍隊の物資輸送でも活用されている。ところが、バーコードにはひとつ問題があって、バーコードが書かれているところまで読み取り装置を持って行って、いちいち読み取らなければならない。軍隊が活動する場所の環境条件を考えると、バーコードが破損・汚損によって読み取れなくなる可能性がある。

　しかも、最初から個別包装して棚に並べてある商品ならともかく、軍隊の補給品では話が違う。形態がさまざまで、それを輸送用のパレットにまとめて載せてあったり、トラックの荷台に積んであったり、あるいはコンテナにまとめて突っ込んであったりするから、いちいちバーコードを読み取らせる方法は合理的とはいえない。バーコードを読み取るために、いちいちパレットやトラックやコンテナの補給品を分けたり開封したりするのでは、手間がかかって仕方がない。

図 2.1：パレットに貨物を搭載した例。このパレットごとフォークリフトで運び、車輌や輸送機などに積み込む仕組み（USAF）

そこでRFIDが登場する。バーコードはレーザーを使って光学的に読み取るが、RFIDは電波を使用するため、離れたところから読み取ることができる点が特徴だ。

米軍では前線分配ポイント（FDP：Forward Distribution Point、旧称はSSA：Supply Support Activity）をRFIDに対応させる一方、個別の貨物ごとに、内容や宛先に関する情報を記録したRFIDを付ける体制を整備した。前線分配ポイント、あるいは補給処・飛行場・港湾・その他の配送拠点に設けた読み取り装置でRFIDのデータを自動的に読み取れば、どこにどの貨物があるのかを把握できる。しかも、RFIDは電波を利用して情報をやりとりするから、いちいちタグのところまで人間が出向かなくても、（電波が届く範囲内なら）離れたところからでも情報を得られる。中身をチェックするためだけに開梱する必要もなくなる。

RFIDの種類・規格と関連システム

つまり、RFIDを導入することで、貨物の中身を調べたり、貨物の所在を確認したりする手間を大幅に軽減できる。こうしたメリットが買われて、米軍では湾岸戦争（1991年）の頃からRFIDの導入を始めていた。ちなみに、RFIDには書き換えと再利用が可能という隠れたメリットもある。

RFIDには、さまざまな種類や規格がある。種類とは、自ら電波を出すかどうかという違いで、高出力型の読み取り装置を使用するパッシブ型と、電池を内蔵して自ら電波を出すアクティブ型に分類できる。もちろんアクティブ型の方が遠方から読み取れて便利だが、電池切れにならないように注意する必要があるので、負担は増える。それに、アクティブ型の方が値段が高い。

米軍の場合、当初はアクティブ型からスタートしたが、RFIDの利用が拡大したため、パッシブ型も加えて場面に応じて使い分ける形をとっている。小さな個別の品物にまでRFIDを取り付けるのであれば、安価でコンパクトなパッシブ型でなければ実現できない。高価なアクティブ型は、遠方からでも読み取れるメリットを活かせる場面でのみ使うのが現実的だ。

なんにしても、こうした仕組みは周辺技術が整わなければ威力を発揮できない上に、規格やシステムの整備に加えて、RFIDそのものの低価格化と普及を図る必要もある。

そうした事情もあってか、米軍の補給物資すべてにRFIDを取り付ける体制を整えたのは、2004年7月になってからだった。自らEPCglobal標準化規格の策定に関わった上で、2005年1月からすべての納入物資にRFIDを取り付けるよう義務付けている。

周波数	規格番号
135kHz以下	ISO/IEC 18000-2
13.56MHz	ISO/IEC 18000-3
2.45GHz	ISO/IEC 18000-4
860～960MHz	ISO/IEC 18000-6
433MHz ※アクティブ型	ISO/IEC 18000-7

表2.1：使用する周波数の違いによる、RFID規格番号の違い

RFIDで無線通信を担当する部分（空中線インターフェイス）は、使用する電波の周波数帯によって規格が分かれている。単に性能の良し悪しだけでなく、他の機器・システム・用途との周波数帯の重複が発生しないように考慮して、どの規格を使用するかを決定する必要がある。特に2.45GHz帯は無線LANや電子レンジなど、使用例が多いので注意が必要だ。433MHz帯も、日本ではアマチュア無線との重複が問題になったことがある。

2007年3月1日以降は、UHF Gen 2規格に対応したパッシブ型RFIDを標準としている。使用する周波数は860～960MHz（ISO/IEC 18000-6）、読み取り可能距離は3m以上、と規定されている[1]。ただし、コンテナやパレットといった大物を単位とする場合には、433MHz帯（ISO/IEC 18000-7）に対応するアクティブ型RFIDを使用している。

RFIDを読み取って得たデータの活用

そのRFIDを読み取って得た情報のやりとりについては、当初はディスクに書き込んだデータを手作業で持ち運んでいたが、後に暗号化機能付無線LANを利用するCAISI（Combat Service Support Automated Information Systems Interface）などを利用するようになった。ネットワーク化によって、リアルタイムの兵站情報伝達が可能になる。

そこで登場するのが、CSSCS（Combat Service Support Control System）と、その能力不足を受けてノースロップ・グラマン社が開発した後継システム・BCS3（Battle Command Sustained Support System）だ。BCS3を初めて導入したのが米陸軍・第3歩兵師団で、2004年6月のこと。BCS3は、前線部隊が発注した物資が補給ルートのどの辺まで来ているかを、地図画面の上に表示する機能を実現する。

これを見れば、前線部隊の側では、請求した物資がどこまで来ているかを把握できるから、「いつ届くのか」と不安になる度合を軽減できる。残念ながら、補給ルートが敵の攻撃を受ける等の"摩擦"が発生する可能性は残るから、不安をゼロにできるとはいえないのが辛いところではあるが。また、CSSCSでは端末機が大きい上に高価で、重量427kg、お値段62,000ドルもした。それがBCS3では市販のノートPCを活用することで重量2.7kg、お値段3,000ドルとなったのだから、劇的な違いがある。しかも

OSはWindowsだから、開発環境も周辺機器との接続環境も整っている。

こうして、RFIDと情報通信網の組み合わせによって物資補給の状況を正確に把握できるようにすれば、余分な物資を請求しなくても済む。軍人というのは往々にして、物事が予定通りに進むことはないという前提で物事を考えるものだから、ついつい物資を余分に請求してしまう。それをできるだけ減らすのが、こうしたシステムの狙いだ。

もっとも、実際にこうしたシステムが能書き通りの成果を挙げるには、こうしたシステムが信頼できるものであることを現場の兵士に納得してもらわなければならない。やはり、最後には人的要素が関わってくる。

また、同盟国との合同作戦が多くなってきていることから、米軍だけがRFIDで物資を追跡できても効果は限定的となる。そのため、同盟国についても同様のシステムを導入して、足並みを揃える必要もある。そうなると今度は、政治や費用の問題も絡んでくるから複雑だ。すでにNATOでは、RFIDに関する標準化仕様（STANAG 2090）を規定している。

物資配送の速度・状況を把握する

なんにしても、物資の中身と所在を知る作業は、兵站業務のうち半分だけである。それを実際に前線まで運んで交付しなければ、仕事は終わらない。そこで、物資を前線まで運ぶのにどの程度の時間がかかるか、実際の輸送状況がどうなっているか、といった点を計算して、把握する仕組みも必要になる。

そこで、ベロシティ・マネージメントという考え方が登場する。ベロシティとは速度、つまり物資が戦場に届くまでにどれくらいの時間を要するかという話だ。その情報と、前線から補給の要請がある物資の量が分からなければ、何をどれだけ送り出せばよいか、それがいつ現地に到着するかが分からない。そこで米軍では宅配便のシステムを応用して、物資の流れ（flow）を分析・計算する、Joint Flow Analysis System for Transportationというシステムが作られた。

また、補給車両隊の動向をリアルタイムで追跡できるように、コムテック・モバイル・データコム社製のMTS（Movement Tracking System）を導入した。これは、補給用トラックが位置情報を衛星経由で送信したり、文字メッセージをやりとりしたりできるようにするもの。つまり、位置を自動的に報告するだけでなく、何か問題があれば状況を報告することもできる。補給車両隊が道に迷ったり、待ち伏せ攻撃を受けて足止めを食ったりした場合に、それを把握するのに役立つ。

さらに、操作を簡易化したMTS Liteもある。これはMTSの操作を簡略したもので、端末機には、赤・黄・白と3色の押しボタンが付いている。敵の攻撃を受けた場合は赤いボタンを、車輌が地雷や仕掛け爆弾によって破壊された場合は黄色いボタンを、道路状況などの関係で遅延している場合は白いボタンを押す。すると、押されたボタ

ンに対応する情報が自動的に指揮所に送られて、どこでどういう状況になっているのかが分かる。これなら、英語が分からなくても最低限の情報は伝えられる。

さらに最新のMTSでは、RFIDの読み取り機能も追加している。こうすれば、位置と積荷の情報をまとめて送信できるだろう。こうして、補給品の請求〜発送〜輸送〜動向管理〜交付といった一連の業務を効率化できる。MTSの後継製品として、DRSテクノロジーズ社がJoint Platform Tablet MRT（Military Rugged Tablet）の開発を進めているが、これはタブレットPCを活用してMTSと同様の機能を実現するもののようだ。

ただ、軍の管理下にある補給車両隊だけならこうしたシステムを整備するのは比較的容易だが、昨今のように民間契約業者が兵站業務の多くを請け負うようになると、話が難しくなる。所要のシステムを誰の負担で整備するのか、軍のシステムと民間の組織・機材をどう統合するのか、その際のセキュリティ面の問題はないか、といった課題があるためだ[2]。実際、イラクでは民間契約業者の車両隊の動向を軍の側で把握しきれず、武装勢力の襲撃を受けた際の対応に問題が生じている。

イラク戦争における兵站効率化の実例

ともあれ、ITの活用による兵站業務の効率化を具現化したのが、2003年のイラク戦争だった。

イラク戦争では、クウェートが出撃拠点であると同時に後方支援の拠点でもあった。まず、アメリカ本土からクウェートまで、船や飛行機を使って物資を輸送する。そして、クウェートのキャンプ・ドーハ近くに設営した戦域配送センター（TDC：Theater Distribution Center）から、イラク国内に侵攻した前線部隊まで、トラック輸送隊が物資を送り届ける体制をとった。そこでジャスト・イン・タイム方式の物資配送システムを導入したのが画期的なところだ。

地上戦の主力を務めた米陸軍や米海兵隊の前線部隊は、従来の常識からすると異常に少ない、5〜7日分の補給物資しか携行しなかった。消費した分の補給物資は、前線からの要請に応じてジャスト・イン・タイム方式で送り届けるようにしたので、その分だけ携行量が減ったわけだ。その際に、部隊指揮官は部内向けのWebサイトを使って、米陸軍が構築した戦術インターネット（Tactical Internet）を通じて物資配送状況を知ることができたので、請求した補給物資がどこまで来ているか、いつ頃届くかを把握しやすい。

実際には、フタを開けてみると予想外の問題が生じるのは戦場の常。補給車両隊が敵の攻撃を受けたり、道に迷ったりしたせいで、意図した通りに物資が届かず、糧食の支給を減らさざるを得ない等の問題が発生している。それでも、全体としてはジャスト・イン・タイム方式の補給がうまく機能したと評価された。とはいうものの、当初はクウェートのTDCに補給物資が山積みになってしまい、それの把握と管理が大

変だった。しかし、そこで例のRFIDを導入してシステムを整備することで、TDCにできていた物資の山は雲散霧消してしまったというからすごい[3]。

　もっとも、適材適所という言葉がある通りで、燃料についてはトラック輸送よりパイプライン輸送の方が効率的だ。戦争が始まってから間もなく、クウェートからイラク領内に向けて、長さ130kmほどのパイプラインを敷設している。第二次世界大戦でも、ノルマンディー上陸作戦の後でドーバー海峡を横断するパイプラインを敷設したが、それと同じだ。そもそも、燃料にRFIDをつけて運ぶわけにも行かない。

リアルタイムの情報収集と整備・補給

　理想をいえば、弾でもパーツでも、使った分だけジャスト・イン・タイム方式で補給するのが、もっとも無駄がない。しかし、常に不確実性や摩擦がつきまとう軍事作戦で、完璧にそれを実現するのは不可能といってよい。それを無理に実行しようとすれば、味方の部隊と作戦、ひいては国家の命運を危険にさらしかねない。理想と現実の間の落としどころが重要になる。

　とはいえ、できるだけ無駄を省く必要はある。そこで米海軍の研究部門・ONR（Office of Naval Research）がロッキード・マーティン社に開発を発注したのが、海兵隊向けの自動化兵站システム構築プログラム・Sense and Respond Logisticsだ。まずプロトタイプを製造するフェーズIを実施、続いて2010年3月から、さらに内容を洗練させるフェーズIIの作業に移っている。

　これは、リアルタイムのデータを把握して（Sense）、それを受ける形で（Respond）兵站任務（Logistics）の計画・再評価を行なうためのシステムだ。具体的には、車両などに取り付けたセンサーがネットワーク経由でデータを送り、それに基づいて自動的に、任務計画に必要な情報を作成・提示、意志決定支援を行なう仕組みになっている。

　たとえば、エンジンの消耗が進んで「そろそろパーツの交換が必要」という時期になったときに、その情報を提示して交換用パーツの請求を促す、といった仕組みが考えられる。実際、航空機の世界ではヘルス・モニタリング・システムといって、機体の使用状況やパーツの疲労状況をセンサーで計測・記録するシステムが普及し始めている。

　それを自国のみならず、同じ機体を採用する同盟国まで巻き込んで大々的に行なおうというのが、F-35ライトニングIIとワンセットになっているALIS（Autonomic Logistics Information System）だ。すでに試験用機を使った飛行試験の段階から、このシステムを使った兵站支援システムが稼働を始めている。兵站支援の拠点は製造元の工場があるテキサス州フォートワースに設けられており、ここからネットワーク経由で、飛行試験中の機体をモニターしている。

　ALISの基本的な考え方はヘルス・モニタリング・システムと同じで、機体の動作

状況に関するデータを収集・送信して、効率的な整備・兵站支援を行なおうというもの。F-35が装備するコンポーネントの大半はセンサーを取り付けており、故障の発生を把握できる。さらに、その情報をデータリンクによって地上側にも送信する。こうすると、機体が任務を終えて帰投した時点で、機体の状態やトラブル・損傷の状況を把握できる。そうすれば、帰還したときにはすでに交換用の列線交換ユニット（LRU：Line Replaceable Unit）が待機していてただちに交換可能、なんていうことも実現できるだろう。

近年、特に航空機の整備作業では、「○時間飛行したらパーツを替える」「○回飛行したらパーツを替える」といった機械的な方法を用いる事例が減っている。経済性と即応体制の両立を図るため、機体の状態や稼働率と照らし合わせながら、必要なときに必要な作業を行ないつつ高い稼働率の維持を図る、PBL（Performance Based Logistics）と呼ばれるやり方が主流になってきている。それを実現するには、機体の状態を迅速かつ適切に把握する必要があり、そこでALISのようなシステムがモノをいう。

こうした、機械的に一定期間ごとに整備を行なう代わりに状況に応じた整備を行なうやり方を、CBM（Condition Based Maintenance）ともいう。必要なときに必要な作業・必要な部品交換だけを行なうことで、トータルの経費節減と稼働率の維持を両立させようという考え方だ。ただし、これを実現するには動作状況を正しく把握する必要があるので、モニタリング技術や部品の寿命管理といったところのノウハウが重要になる。

ただしALISの場合、F-35を使用している国がすべて同じシステムを共用することから、「他国にまで、自国の機体の状況に関する情報が流れてしまうのではないか？」と懸念する向きもある。実際に問題が生じるかというだけでなく心理的な不安感の問題でもあり、これまた人的な問題といえる。

空中給油とRFIDの意外な関係

ここまで、兵站業務におけるRFIDの活用について取り上げてきたが、まったく別の意外な方面でも、RFIDを利用する実験が行なわれている。

これは米空軍飛行試験センター（AFFTC：Air Force Flight Test Center）が2010年4月にエドワーズ空軍基地を拠点として実験を行なったもので、ARAI（Automatic Receiver Aircraft Identification）システムという。空中給油機（タンカー）から、受油側の飛行機（レシーバー）を自動識別するのが目的だ。

現在、この作業はブーム操作員（ブーマー）が目視によって行なっており、レシーバーとなる機体の尾翼に書かれた機番、あるいは無線交信を手がかりにして、どの機体にどれだけ給油したのかを確認・記録している。しかし、（照明装置があるとはいえ）夜間や悪天候のときには識別が難しいので、自動化できればその方が便利だ。

ARAIでは、タンカーとなるNKC-135給油機にRFIDの読み取り装置を、レシーバーとなるF-16にRFIDを取り付けた。レシーバーがタンカーに接近すると、タンカーが備えるRFID読み取り装置によって自動的に情報を取得するため、機体側の給油装置と連携することで、どの機体にどれだけ給油したかを即座に把握できる。そして、ブーマーは給油相手の機体や給油量を確認して帳簿に書き付ける手間がなくなり、給油ブームの操作に専念できる利点もある[4]。

　これを実用化できれば、空中給油の効率が大幅に向上するものと期待されている。いわれてみれば「なあんだ」という話だが、それを実際に思いついて実験している着眼ぶりはすごい。

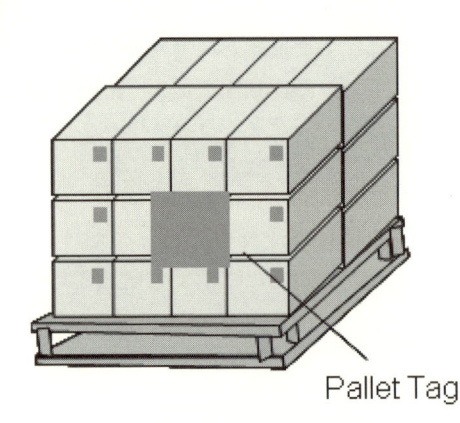

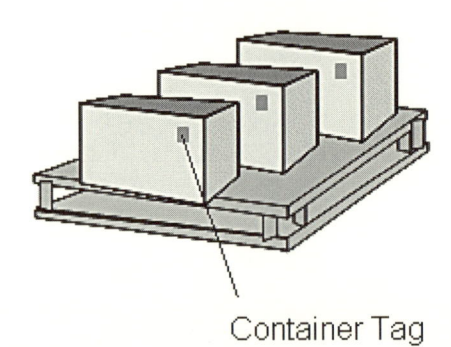

Pallet Tag

Container Tag

RFIDは、こういった具合に荷物に取り付ける（DoD）

② コンピュータとプラットフォーム

　軍事の世界でプラットフォームというと、車両・艦艇・航空機といった、いわゆる「乗り物」の部分を指す。そのプラットフォームに必要なセンサーや兵装などを積み込むことで、ひとつの戦闘マシンが完成することになる。
　搭載するセンサーや兵装だけでなく、プラットフォームそのものについても、コンピュータの導入と、それによる進化、あるいはブレークスルーが実現している。その具体例について見ていこう。

飛行制御コンピュータとステルスとCCV

　ロッキード社（現ロッキード・マーティン社）の先進開発部門・スカンクワークスの２代目ボス（チーフ・オブ・スカンク）を務めた故ベン・リッチ氏は生前、自著「Skunk Works」（邦題「ステルス戦闘機」）の中で、「飛行制御コンピュータさえあれば、自由の女神に曲芸飛行させることだってできる」と書いていた。さすがに自由の女神は極端だが、飛行制御コンピュータによって、本来なら真っ直ぐ飛ぶこともままならないはずの飛行機が自由自在に飛べるようになるのは、紛れもない事実だ。
　分かりやすい事例としては、静安定性低減技術（RSS：Relaxed Static Stability）を適用した機体がある。ここでいう静安定とは「縦の静安定」のことで、主翼の揚力中心位置よりも機体の重心位置の方が前方に来るようにすることで実現できる。
　このことは、紙飛行機を作って飛ばしてみれば、簡単に理解できる。機首が軽い紙飛行機は、飛ばそうとしても上向きに飛んでしまい、だいたい真上を向いたところで失速して墜落する。ところが、機首の側を複雑に折って重くしてやると、真っ直ぐ安定して飛べるようになる。本物の飛行機でも同じことだ。
　ところが、安定して飛べるということは、それだけ機動性が阻害されているということでもある。裏返せば、安定性を弱めることで、より機敏に動ける飛行機を作れる可能性があるという話になる。しかし、それでは機首が軽い紙飛行機と同じで、制御不能になってしまうので飛行機として使い物にならない。
　そこで飛行制御コンピュータが登場する。パイロットが手作業で昇降舵・補助翼・方向舵といった操縦翼面を動かす代わりに、飛行制御コンピュータが操縦翼面を動かすようにするものだ。こうすると、機体の速度や姿勢を基にして操縦翼面を最適な状態に動かして、空力的には安定していない飛行機でも安定して飛ぶことができる状態

を作り出せる。その結果として、安定性を抑えて機敏さを増した機体を生み出すことができる。

　ただしこれを実現するには、FBW（Fly-By-Wire）、つまり電気信号で指令を出して操縦翼面を動作させる仕掛けが必要になる。コンピュータが操縦指令を出すには、電気信号に拠る必要があるからだ。近年では、海上自衛隊のXP-1哨戒機みたいにFBL（Fly-By-Light）、つまり光ファイバーで指令を伝達する方式もあり、こちらの方が電気的ノイズや電磁波障害に強い利点があるのだが、基本的な考え方は同じ。

　こうした考え方を最初に取り入れた戦闘機が、米ゼネラル・ダイナミクス社（現ロッキード・マーティン社）製の、F-16ファイティングファルコンだ。ただしF-16の場合、主翼の取り付け位置を前後に移動できる設計にしておいて、静安定性低減とFBWが目論見通りに機能しなかったときに、主翼の取り付け位置を後ろに移動して縦の静安定性を実現できるようにしていた。いわば保険をかけた設計になっていたわけで、何事もパイオニアは苦労するものである。

　こうした機体の場合、操縦桿が直接操縦翼面を動かすわけではないから、操縦桿はパイロットの意志を機体に伝える入力装置、という位置付けになる。たとえば、操縦桿を右に倒す操作は、通常の飛行機なら補助翼の操作であり、それが結果として機体を右にバンクさせる操作になる。ところがFBW/FBLを使用する機体では、操縦桿を右に倒す操作とは機体を右にバンクさせろという意思表示であり、それを受けた飛行制御コンピュータが、操縦桿からの入力に応じた角度だけ、機体をバンクさせるように操縦翼面を動かす。結果は同じだが、過程がまるで違う。

　これを利用すると、機体が危険な状態にならないように飛行制御コンピュータが危険な操作を排除する、といった仕掛けも可能になる。たとえば、失速するぐらい大きな迎角（AoA：Angle of Attack）をとるように指示しても、飛行制御コンピュータが「これでは失速する」と判断して安全な範囲の迎角にとどめる、といったことができる。

　最近の戦闘機には「パニック・ボタン」を備えたものがあるが、これも飛行制御コンピュータの仕事で、ボタン操作ひとつで機体を水平直線飛行の状態に戻してくれる。パイロットが失神しそうになったり、機の姿勢が分からなくなって混乱したり、といった場面で、こうした機能が役に立つ。

　最近ではF-16を初めとして、機関砲が機体の中心線から外れ

図2.2：ロッキード・マーティンF-117Aナイトホーク。普通ならまともに飛べないような形状だが、飛行制御コンピュータによって普通の飛行機と同様に扱える（USAF）

ている戦闘機が多いが、撃ったときの反動によって発生するヨー方向の動きを飛行制御コンピュータが自動的に補正してくれるから、機体の針路はぶれない。

このほか、ステルス機をまともに飛ばす際にも飛行制御コンピュータの出番となる。ステルス機はレーダー電波の反射を低減することを優先した形状になっているため、空力的な話が後回しにされる場合があり、そのままではまともに飛べなくなる。そこで、静安定性低減技術を適用した場合と同様に、飛行制御コンピュータの舵面操作によって、パイロットの意志通りに飛べる状態にするわけだ。

コンピュータ制御ならではの注意点

このように、敏捷性に優れた戦闘機の実現、あるいはレーダーに映りにくい軍用機の出現は、飛行制御コンピュータあればこそ、という話になる。いいことずくめのようだが、注意しなければならないこともいろいろある。

たとえば、飛行制御コンピュータの動作をパイロットが正しく理解していないと、喧嘩が起きる。飛行制御コンピュータが危険領域に入ろうとする操作を阻止しているのに、パイロットがそのことを理解しないで強引な操作を行なった場合が典型例といえる。実際、そのことが原因となった墜落事故も起きている。

また、飛行制御コンピュータが機体の状態を判断するには、さまざまなセンサーを設ける必要がある。普通なら対気速度を知るためにピトー管を設ける程度だが、飛行制御コンピュータを使用する機体では、速度に加えて迎角やバンク角など、把握しなければならない情報が増える。当然、それらを知るために使用するセンサーが正しく機能すること、センサーとコンピュータの間の結線が正しいこと、という条件が発生する。センサーが正しく機能していても、結線が逆になっていたり、接続するセンサーを間違えたりすれば、コンピュータは機体の姿勢を誤判断して墜落の原因になる。実際、それが原因で起きた墜落事故の事例もある。

F-16といえば、操縦桿をサイドスティックにしたことでも知られる機体だが、そのサイドスティックについてもひと揉めあった。先に解説したように、FBWを使用する機体では操縦桿やサイドスティックは単なる意思表示のための入力装置だから、圧力検知センサーがあれば用は足りる。実際、メーカーの人間はそう考えて、固定したサイドスティックを取り付けた。

ところが現場のパイロットは、操縦操作を体感できるように、サイドスティックが多少は動くようにするべきだと主張して、メーカーとの対立に発展した。最後は米空軍・戦術航空軍団（TAC：Tactical Air Command）司令官の裁定により、動くサイドスティックを設置することになった。F-16のサイド・スティックは、前方に0.25mm、後方に4.8mm、左右それぞれ0.9度だけ動くのだが、前後で角度が違うところに、パイロットの微妙な感覚が反映されているようだ。

エンジンの電子制御化

かつて、乗用車のエンジンというとキャブレターを使用するのが普通で、電子制御燃料噴射は上級モデル限定だった。それが現在では電子制御が当たり前で、逆にキャブレターが消滅してしまった。その背景には、厳しい排ガス規制に対応したり、あるいは燃費を改善したりするには、空燃比をきめ細かく制御する必要があり、自然現象任せのキャブレターでは対応できないという事情がある。

航空機のエンジンにも、似たような話がある。燃焼効率を高めることで燃料消費の節減を図れるだけでなく、スロットル操作に対する応答性の改善、あるいは操作に関する制約をなくす、といった事情から、エンジンの燃料などを制御する機構が電子制御に切り替わってきたからだ。それがいわゆるFADEC（Full Authority Digital Engine Control）だ。

ジェットエンジンの場合、燃料噴射だけでなく、ベーンの角度制御など、コントロールする部位がいろいろある。それらをコンピュータで集中的に最適制御することで、効率の改善や性能の向上を実現する。また、機械式と比較すると制御機構の可動部分を少なくできるため、信頼性・保守性の向上にもつながる。

同じように、ゼネラル・エレクトリック製の舶用ガスタービン・LM2500でも、これまで機械・油圧式で行なっていた燃料とステーター・ベーン（VSV：Variable Stator Vane）の制御を電子化する、DFC（Digital Fuel Control）の導入が進められている。機械で行なうよりもきめ細かい制御を行なえるだけでなく、信頼性・保守性が向上することによる経費節減効果が大きいようだ。米海軍では1994年から順次、手持ちのLM2500に対するDFCの導入を進めているところだ。

ただし、コンピュータ制御につきまとう問題として、複雑な制御を行なうほど、制御用のソフトウェアを開発する負担が増える点がある。エアバス・ミリタリーのA400M輸送機に装備するTP400エンジンでソフトウェア開発の問題が持ち上がり、初飛行を大幅に遅らせる事態を招いた話は記憶に新しい。

機体・エンジンの統合制御（推力偏向装置の場合）

このように、機体とエンジンがそれぞれコンピュータ制御されるようになると、両者を統合制御する動きも出てくる。特に、操作対象になる機能が従来よりも多い機体では、コンピュータが面倒をみなければパイロットが過負荷になってしまう。

たとえば、F-22ラプターやSu-30MKのように推力偏向装置を備えた機体がそれだ。F-22の推力偏向装置は上下方向の偏向が可能なので、それによってピッチ操作を行なえる。ところが、ピッチ操作は昇降舵の操作によって行なうこともできる。速度が低い場面、あるいは大気の密度が低い高空では推力偏向装置を使用する方が効果的だ

図 2.3：フォート・モンローをバックに飛行するF-22。二次元の推力偏向ノズルによって、空力的効果が薄い場面でも敏捷な動きを可能にする（USAF）

が、パイロットに対していちいち、自分で判断して舵面操作と推力偏向装置を使い分けろというのは酷だ。

　そこで、飛行制御コンピュータが機体もエンジンもまとめて制御することで問題を解決する。パイロットは従来通り、サイドスティック、スロットルレバー、ラダーペダルの操作によって、機体に意思を伝達する。それを受けた飛行制御コンピュータが、機体の状態に合わせて、操縦翼面を動かしたり、推力偏向装置を作動させたりする。これなら、パイロットは機体をどういう風に飛ばすかを考えることに専念できる。Su-30MKのように3次元の推力偏向装置を備えた機体では、さらに操作がややこしくなるので、コンピュータで統合制御しなければ「やっていられない」だろう。

機体・エンジンの統合制御（VTOL機の場合）

　VTOL（Vertical Take-Off and Landing）機では、さらに統合制御の必要性が高い。特にVTOLが可能な固定翼機は、水平飛行と垂直離着陸の間の遷移飛行という厄介な問題がある。たとえば着陸を例にとると、徐々に速度を落としながら進入しつつ、エンジンの排気ノズルを下方に向ける。失速限界速度まで減速した時点でエンジンによる浮揚力を確保しておかないと、墜落してしまう。

　V-22オスプレイのようなティルトローター機も同じで、操縦翼面の操作に加えて、

図 2.4：ホバリング試験中のF-35B。短距離離陸時の舵面の動きもこれと同じで、スタビレーターの向きが、CTOL機の離陸時とは逆になる（USAF）

図 2.5：CV-22Aオスプレイ。遷移飛行の際には、両翼端に取り付けたエンジン・ポッドを回転させて下向きの推進力を発揮させるため、操縦操作が複雑になる（USAF）

両翼端に取り付けたエンジン・ポッドの向きを変える操作が必要になる。V-22は「水平飛行する飛行機」と「垂直離着陸するヘリコプター」をひとつの機体にまとめたようなもので、遷移飛行操作も簡単ではなさそうだ。

これが排気ノズルの向きとエンジンの推力を変えるだけならまだしも、F-35Bになるとさらに、リフトファンの駆動軸とエンジンを結ぶクラッチを接続してリフトファンを始動、それに合わせてリフトファンの吸気口と排気口に付いている蓋を開ける、という操作まで必要になる。それをすべてパイロットの判断で行なうのは負荷が大きすぎる。

これをコンピュータでまとめて制御することで、遷移飛行の際のパイロットの負担を減らし、ひいては遷移飛行の際の操作ミスなどに起因する事故を減らすことができる。実際、VTOL機は一般的に通常のCTOL（Conventional Take-Off and Landing）機と比較すると事故率が高くなりやすい傾向があるので、こうした対策は必須のものといえる。

しかも、VTOL機は飛行形態が特殊なだけに、通常とは異なる舵面操作が必要になる場合があるから話がややこしい。

F-35がリフトファンを作動させて短距離離陸を行なっているときの映像を見ると分かるが、CTOL機なら前下がりになって機首上げ方向の力を発生させるスタビレーター（スタビライザーとエレベーターを組み合わせた造語、全遊動式水平尾翼のこと）が、F-35Bの短距離離陸では後ろ下がり、つまり機首下げの力を発生させる向きになっている。これと、下方に湾曲させたエンジンの排気ノズル、機首のリフトファンを組み合わせることで、前後で上向きの力を発生させているわけだ。

普通なら、「離陸時には操縦桿を引いてスタビレーターを前下がりにすることで、

機首上げ操作を行なう」のが飛行機の操縦だ。ところがF-35Bでは短距離離陸時に限って逆の操作を求められるので、パイロットが混乱してしまう。それであれば、コンピュータがリフトファンもエンジンの排気ノズル操作もスタビレーターの操作もまとめて面倒を見るようにして、パイロットは通常の機体と同様に操縦桿を引く操作を行なう方が、間違いが起こらない。短距離離陸時に限り、コンピュータ操作によってスタビレーターを通常と逆の向きに動かせばよい。

余談だが、F-35Bはハリアーと違って垂直離陸を行なわず、短距離離陸・垂直着陸で運用する。だから、VTOL機というのは正しくなくて、STOVL（Short Take-Off Vertical Landing）機と呼ばなければならない。実際、F-35BはVTOL型ではなくSTOVL型と呼ばれている。

ミッション・コンピュータとMPS

軍用機であれば、離着陸して普通に飛ぶだけでは仕事が終わらない。対空戦であれ対地攻撃であれ、何らかの戦闘任務を行なうのが本業だ。たとえば、比較的ミクロなところで、戦闘機が敵地に侵入して対地攻撃を行なう場面を考えてみよう。

現代の軍用機は慣性航法装置やGPSといった航法機器を備えているから、途中で経由する地点の座標を緯度と経度で入力しておけば、自動操縦装置によって勝手に飛行機を飛ばすことができる。第二次世界大戦の頃は、自動操縦装置といっても設定した針路を維持するだけの代物だったが、現代では本当に自動飛行できる。

そこで、自動操縦装置とミッション・コンピュータを組み合わせると、任務飛行そのものの自動化が可能になる。つまり、事前に設定した地点を自動的に経由しながら飛行して、目標地点の上空で自動的に爆弾を投下して、また自動的に帰ってくる、ということを実現できる。実際、1991年の湾岸戦争で有名になったF-117Aナイトホーク戦闘機は、そうやって任務を実施していた。もっとも、目標の上空で爆弾を投下するところでは、パイロットが判断を求められる部分があるため、完全に手放しとはいかないが。

そこで必要な任務計画データを作成するのが、MSS（Mission Support System）というコンピュータだ。最近では、専用のソフトウェアが動作する市販のPCを用いる場合が多いようだ。MSSは、作戦地域の地図情報や要注意ポイントなどのデータを事前に組み込んでおり、地対空ミサイル基地のような危険ポイントを避けながら目標に到達できるように、針路やタイミングに関する計画を立案する機能を提供する。後述する軍の情報通信網とMSSがつながっていれば、任務計画に必要な最新データを取り出して利用することもできるだろう。

MSSによって任務計画ができあがると、それをDTM（Data Transfer Module）にロードする。要するにメモリ・カートリッジのことで、フラッシュメモリを用いるものも、ハードディスクを用いるものもある。DTMに任務計画データをロードしたら、

パイロットはそのDTMを持って飛行機のところに行く。

　そして発進前に、割り当てられた飛行機の外部点検を行ない、コックピットに乗り込んだところでDTMを計器板のスロットにセットする。すると、ミッション・コンピュータがDTMから必要な情報を読み出して、自分がどこに行って何をするのかを理解する仕組みになっている。地図や敵情を初めとする任務関連情報は、コックピットの多機能ディスプレイ（MFD：Multi Function Display）に表示するし、必要なら自動操縦によって飛行することもできる。昔なら、任務の内容を書き込んだ紙を用意してニーボードに突っ込んでおいたところだが、現代の戦闘機乗りはDTMを持って行けば済む。

　ミッション・コンピュータが、こうした機能を実現するために用いるソフトウェアのことを、OFP（Operational Flight Program）という。決まった日本語訳は存在しないようだが、筆者は「任務プログラム」と訳している。

　もちろん、事前に計画して任務計画データを機体にロードしておけるのは、既知の目標を対象とする任務の話だ。空対空の迎撃戦闘、あるいは近接航空支援といった、現場に行ってみないと何をするかが決まらない種類の任務もある。もっとも最近では、機体と地上を結ぶデータリンク網の整備が進んでいるから、とりあえず飛び立ってからデータリンク経由で情報を受け取り、OFPがそれに基づいて任務の組み立てを支援して……という形態もあり得る。

❸ コンピュータと射撃指揮

　続いて、そもそもコンピュータというものが登場するきっかけになった、弾道計算と射撃指揮について取り上げることにしよう。よく知られているように、世界初のコンピュータとされるENIACは、米陸軍が弾道計算用として開発させたものだからだ。

　ただし、実はENIACより先に、ドイツ首脳の間でやり取りされている暗号文を解読するために、イギリスでコロサスという電子式の暗号解読装置が開発されていた（イギリスはコロサスの存在を軍事機密として秘匿していたため、1970年代まで存在がまったく知られていなかった）。こちらがコンピュータの元祖ではないかという指摘もあるのだが、その話はとりあえず措いておいて。

砲熕兵器の射撃照準

　火砲の射程距離が短い時代であれば、砲側照準でもなんとかなった。ところが、火砲の技術が発達して遠距離の砲戦が可能になると、命中率を高めるための工夫が必要になる。砲弾は一直線ではなく弾道を描いて飛翔するから、それを精確に算定しなければ、命中が見込めない。

　自ら推進力を持つミサイルと異なり、砲弾は装薬を使って撃ち出した時点で、飛翔するために使えるエネルギーが決まる。そして、砲弾を撃ち出したときの方位と初速、それと砲弾の重量を基にして、弾道を計算できる。そこで、弾道を計算する目的で「弾道学」という学問ができた。発射位置と目標の位置が決まっていれば、事前に計算しておいた弾道のデータを基にして、砲を指向する向きや装薬の量を決めることができる。

　しかし実際には、さらにいろいろな要素が関わる。連続射撃によって熱くなった砲身は微妙に垂れ下がってくるし、砲身の内面は少しずつ磨耗する。砲弾を撃ち出す火薬（装薬）の温度は連続射撃によって上がるので、それが弾速に影響する可能性もある。そして、大気の気温や湿度、高層気流の影響も考えなければならない。弾が飛んでいる間に風の影響を受ける可能性が高いし、地球の自転まで考慮に入れる必要がある。

　これが海上の砲戦、あるいは戦車同士の砲戦では、自分と相手のいずれか、あるいは両方が移動するので、さらに射撃が難しくなる。

　艦艇同士の砲戦を例にとると、同航戦、つまり自艦と敵艦が同じ針路で並行して走

りながら撃ち合う形態であれば、相対的な位置関係は大きく変わらない。しかし実際には、敵艦と自艦が異なる針路をとったり、反航したりということも多い。すると、自艦と敵艦との距離、そして自艦から見た敵艦の位置（角度）が、常に変動する。

そこで「対勢図」といって、自艦と敵艦の位置関係について幾何学的にまとめた図が必要になる。これ自体は幾何学の問題なので、しかるべきデータがあれば機械でもコンピュータでも計算可能だ。

艦砲射撃における測距と測的

では、自艦と敵艦の位置関係を知るにはどうすればよいか。まず、レーダーや測距儀を使って、敵艦の方位と距離を調べる。距離は測距儀の光学機構を用いて、相対方位は測距儀の向きを用いて確認できる。ただし、自艦も敵艦も移動しているから、方位も距離も時々刻々と変化する。この、自艦と敵艦の距離の変化を「変距率」という。

一方、自艦の針路と速力については、羅針儀と測程儀を使えば情報を得られる。敵艦の方位と変距率、自艦の針路と速力といった情報があれば、敵艦の針路と速力は幾何学的に計算・推定できる。この作業を支援するため、イギリスで19世紀に「変距率盤」という機械が考案された。

しかし、前述したように、考慮しなければならない項目はもっと多い。そこで、それらのデータも取り込んで所要の計算を行なう機械式の計算機として登場したのが、射撃盤だ。射撃盤では、前述したようなさまざまなデータを算入して、敵艦までの射距離（照尺量。砲の仰角を決める）、砲を指向する向き、敵艦の移動を見込んだ補正量（苗頭）、といった値を算定する。後は、そのデータに基づいて砲をしかるべき方向に指向した上で射撃すればよい。

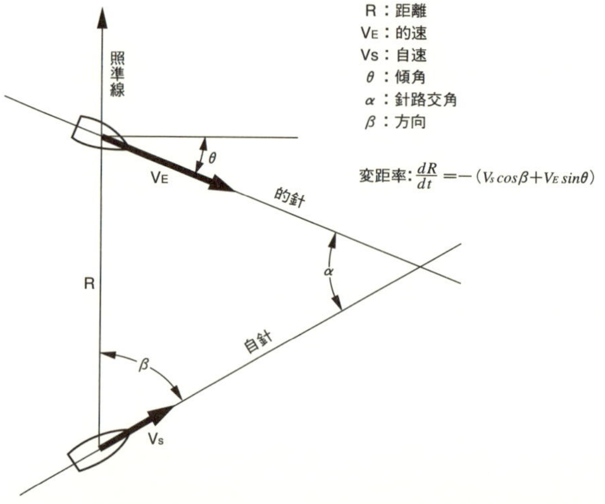

ここでは艦艇の砲戦を例にとって説明したが、基本的な考え方は、陸上で行なう戦車同士の砲戦でも同じだ。ただし戦車同士の砲戦では地形という要素が関わってくるため、違った難しさがある。

また、昔の艦艇では1隻の艦が複数の砲を装備していたため、それらを統一指揮して同じ目標に指向するという課

R：距離
V_E：的速
V_S：自速
θ：傾角
α：針路交角
β：方向

変距率: $\dfrac{dR}{dt} = -(V_s \cos\beta + V_E \sin\theta)$

図 2.6：対勢図の基本的な考え方。自艦と敵艦の位置関係を幾何学的に示す

題があった。また、大きな軍艦にいくつも砲を据えた場合、設置位置が違ってくるので、砲によって少しずつ、指向する向きを変える必要がある。それ自体は機械的に計算できるが、計算した結果を砲に伝達する課題が残る。

そこで方位盤が登場する。遠方の敵艦を視認できるように、艦でもっとも高い位置に射撃指揮所を設けて、そこに方位盤を設置する。方位盤には射手がついていて、射撃盤で算定した諸元を基に、方位盤に組み込まれた望遠鏡を使って敵艦を照準する。

砲を指向する方向が決まったら、そのデータは個々の砲塔に設けられた角度通信機に、針の動きという形で伝える。方位盤からの指令を受けて動く針を「基針」、砲が実際に向いている向きを表示するのが「追針」で、砲の側では基針の動きに合わせて砲の向きを変えて、基針と追針が一致する状態を維持するように努める。こうして、射撃盤が算定した通りの向きに砲を指向したら、方位盤で射手が引き金を引くと砲弾が撃ち出される。

これも、コンピュータ制御であれば話は簡単で、射撃指揮用のコンピュータが砲を指向する方向と俯仰角をはじき出したら、それに合わせて砲塔に指令を出して砲を動かせば済む。もっとも最近の軍艦は砲熕兵器の数が少なくなり、せいぜい1-2門しか搭載していないが。また、かつてのように射撃盤と方位盤が別々になっておらず、単一の砲射撃管制システムになっている。しかし、過去の名残から、射撃の際に目標の捕捉・照準に使用する機材を「方位盤」と呼ぶことがある。

機械の問題点とコンピュータの登場

第二次世界大戦の頃までは、このようにして火砲の射撃指揮を行なっていた。ただ、他に方法がなかったから仕方ないのだが、射撃盤にしても方位盤にしても機械仕掛けであり、使っているうちにパーツが磨り減ってくる。それでガタが生じるようになれば、当然ながら計算結果も狂ってくる。外部からの衝撃を受けて動作に支障が生じることもある。また、基針と追針を合致させる作業は砲塔任せだから、この追従作業がうまくいかないと、出るはずの弾が出ない。

そこでコンピュータが登場する。射撃盤が行なう弾道計算作業をコンピュータに置き換えることで、迅速な算定が可能になり、使い続けているうちにすり減ってガタが生じる、なんていう問題もなくなる。もっとも、コンピュータとて故障することはあるし、外部からの衝撃で動かなくなる可能性もあるから、それについては対策が必要になるが。

また、すでに解説しているようにコンピュータはソフトウェアで動作する機械だから、ソフトウェアの改良によって、諸元を算定する際に扱う項目を増やしたり、計算の方法を改善したり、といったことができる。歯車を使った機械仕掛けの計算機では、そうした作業を行なおうとすると、すべて作り直しになってしまって大変だ。

さらに、コンピュータの話からは外れるが、レーダー、あるいは光学機器の改良に

よって測距精度を高めたり、夜間でも精確に測距できるようにしたり、といった改良を施すことは、射撃精度の改善と交戦可能な機会の拡大につながる。

戦闘機の空対空射撃

戦闘機が空中戦を行なう際につきものの空対空射撃でも、計算の問題が出てくる。

こちらは射撃距離が短いため、弾道計算の問題はあまり深刻にならないが、それでも完全な無視はできない。しかしそれよりも、自機と敵機の移動速度が桁違いに速い上に、機動性も優れていることから、見越し角射撃の問題が大きくなる。

以下の写真は、第二次世界大戦の当時に用いられていた、光像式射撃照準器だ。その名の通り、下部に組み込まれた電球でガラス板にレチクル（照星）を投影して、それを使って狙いをつける。ただし、レチクルを投影する場所は自機の真正面に固定されている。もっとも、戦闘機の機関銃も固定されているから、これでよい。機関銃の向きを変えたければ、機体の向きを変えて対応する。

そこで問題になるのは、自機と敵機の位置関係ということになる。敵機の真後ろについて、直線飛行中に射撃すれば命中する可能性は高くなるが、それを期待するのは無理がある。そもそも、空中戦で敵機の真後ろにつくのは簡単ではないし、直線飛行をしていないことの方が多いだろう。

ということは、戦闘機同士が機関銃で撃ち合う場合、その大半は旋回しながらの射撃、あるいは真後ろ以外からの射撃になる。旋回中、あるいは斜め方向からの射撃では、自機と敵機の位置関係が時々刻々と変動するから、敵機に直接狙いをつけて機関銃を撃っても当たらない。弾丸が敵機の位置に届くまでの間にも敵機は移動しているので、弾丸はむなしく、敵機の後ろを通り過ぎてしまう。

したがって、敵機が今いる場所ではなく、銃弾が撃ち込まれたときに敵機がいるべき場所に向かって照準して、射撃する必要がある。撃った弾が敵機の位置に達するまでに、敵機は何十メートルも移動してしまっているからだ。これが、いわゆる見越し角射撃だ。できるだけ相対位置の変化が少ない位置について射撃したり、敵機に肉薄して射撃したりすれば問題を緩和できるが、それは新米には辛い。

そこで、見越し角射撃の計算をパイロットにやらせる代わり

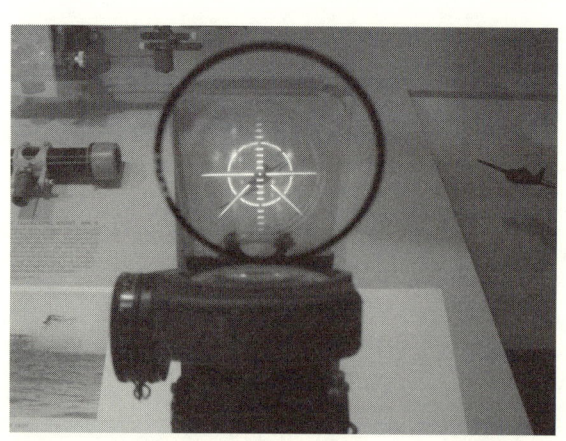

図 2.7：第二次世界大戦中に米海軍が使用していた、戦闘機用の射撃照準器（National Air and Space Museum所蔵、筆者撮影）

に、照準器がやれば良いという考え方ができた。いわゆるリード・コンピューティング・サイトのことだ。「リード」とは見越し角のことで、「見越し角を計算してくれる照準機」という意味になる。イギリスで考案されたものを米陸軍が採用した「K-14」が、広く知られている。

通常の照準器では、照準器のガラスに投影されるレチクルは1個だけだが、K-14では2個のレチクルを投影する。ひとつは機体の軸線に沿って直接照準したときのレチクル、もうひとつは自機の動きを使って見越し角を補正したレチクルの2種類だ。

そして、後者のレチクルに敵機が入るように追尾飛行しながら、スロットルレバーのグリップを回転させて敵機の翼幅をセットする。射撃距離の情報については、事前に設定しておく（当時の戦闘機は、複数の機関銃の射線が数百メートル先で交差するように調整したので、それに合わせておくのが合理的だろう）。そして、自機の動きはサイトが内蔵するジャイロによって把握できる。こうした諸元を使って、見越し角の計算を行なう仕掛けだ。

後は、補正用レチクルに敵機を捉えながら機関銃を撃てば、命中することになっている。平時ならともかく、一人でも多くのパイロットが欲しい戦時には、できるだけ短い訓練期間でパイロットを戦線に送り出したいので、機械の助けによって誰でも正確に弾丸を命中させられるようにする方が合理的だ。

こうした作業も艦艇の砲戦と同様、コンピュータ化によって速度・精度の向上を期待できる。K-14はジャイロを使って機械的に補正していただけだが、レーダーを使って敵機の動きを継続的に追跡すれば、さらに精確に狙いをつけられる。計算をコンピュータ化することで、複雑な計算処理が可能になるし、処理速度も信頼性も向上する。

戦車砲の射撃統制

英語で書くと同じFCS（Fire Control System）だが、陸戦兵器の分野では慣例的に「射撃統制システム」と呼び、航空機や艦艇の「射撃管制システム」とは異なる。それはともかく……。

陸戦で用いられる砲熕兵器は榴弾砲や迫撃砲だけではなく、戦車の主兵装である戦車砲もある。他の砲熕兵器と同様に弾道計算は必要になるし、相手が走っていれば、戦闘機の機関銃と同様に見越し角射撃が必要になる。さらに、行進間射撃、つまり走りながら射撃するためには、走行によって生じる自身の移動だけでなく、その際に発生する振動・衝撃・姿勢変化も考慮に入れる必要があるので、この分野に独特の難しさがある。

そのため、より精確な射撃を実現する目的でコンピュータ仕掛けの射撃統制システムを導入しているのは、他の分野と同様だ。目標の距離・方位・針路・速度、自身の針路・速度などといったデータを基にして諸元を算出する考え方、風向・風速・砲の射撃歴・砲の温度などのデータが影響する点についても、基本的には共通していると

考えられる。レーザー測距が一般化する前はレンジファインダーを使用していたが、これも艦砲用の光学測距儀と同じ原理だ。

基本的な操作は、砲手が照準器で目標を捕捉して、レーザー測距儀のボタンを押すというものになる。すると、レーザーが自動的に目標までの距離を測り、コンピュータがさまざまなデータを取り込んで砲の向きを計算、それを自動的に設定する。後は、砲手が引き金を引くだけでよい。ただし、コンピュータや射撃統制システムが故障したり、被弾によって破壊されたりする可能性もあるので、目測で照準する訓練も忘れない。

自由落下爆弾の照準

図 2.8：陸上自衛隊の90式戦車が使用している、砲手用の射撃照準器（陸上自衛隊広報センターにて。筆者撮影）

自由落下爆弾でも砲煩兵器と同様に、精確に命中させるのが難しいという問題がある。

水平直線飛行している飛行機から投下した爆弾であれば、機体の進行方向と速度、投下する爆弾の弾道などを考慮しながら狙いをつけることは不可能ではない。しかし、実際には回避機動をとったために機体の動きがぶれたり、強風で弾道がずれたりするので、精確な爆撃は難しくなる。モスキートが得意とした低高度・緩降下爆撃も、あるいは艦爆のお家芸である急降下爆撃も、こうした要素を排除する狙いによる。

有名なノルデン爆撃照準器が、他の爆撃照準器と比べて精確に爆撃できるとされたのは、「爆撃手が狙いをつけてパイロットに指示を出し、それを受けてパイロットが操縦する」という方式から、「爆撃手が狙いをつけると、それに合わせて自動的に機体が追従する」というやり方に替えたからだ。そうすることで、指示と操縦のギャップをなくし、かつ機体の針路のブレを抑えられるので精確に当たるという話になる。

それでも、精密というのは比較の問題で、現代の精密誘導兵器とは比べものにならない。だから、ひとつの工場をつぶすために、数百機から1,000機以上の爆撃機を送り込んで、「面」で制圧する必要があった。

そこでジェット機時代になって、爆撃コンピュータが登場した。これは、目標と自機の位置関係を光学的に、あるいはレーダーなどの手段によって把握した上で、投下する爆弾の弾道を計算して、パイロットに対して針路や投下タイミングの指示を出すものだ。

たとえばF-16戦闘機で爆撃を行なう場合、HUD（Head Up Display）表示を見ながら、上下に伸びる照準線が目標に合うように機体を操り、目標に向けて突っ込む。すると、位置関係の変化にしたがってHUDの表示内容が変化する。照準線の下端にあ

図2.9：ノルデン爆撃照準器（National Air and Space Musuem所蔵、筆者撮影）

る「デス・ドット」が目標と重なったところで爆弾を投下すると、命中することになっている。

　似たような仕掛けで、米海兵隊のA-4MスカイホークやAV-8BハリアーIIが機首に備えている、ARBS（Angle Rate Bombing System）がある。ARBSはカメラを内蔵しており、これで目標を捕捉すると、機体が動いても目標を捉え続けながら角速度の変化を検出して、最適な爆弾投下のタイミングを教えてくれる仕組みだ。

　もちろん、機体の針路がぶれたり、予想外の横風が吹いたりすれば外れる可能性は

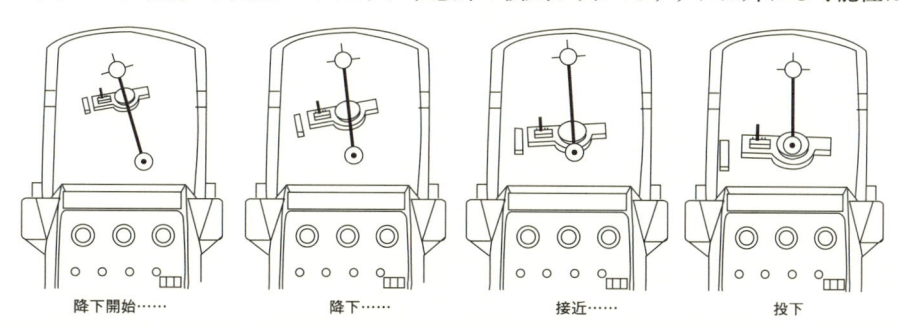

　　降下開始……　　　　　降下……　　　　　接近……　　　　　投下

図2.10：爆撃を行う際の、HUDの表示内容。照準線の下端にある「デス・ドット」が目標と重なったところで投下する

あるが、大戦中に用いられていたような簡単な爆撃照準器、あるいは目分量で投下のタイミングを計る方法と比べれば、はるかに精度が高い。その代わり、使用する爆弾の弾道特性を爆撃コンピュータが承知していなければ計算ができないので、そこら辺にある爆弾を適当に積み込んで出撃する、ということはできなくなる点に注意する必要がある。

爆弾が落下する際に描く軌道は、重量、さらに外形と空気力学的特性によって異なる。そうしたデータを爆撃コンピュータが知らなければ、爆撃コンピュータが想定したものと異なる弾道を落下して、ハズレ弾になってしまう。そのため、事前にコンピュータ・シミュレーションや投下試験を実施して、爆撃コンピュータに持たせるデータを揃えておかなければならない。

航空機の場合にはさらに、兵装を搭載したときの空力特性や振動、兵装が正常に分離できるかどうか、といった試験も行なわなければならない。だから、事前の試験によって問題なく使えると確認して、使用承認を得た兵装以外のものを勝手に積み込むような真似は、現在では許されない。

インターフェイスと信号線

機関砲や火砲であれば、雷管をひっぱたくだけで弾が出るので、射撃管制システムの仕事は、砲身や銃身をどちらに指向すればよいかを計算する作業になる。ところがミサイル・誘導爆弾・ホーミング魚雷といった誘導機能付き兵装の場合、兵装が備える誘導システムに対して、どこに行って何をすればいいのかを教えてやる必要がある。そのため、プラットフォームと兵装の間で情報のやりとりを行なう。

情報のやりとりを行なうには、まず物理的な手段、つまりケーブルで接続する必要がある。たとえば、戦闘機のミサイル発射器に搭載したミサイルを見ると、発射母機との間をケーブルでつないでいる様子が分かることがある。

兵装の種類ごとに専用の発射器を用意すれば話は簡単だ。ところが、ひとつの発射器が複数の兵装に対応している場合もあり、そうなると信号線の数が問題になる。ミサイルによって使用するケーブルや信号線の数が異なる場合、最初は余裕をもたせて信号線を用意しておいても、搭載するミサイルの数が増えると信号線が足りなくなる可能性があるからだ。

たとえば、F-16が装備するLAU-129/Aミサイル発射器は、AIM-9サイドワインダーとAIM-120 AMRAAM（Advanced Medium Range Air-to-Air Missile）に対応する。しかも、サイドワインダーもAMRAAMも複数の型式があるので、特にミサイル本体に大改良を施した場合には、信号線が異なる可能性がある。すると、発射器の信号線が足りないせいで、特定のモデルのミサイルを搭載できないことがあるかもしれない。

しかも、その信号線の問題だけでは済まされない。信号線を通じて、何の情報をどういう形で伝達するかも決めておく必要がある。これが兵装ごとに異なっていると、

その兵装に指示を出す射撃管制システムの側では、新しい兵装が加わる度にソフトウェアを書き直す必要がある。

そうした問題を解決する目的から、米空軍でUAI (Universal Armament Interface) という計画が進められている。兵装の種類に関係なく、射撃管制システムやミッション・コンピュータ (で動作するソフトウェア) から兵装に同じやり方で指示を出せるように、ソフトウェア面の仕様を統一しようというもの。新たな兵装を搭載する際の手間と経費を減らすのが狙いだ。すでに基本となるICD (Interface Control Document) はできており、F-15Eのソフトウェアをスイート6にバージョンアップする際に導入する。兵装の方は、AGM-158 JASSM (Joint Air-to-Surface Stand-off Missile) とJDAM (Joint Direct Attack Munition) から適用を開始する。また、2010年にレイセオン案の採用が決まったSDB (Small Diameter Bomb) インクリメントⅡ (GBU-53/B) も、投下前のデータ送り込みにUAIを使用する[5]。

米海軍が第二次世界大戦中に使用していた、Mk.34射撃指揮装置。Mk.8レーダーを上部に備えている (US Navy)

④ コンピュータと精密誘導兵器

精密誘導兵器を実現する技術

　前節で取り上げた射撃指揮は、火砲の砲弾、機関銃の銃弾、あるいは自由落下爆弾といった、発射・投下後のコントロールが不可能なものを対象としていた。それに対して、自ら誘導機構を持ち、目標に向けて誘導する機構を備えた兵装を「誘導兵器」と定義して、その誘導機構とコンピュータの関わりについて見ていくことにしよう。

　なお、誘導兵器というとミサイルを連想することが多いが、それ以外にも自由落下爆弾に誘導機構を追加して精密誘導兵器に仕立てた「誘導爆弾」、火砲の砲弾に誘導機構を追加した「誘導砲弾」、魚雷に誘導機構を追加した「ホーミング魚雷」といったものがある。

　兵器を目標に向けて誘導するには、何らかの手がかりとなる情報が必要になる。大別すると以下のようになり、それぞれ、対応する検出用の機器が必要になる。

・赤外線（画像赤外線を含む）
・レーザー
・レーダー（アクティブ、セミアクティブ、パッシブ）
・慣性誘導
・可視光線（TVカメラ）
・音響

　情報の発生源については、パッシブ（相手が放射しているものを一方的に受信する）とアクティブ（こちらから何かを送信して、それの反射を利用する）、セミアクティブ（送信元が兵装と別のプラットフォームになるアクティブ方式）の3種類に大別できる。
　また、情報を解釈する方法が複数存在する場合がある。典型例が赤外線で、初期の空対空ミサイルでは単なる熱発生源の「点」とみなして誘導していたが、近年では赤外線センサーとコンピュータ技術の発達により、赤外線の強弱で構成する「映像」と

みなして誘導できるようになった。ただし「点」ではなく「映像」とみなすには、小さなセンサーをたくさん並べる必要がある。つまり、誘導の手法を進化させるには、センサー技術の進化が必要という話になる。

初期のミサイルでは、誘導機構が嵩張ってミサイル本体に組み込むことができず、外部からの無線指令誘導によって飛翔するものが少なくなかった。しかし、それでは無線指令が妨害や干渉によって使えなくなる可能性がある。だから、兵装の中に収まるような誘導機構を実現するための、電子機器の小型化技術が必要になる。

また、ミサイルが命中するまで指令操作を続けなければならないために、発射元となるプラットフォームの安全性が怪しくなる。これはセミアクティブ誘導式にもついて回る問題だ。そう考えると、兵装に目標を指示したら、後は自分で勝手に飛んでいってくれる、いわゆる撃ち放し式が理想だ。それを実現するには、小型で信頼性が高いセンサーと電子機器、さらにそれらを制御するコンピュータの技術が必要になる。

無線指令誘導

神代の時代のミサイルでは、無線指令誘導を用いた。第二次世界大戦でドイツ空軍が導入したHs293やフリッツXが典型例で、弾体の尾部に取り付けた発光体を見て位置を確認しながら、発射母機の搭乗員が無線で指令誘導を送る。一種のラジコン機だ。

戦後でも、米海軍が開発したAGM-12ブルパップ空対地ミサイルや、AT-3サガー（9M14マリュートカ）対戦車ミサイルなど、視覚による位置関係の把握と指令誘導を組み合わせたミサイルはいろいろある。目標を捕捉・追跡する部分を人間の眼、いわゆるMk. Iアイボールに任せることができるので、技術的なハードルは低い。指令誘導を無線ではなく有線にすれば、なおさらだ。

その代わり、命中精度を高めるには限度があるし、視界が効く範囲内でしか使用できないから射程延伸も難しい。そして前述したように、命中するまで目標の視認と誘導を続けなければならないので、発射や誘導を担当する人の安全性に問題がある。

初期の無線指令誘導ではラジコン機と同様、ミサイルそのものの操縦操作を直接、ジョイスティックを使って指示していた。その後、BGM-71 TOW（Tube-launched, Optically-tracked, Wire-guided）対戦車ミサイルに代表されるような、自動化された無線指令誘導が登場している。いわゆるSACLOS（Semi-Automatic Command to Line Of Sight）で、安価かつ小型にまとめる必要がある対戦車ミサイルに導入事例が多い。

これは、照準器を使って目標を捕捉し続けると、命中させるために必要な操縦指令を自動的に算出して、ミサイルに送信するというもの。TOWは有線誘導なので、指令を送るための電線を引っ張りながら飛翔するが、もちろん無線指令でも良い。この世代になると、照準操作から操縦指令を算出するために、コンピュータが必要になる。

TVカメラ誘導

　速度が遅く、射程が短い対戦車ミサイルなら無線指令誘導でも良いが、空対地ミサイルでは、この方法は現実的ではない。そもそも、発射母機が高速で移動しているので、地上に留まって発射する対戦車ミサイルとは事情が違う。また、敵の対空砲にやられる危険を減らすためには、兵装の射程もできるだけ長くして、かつ、撃ち放し式にしたい。

　そこで、TVカメラを利用する誘導が登場した。つまり可視光線の情報に頼るわけだ。兵装の尖端部にTVカメラを取り付けて、その映像を発射母機の操縦席に設けたディスプレイに表示させる。パイロットやWSO（Weapon Systems Officer）はそれを見て、目標を指示した上で発射する。すると、兵装は指示された目標の映像を確認しながら飛翔コースを修正して、命中する。

　さらにコンピュータを導入することで、映像をコンピュータで処理できるようになる。つまり、デジタルカメラと同様に捕捉した映像をいったんデジタル化してコンピュータに取り込み、特定のパターンを認識する等の付加機能を持たせることができる。なにしろ、市販のデジタルカメラで「顔認識」「ペット認識」「スマイルシャッター」なんていうことが実現できる御時世だ。特定のパターンに一致する映像を拾い出してロックオンするぐらいのことは実現できる。

　なお、兵装と発射母機をデータリンクで結んで、送られてきた映像を見ながら指令を送る方法もあるが、目標の近所をウロウロしていると撃墜されかねないので、離れた場所から指令を送れる方が望ましい。AGM-62ウォールアイ滑空爆弾のように、そのためにデータリンク・ポッドを用意した事例もある。

　ともあれ、可視光線を使用する誘導方式では、映像を認識する技術が必要になる。TVカメラの精度を上げて、できるだけ鮮明で高精細の映像を得られるようにすることも必要だ。ただしいずれにしても、可視光線で目標を視認・識別できる状況でなければ使えない、という制約は残る。たとえば、天気が悪かったり、夜間だったりすると、可視光線に頼るTV誘導は使えない。

赤外線誘導

　そこで、夜間でも使える手段として赤外線映像が登場する。熱を発する人体や機械だけでなく、自然のものも何らかの赤外線を発しているため、それを感知するセンサーを実現できれば、赤外線誘導が可能になる。最初に赤外線誘導が登場したのは空対空ミサイルの世界で、いわずと知れたAIM-9サイドワインダーが発端だ。

　初期型のサイドワインダーは、赤外線の発信源を感知する手段として硫化鉛（PbS）を使用していた。この物質には、赤外線で飽和すると電気的特性が変わる性

質がある。ということは、赤外線放射を探知することで生じる電気的特性の変化を電気信号として取り出し、それを誘導機構の駆動指示に変換すれば、ミサイルは赤外線の発生源に向かって飛んでいくことになる。これだけなら機械的に処理できるし、実際、初期型のサイドワインダーはそうやっていた。

しかし、赤外線誘導式空対空ミサイルの存在が知れ渡ると、矛と盾の故事と同様、相手は回避策や妨害策を講じてくる。そもそも、初期の赤外線誘導ミサイルは敵機の真後ろに回り込まなければ目標を捕捉できなかったし、太陽やフレアなど、より強力な熱源があると騙されてしまう。

そこで対抗策への対抗策として、検知能力そのものの向上に加えて、検知可能な赤外線の範囲（波長の範囲）の拡大がとられた。さらに、赤外線の発生源を「点」としてみなすのではなく「映像」としてみなす方法が加わっている。「点」として検知するだけではエンジンも太陽もフレアも似たようなものだが、「映像」であれば、同じ波長の赤外線でも結果が違ってくるから、「飛行機の形をした赤外線映像」を追えるミサイルを開発すればよい。

赤外線映像を得るには、センサーの進化が必要になる。複数の赤外線センサーを束ねて、赤外線を発する点の集合体として目標を捉える必要がある。束ねた個々のセンサーごとに赤外線の強弱を調べることで、赤外線映像が得られる。その情報をコンピュータで解析して、飛行機の形をしたものを選り分けて、そちらに向かって飛んでいくように誘導指令を発すればよい。つまり、画像認識の対象が可視光線から赤外線映像に変わるわけだが、鮮明さでは可視光線の方が勝るので、赤外線映像の方がパターン認識は難しいかも知れない。

レーダー誘導

レーダーはそもそも、人間の眼では視認できないような目標を、早期に捕捉するための手段として開発された。具体的には、可視光線が妨害される夜間や悪天候といった場面、あるいは人間の眼ではカバーできない遠方の目標を探知するために、レーダーを用いる。

ということは、夜間や悪天候、あるいは遠方の目標に対して兵装を誘導する手段としても、探知の場合と同様、レーダーを利用できることになる。要は、こちらから送信した電波に対して反射波を返してくる相手であれば、レーダー誘導の目標にできるということだ。

と簡単にまとめてしまったが、これを実際に具現化するのは簡単ではない。まず、レーダー機器を兵装の中に押し込むだけでも、エレクトロニクスが進化していなかった時代には大変な困難がつきまとった。AIM-7スパロー空対空ミサイルがセミアクティブ・レーダー誘導（SARH：Semi-Active Radar Homing）を採用したのも、レーダー受信機と送信機の両方をミサイルの中に押し込むのが難しかったためだ。セミアク

ティブ方式であれば、送信機はプラットフォームに任せて、ミサイルには受信機と誘導機構を内蔵するだけで済む。

しかも、押し込むだけでなく、機動時にかかる重力加速度、輸送・保管・搭載・発射などの際にかかる衝撃と振動、幅広い温度変化、といった厳しい環境条件に耐えられる電子機器を作らなければならない。そのため、信頼性が高いレーダー誘導兵器が登場するまでには、長い時間がかかった。

ここまではコンピュータ以前、エレクトロニクス技術の話だが、もちろんコンピュータも重要な役割を果たしている。他の誘導方式で妨害が行なわれるのと同様に、レーダー誘導でも電子戦、あるいはチャフなどといった妨害手段が講じられるので、それへの対抗策が必要になる。妨害電波を浴びた場合、そのことを認識して周波数変換などの対応行動をとらなければならない。チャフであれば、偽目標と本物の目標を識別する判断能力が求められる。

また、地上や海上の目標を攻撃する兵装では、目標からの反射波と、地上や海面からの反射波を選り分ける作業も必要になる。対空兵装でも、下方にいる目標を攻撃する、いわゆるシュートダウンを行なうときには同じ問題がある。そこで多用される方法がドップラー効果の利用で、動かない地面や海面からの反射波と、動いている目標からの反射波を比較して、ドップラー効果の有無を基に、動いている目標だけを選り分ける。

このように、誘導機構が「頭脳」を持つ必要がある場面では、コンピュータを組み込んで判断させる必要がある。もちろん、状況の把握と対応行動の判断を適切に行なえるかどうかは、そこで動作するコンピュータのソフトウェアが決め手となる。他の誘導方式と同様に、ダメなソフトウェアが動作する兵装では、動作もダメなものになる。

レーザー誘導

レーザー誘導とはその名の通り、レーザー光線を誘導に利用する方式を指す。ただしレーダー誘導と異なり、武器にレーザー発振器を組み込むことはない。別のところからレーザー照射を行なって、その反射波をたどって誘導する、いわゆるセミアクティブ・レーザー誘導（SALH：Semi Active Laser Homing）を使用するのが通例だ。レーザー照射を行なう手段としては、航空機や車両が搭載するレーザー目標指示器と、個人で携帯するレーザー目標指示器がある。

同じ場所で同時に複数のレーザー誘導兵器を使用する場合、誘導に使用するレーザーの"混信"が発生すると困るので、個別にレーザー・パルスの内容を変えることで対処している。

この程度であれば1960年代から実用化しており、すでに成熟した技術であると考えられる。コンピュータ化するのであれば、機械部分を減らすことによる構造簡素化や、

精度・信頼性の向上が目的になるだろう。

　レーザーの応用として、レーザー・レーダー（LIDARなどともいう）がある。これは電波の代わりにレーザーを照射して目標を走査することで、反射波が戻ってくるまでの時間を基にして目標の凸凹を判読するものだ。この場合には、レーザー・レーダーの制御やデータ処理のためにコンピュータが必要になる。

精密誘導兵器と敵味方識別

　精密誘導兵器の導入によって目標を精確に攻撃できるようになったとしても、その目標を間違えていたのでは意味がない。友軍を誤射・誤爆するのも、無関係の民間人を巻き添えにするのも、いずれも問題がある。しかも、そうした誤爆は政治的なダメージにつながり、戦闘行動の目的そのものを危うくする危険性すらある。

　対空・対艦戦闘では、以前からIFF（Identification Friend or Foe）、あるいは二次レーダーといったものが用いられている。レーダーなどに組み込まれたIFFインテロゲーターが電波を使って相手を誰何すると、それを受信した側の航空機や艦艇が搭載するIFFトランスポンダーが応答する。その際に、IFFトランスポンダーに適切な識別コードを設定しておくことで、何者なのかが分かるようになっている。もちろん、ニセモノが現われたのではIFFの意味がなくなってしまうので、秘匿性やなりすましを防ぐための仕組みが取り入れられている。

　ところが、陸戦になると敵味方の識別が難しい。まず、対象が車両や個人といった小さな単位になるため、数が多い。しかも、建物や地形などによって通信が阻害される可能性があるため、電波を使って誰何すればよい、と単純に片付けることができない。数が多いだけに、コストを抑えることも必要になる。

　陸上の車両や歩兵同士が交戦するときだけでなく、航空機を使った対地攻撃でも敵味方識別が問題になる。特に、敵と味方が近接している状態で行なう近接航空支援ではリスクが大きいし、実際、誤射による同士撃ちの被害事例もある。

　そのため、陸戦における敵味方識別（BTID：Battlefield Target Identification、またはCCID：Coalition Combat Identification）についてはさまざまなアイデアが出されており、演習を利用した実験も行なわれている。友軍の位置情報をすべて把握できていれば、それも敵味方の識別に利用できるし、実際、データリンクを通じてそうした情報を共有するテクノロジーはある。また、航空機に対するものと同様にIFFを利用する実験も行なわれている。

　米軍などでは、この種の問題を解決するための演習として「ボールド・クエスト」などを実施している。実戦に即した環境の下に、さまざまな敵味方識別テクノロジーを持ち込んで実地検証するのが目的だ。ただ、まだ決定版といえるテクノロジーや製品が登場するには至らず、毎年のようにさまざまな実験が行なわれている。

　赤外線を使って遠方の目標を探知・識別する技術として、レイセオン社とDRSテク

ノロジーズ社では、LRAS3（Long-Range Advance Scout Surveillance System）を開発している。基本的には探知・識別用のセンサーだが、これとTVS（Target Validation System）を組み合わせて、敵味方の識別を図るデモンストレーションを実施したことがある。

このように、陸戦における敵味方識別を実現するためにさまざまな動きがあるのだが、費用・手間・優先順位の問題などから、なかなか「決定版」といえる解決策は出てきていないのが実情のようだ。過去に、ミリメートル波（38GHz）の電波を使い、5,500mの距離まで利用可能な陸戦用敵味方識別システム・BCIS（Battlefield Identification System）の構想があったが、これは2001年に中止になった。

精度の向上と低威力化という傾向

こうして、状況に応じてさまざまな誘導方式を使い分けることで、武器の精密誘導化が可能になった。このことが、武器開発に関してさまざまな影響をもたらしている。

第二次世界大戦の頃であれば、「精密爆撃」といってもそれはあくまで相対的な話で、現在の「精密」とは話が違う。そのため、ひとつの目標を破壊するために1,000機の爆撃機を送り込んで面制圧するしかない、という状況だった。

しかし現在では精密誘導兵器を活用することで、決定的な打撃を与えることができる目標点に対して一発必中のミサイル、あるいは爆弾を送り込むことができる。といっても、本当に百発百中の命中率を期待できるとの保証はできないため、予備の兵装を用意しておいて、必要に応じて投下できる体制をとる場合が多い。それでも、必要な兵装やプラットフォームの数は少なくなった。

そして、兵装を正確に命中させることができれば、必ずしも大きな威力を必要としない場合も少なくない。地下深くに掘られたトンネルに隠蔽されているウラン濃縮施設であれば、4,700ポンドの貫通爆弾・GBU-28/B "ディープ・スロート" が必要かも知れないが、地上に出ている建物を破壊するのであれば、そんなデカブツは必要ない。むしろ、大型で威力が大きい兵装を投下すれば、不必要に付随的被害を発生させてしまう。

特に21世紀に入り、不正規戦・対テロ戦に重点が置かれるようになったことで、この傾向が加速した。多くの場合、テロ組織が構える拠点は強力な防護を備えているわけではないので、威力が小さい兵装でも十分に目的を達成できる。たとえば、テロ組織の首領が乗った乗用車、あるいはテロ組織が拠点にしている民家を破壊するのであれば、AGM-114ヘルファイア対戦車ミサイルでも威力過剰、オーバーキルだ。

そこで、小型の精密誘導兵器によって必要最低限の破壊をもたらす、という考え方ができた。その方が、付随的被害を発生させて相手に政治的得点を与えることがないので具合がいい。また、兵装を小型化すれば、それだけ搭載可能な兵装の数が増えるため、兵装を使い果たして攻撃不可能、という事態を避けやすくなる。ステルス機の

機内兵器倉に搭載するにも都合がいい。
　そういった考え方に基づいて開発された兵装の例として、以下のものがある。

　・GBU-39/B SDB（Small Diameter Bomb, 重量250ポンド）
　・APKWS（Advanced Precision Kill Weapon System, BAEシステムズ製）
　・GATR（Guided Advanced Tactical Rocket, ATKとエルビット・システムズの共同開発）
　・タロンLGR（Laser-Guided Rocket, レイセオン社とEAI社の共同開発）
　・DAGR（Direct Attack Guided Rocket, ロッキード・マーティン社製）

　SDBはまっさらの状態から、滑空性能を高めてスタンドオフ性能を持たせる形で開発した誘導爆弾だ。その中でも特にFLM（Focused Lethality Munition）という派生型があり、これは付随的被害を抑制することに重点を置いている。具体的には、通常であれば鋳鉄製となる弾体を複合材料製に変更している。鋳鉄製弾体の場合、内部の炸薬が爆発すると弾片を撒き散らして周囲のものを破壊する。それに対してFLMは、破片よりも爆風によって目標を破壊するという考え方になっており、通常の爆弾を投下するには微妙な場所で、ソフト・ターゲットを対象にして使用する。

　余談だが、ケーシングの材質を変更すると、爆弾が軽くなってしまう。当然ながら、それによって弾道特性が変化するため、爆撃コンピュータにデータを設定し直す必要がある。そうした手間を回避するため、FLMでは炸薬の重量を増して、総重量を現行型と揃える工夫をしている。こうすることで、通常型SDBと同じ要領で搭載・投下できる。

　一方、APKWS・GATR・タロンLGR・DAGRはいずれも、非誘導の2.75inロケット弾にレーザー誘導シーカーを追加して、精密誘導兵器に変身させるものだ。2.75inロケット弾の炸薬量は1〜2kg程度と少ないが、これでもソフト・ターゲットであれば十分に用が足りる。しかも既存のロケット弾の在庫を転用できるため、経済的というわけだ。

⑤ コンピュータと航法・誘導

ナビゲーションのやり方いろいろ

　前節では、火砲・機関銃・爆弾といった兵器を精確に命中させるための考え方と、そこでコンピュータが果たす役割について解説した。ところが実際には、目標に精確に命中させる前に、まず目標のところまで行かなければならない。そこで、航法・測位技術が重要になってくる。こうした技術は精密誘導兵器にも関わってくるため、極めて重要度が高い。昔ながらの測位技術から最新の衛星航法まで、航法に関する話題について取り上げよう。

　航法、英語ではナビゲーションという。現在位置を把握して、正しい方向に針路をとるための技術といえる。これには、位置を把握するための技術・ノウハウだけでなく、正確な地図や、方位を知るための手段も必要になるのだが、地図の話については、本書では措いておく。

　方位を知る手段として古くから用いられてきたのは、天空に並んだ星だ。北半球であれば、常に北極星が真北に存在していることが分かったので、これを頼りにして方位を把握できる。さらに、地球が磁気を帯びていることを利用して南北方向の方位を把握する羅針盤が登場したため、星が見えない状態でも方位が分かるようになった（もっとも、地磁気の南北と地球の南北は、御承知のように一致していないのだが）。

　しかし、東西南北が分かるだけでは、行く向きを間違えないようにすることはできても、現在位置を把握するには不十分だ。この問題が解決されるには、天測が実現可能になる18世紀まで待つ必要があった。ただし、この方法も悪天候で星が見えないと実現不可能になってしまうが。天測を行なうには、いくつかの星を選び出して六分儀で水平線からの仰角を測り、事前に作成してある天測計算表と照合する。これで、現在位置に対応する緯度と経度を算出できる。船舶だけでなく航空機でも、機体上面に透明なドームを設けて、航法士が天測を行なえるようにしているものがあった。

電波航法の登場

　第二次世界大戦では初めて、電波を使った航法支援装置が登場した。これは、爆撃機が夜間爆撃を行なう際に、精確に目標の上空まで到達する必要があったためだ。戦

時中は夜になると灯火管制を敷いてしまうので、地上の灯火を参考にして現在位置を把握することができない（それが灯火管制の目的なのだが）。そして、天測も常に利用できるとは限らないので、電波を使って支援する方法が考えられた。

もっともシンプルな方法としては、ドイツ空軍が使用したクニッケバインがある。離れた場所にある2ヵ所の地上局からそれぞれ異なる周波数で、目標となる都市の上空に狙いをつけて、点音と長音の信号を載せた電波を発信する。それを受信する爆撃機の側では、聞こえる音の状態を参考にして、自機が目標の上空にいるかどうかを判断する仕組みだ。ところが、イギリス軍がニセ電波を発信して邪魔したため、たちまちクニッケバインは使い物にならなくなり、ドイツ軍はさらに高度なシステムを開発することになる。そのイギリスも、後にドイツへの夜間爆撃に際して同様の課題に直面したため、離れた場所にある2ヵ所の基地局から電波を発信するタイプの航法支援システムとして、OBOEを開発している。クニッケバインやOBOEは、自機が目標の上空にいるかどうかを判断するための機器で、測位システムというよりも、電波を用いる航法支援システムといえる。

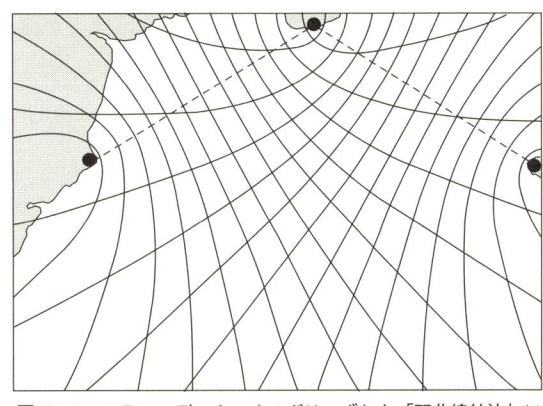

図2.11：ロラン・デッカ・オメガはいずれも「双曲線航法」に分類される。2~3ヶ所の無線局から発射された電波を受信して到達時間差を調べた結果をチャートと突き合わせると、自分の位置が分かる

常に自機の位置を把握できる電波航法としては、GEE（Ground Electronics Engineering）、ロラン（LORAN：Long Range Navigation）、デッカ、オメガといった双曲線航法が該当する。双曲線航法では、予め位置が分かっている地上の基地局から電波を出して、それを受信したときの時間差に関する情報を、事前に用意したチャートと照合することで位置を把握する。使用する電波の周波数がそれぞれ異なり、ロランAが中波、ロランCとデッカが長波、オメガが超長波となる。

これが陸上であれば、事前に正確な地図を作成してあればという前提付きだが、周囲の地形を調べることで位置を把握できる。飛行機でも地文航法といって、陸上を飛行する分には地上の目標物や地形を手がかりにして、現在位置を把握する方法がある。トマホーク巡航ミサイルが使用している、TERCOM（Terrain Contour Matching。デジタル・マップを使って地形を照合することで現在位置を知る）やDSMAC（Digital Scene-Matching Area Correlater。ミサイルが装備するカメラが捉えた映像を、事前に入力しておいたターゲットの映像と比較）も、一種の地文航法といえそうだ。

しかし、夜間や悪天候の際には地文航法は使えない。そして、船舶は大海原の真中で位置を知らなければならない。そのため、船舶や航空機の分野におけるニーズを満

たすために、さまざまな航法技術、測位技術が開発されてきた。

慣性航法装置の登場

ただし、クニッケバインがイギリス軍に妨害されたことでお分かりの通り、電波を使用する航法支援装置では外部からの妨害によって機能不全を起こすリスクがある。できれば、外部からの支援を一切受けずに現在位置を精確に把握したい。特に、長時間の連続潜航が可能になった原子力潜水艦の登場が、この問題を顕在化させた。

そこで登場したのが、慣性航法装置（INS：Inertial Navigation System）だ。学校で物理の時間に習うはずだが、加速度と経過時間を使うと移動距離を計算できる。この数式を時間で２度微分すると、加速度だけが残る。いいかえれば、加速度を時間で２度積分すれば、経過時間の間に移動した距離が判明する。

そこで、ジャイロを使ってX軸・Y軸・Z軸の３方向に位置決めした精密な加速度計を用意する。そして、加わった加速度を連続的に測定して時間で２度積分すると、X軸・Y軸・Z軸のそれぞれについて移動量を算出できる。これらを合成すれば移動方向と移動距離を３次元で算出できるので、出発地点を起点とする移動方向と移動距離を積算することで現在位置を計算できる。これが、慣性航法装置の基本的な考え方だ。

ただし、現在では機械式のジャイロに代わって、より精確で可動部分がないリング・レーザー・ジャイロを使用する場合が多い。さらに、米国防高等研究計画局（DARPA：Defense Advanced Research Projects Agency）とノースロップ・グラマン社では、原子核の回転を機械式ジャイロやレーザー・ジャイロの代わりに用いる、micro-NMRG（micro-Nuclear Magnetic Resonance Gyro）という技術を研究している。これは小型・低消費電力で高精度のジャイロを実現するのが狙いで、モノになればUAVやミサイルの誘導に応用できるだろう。

慣性航法装置というと、「ドイツのV2号ミサイルで初めて使われた」と説明されることが多い。ただし、V2号では現代の慣性航法装置ほど複雑な処理を行なっていない点に注意する必要がある。

V2号も含めて、弾道ミサイルとは物理法則に従って弾道飛行するものだ。前述したように、加速する方向と速度が決まれば弾道は計算できるから、ミサイルを目標に指向して発射した後、所要の弾道軌道を描くために必要な加速度に達したところでエンジンの燃焼を止めれば、後は目標まで弾道飛行する。その「必要な加速度に達したところで」を算出する処理に、慣性航法装置に通じる部分がある。そのため、V2号が慣性航法装置のルーツとして取り上げられることが多い。この部分のメカニズムについては、野木恵一氏の『報復兵器V2』（光人社NF文庫）が詳しいので、御一読をお勧めしたい。

慣性航法装置は加速度が分かれば機能するので、外部からの情報が要らない利点が

ある。そのため、原潜やアポロ宇宙船、さらに軍用機といったあたりで普及が始まったのだが、ボーイング747が導入したのをきっかけに、民間の旅客機でも一般的になった。それで精確な航法が可能になったのと引き換えに、航法士が失業した。

ただし慣性航法装置といえども、多少の誤差が出る。また、時間を使って積分することで現在位置を知るという原理上、時間が経過するにつれて誤差が累積する問題がある。さらに、最初に入力する緯度と経度が間違っていると、その後の測位結果も全部間違ってしまう。そうした問題を避けるため、格納庫などの壁に緯度・経度を大書したり、何回もチェックして間違いが起こらないように注意するのだが、それでも限界はある。

ちなみに米海軍では、1964年にNNSS（Navy Navigation Satellite System）という衛星航法システムの運用を開始した。当初は軍用としてスタートしたが、1967年に民間にも開放した。それを受けて、日本無線ではJQN-101、JLE-3000（400MHz専用）、JLE-3100（400MHz専用）、JLE-3200といったNNSS受信機を製品化した[6]。

NNSSは、軌道高度1,100kmの円形極軌道を周回する6基の衛星から150MHzと400MHzの電波を出して測位するというものだが、測位には少々時間を要したらしい。もうちょっと細かく書くと、時刻信号と軌道位置データを2分ごとに、位相変調して送信する。時刻信号は2分置きなので、その間にドップラー効果による周波数の変化を利用して衛星と受信機の間の距離を計算、それと軌道位置の情報を突き合わせて測位する仕組みとなる[7]。

なお、GPSが登場したことで出番がなくなったNNSSは、1996年いっぱいで運用を終了している。

GPSの登場

米軍が1973年から開発を始めたのが、カーナビから携帯電話にまで内蔵されるようになったGPSだ。よく知られているように、衛星が地上に向けて発信している電波を捕捉することで位置を把握する。だから、電波を受信できない地下・屋内・トンネル内では測位ができなくなる。

GPSで使用するNAVSTAR（Navigation System with Time And Ranging）衛星は高精度の原子時計を搭載しており、高度26,600kmの周回軌道上を回りながら、衛星の位置と時刻に関する情報を発信している。一方、受信機の側では、電波を発信してから受信するまでの時間差を把握する。これで衛星と受信機の間の距離

図2.12：GPS用の衛星。かつてはNAVSTARと呼ばれたが、最近ではGPS衛星と呼ばれることの方が多いようだ（USAF）

ブロック	基数	打ち上げ時期	備考
ブロックI	11	1978/2/22〜1985/10/9	7号機は打ち上げ失敗（1981/12/18）、運用離脱済み
ブロックII	9	1989/2/14〜1990/10/1	運用離脱済み
ブロックIIA	19	1990/11/26〜1997/11/6	8基が運用離脱（2010年6月現在）
ブロックIIR	13	1997/7/23〜2004/11/6	初号機は打ち上げ失敗（1997/1/17）
ブロックIIR-M	8	2005/9/26〜2009/8/17	
ブロックIIF	12	2010/5/27〜	
ブロックIIIA	2	2014〜	
ブロックIIIB	8		計画中
ブロックIIIC	16		計画中

表2.2：GPS衛星のブロック一覧[8]

が分かるので、それを最小で3基の衛星に対して行なうことで、3次元の位置計算が可能になる。さらに、4基目の衛星を加えて4次元連立方程式を解くと、時刻の補正が可能になり、さらに精度が向上する。

いいかえれば、最低でも3基の衛星から電波を受信できなければ、GPSによる測位は成立しない。1991年の湾岸戦争では衛星の数が足りず、時間帯や場所によってはGPSで測位できないケースがあったが、衛星が十分に出揃っている現在では、この問題はなくなった。

もちろん、対象になる衛星の位置関係によって精度が違ってくるので、できるだけ離れた場所にいる衛星を組み合わせる方が良いだろう。現在は衛星の数が十分にあるので、どこにいても8基程度の衛星から電波を受信できる。そこで、できるだけ離れていて、かつ受信状態の良い衛星を選び出して測位に利用すればよい。

ともあれ、GPS受信機は拡散符号を使ったシグナルの復元や位置の計算を行なうため、コンピュータが必須のものとなる。現在では掌に収まるような小型GPS受信機が、普通に民生品として売られているのだから、えらい時代になったものだ。しかしこれは、敵対勢力がGPSを利用する可能性がある、ということでもある。

GPSの信号と軍用・民間用

NAVSTAR衛星が発信する電波は、すべての衛星で同じになっている。それでは混信してしまいそうだが、実はスペクトラム拡散通信を利用しており、衛星ごとに異なる拡散符号を使っている。だから、受信機は受信した電波から元の信号を復元する際に拡散符号を使い分けることで、個々の衛星を識別できる。この情報も、測位のために用いられる。

よく知られているように、GPSのシグナルには軍用と民間用がある。現在では意図

バンド	周波数	内容
L1	1575.42MHz	民間用のC/Aコードと軍用のP（Y）コードを送信しているが、ブロックIIR-M衛星から軍用のMコードも加わった。ブロックIIIでは民間用のL1Cコードが加わることになっている
L2	1227.60MHz	軍用のP（Y）コードを送信している。ブロックIIR-M衛星から、軍用のMコードと民間用のL2Cコードも送信するようになった
L3	1381.05MHz	核爆発探知システム（NDS：Nuclear Detonation Detection System, NDS）用
L4	1379.913MHz	電離圏層の研究に用いる情報収集のためのもの
L5	1176.45MHz	ブロックIIR-Mの20号機で試験運用を開始、ブロックIIFから本運用を開始する民間用新波で、L1・L2と比較するとバンド幅を10倍、尖頭電波強度を2倍（＋3dB）、拡散符号の長さを10倍に強化している。精度向上と耐妨害性の向上が目的。ただし、航空機用DME（Distance Measuring Equipment, 960〜1,215MHzを使用する）との干渉が指摘されている

表 2.3：GPSで使用するシグナルの一覧

的な精度低下を止めているものの、やはり軍用の方が精度が高い。そして、敵対勢力が悪用しないように、暗号化技術を併用することで、敵対勢力が利用できないようにしている。これには、当初に登場したP（Y）コードと、新しく登場した改良型のMコードがある。

精密誘導兵器とGPS

　GPSを利用すれば、天候や昼夜の別に関係なく、自己位置を精確に把握できる。移動中でも時々刻々とデータの更新が可能だ。それであれば、その情報を利用してミサイルや爆弾を誘導できる。投下・発射の際に、目標の位置を緯度・経度で入力してやればよい。その代わり、入力した緯度・経度が間違っていると、間違った場所を精確に誤爆してしまう。

　実際、NATOがセルビアに対して実施した航空攻撃作戦 "Operation Allied Force" の際に発生した中国大使館誤爆事件を初めとして、GPS誘導兵器による誤爆の事例がある。アフガニスタンのマザリシャリフで発生した捕虜の反乱事件でも、上空を飛行する戦闘機が座標を入力して爆撃を実施したが、その際に味方の近くに爆弾を投下して、危うく死者が出るところだった。

　対地攻撃用の精密誘導兵器では、セミアクティブ・レーザー誘導の利用が多い。航空機、あるいは地上の観測員が目標をレーザーで照射して、その反射波をたどるものだが、天候が悪いと使えない問題がある。その点、GPS誘導は天候に関係なく使用できるため、アメリカ軍のエンハンスド・ペーブウェイIIやイギリス軍のペーブウェイIVのように、もともとセミアクティブ・レーザー誘導として開発された兵装を発展さ

図2.13：GPS受信機と慣性航法装置を内蔵するJDAMテールキット。これを自由落下爆弾の尾部に取り付けると、精密誘導兵器に化ける（USAF）

図2.14：さらに、先端部にレーザー誘導装置を追加したのがレーザーJDAM（LJDAM）。高い精度が求められる場面で有用（USAF）

せて、慣性航法装置とGPS誘導装置を追加した事例がある。

当初からGPS誘導を使用している兵装として、もっとも有名なのはJDAMだろう。誘導機能を持たない自由落下爆弾・Mk.80シリーズの尾部に、GPSと慣性航法装置を組み合わせた誘導ユニットを取り付けて、誘導爆弾に変身させるもの。既製品の爆弾を精密誘導兵器に変身させられる利便性に加えて、コストの安さも大きなメリットとなっている。

そのほか、AGM-154 JSOW（Joint Stand-Off Weapon）、BGM-109Eトマホーク・ブロックⅣ（TacTom）、AGM-84E SLAM（Standoff Land Attack Missile）と、その射程延伸型であるSLAM-ER（SLAM Expanded Response）、フランス版JDAMといえるAASM（Armament Air-Sol-Modulaire）など、GPS誘導を利用する対地攻撃兵装は増える一方だ。

もっとも、GPS誘導の命中精度はレーザー誘導よりやや落ちるようで、本当に精確なピンポイントの爆撃を必要とする場面では、今もレーザー誘導の兵装を使用する場合がある。その点、エンハンスド・ペーブウェイⅡやペーブウェイⅣみたいに「全部入り」の誘導パッケージを持っていれば、誘導方式によって兵装を使い分ける必要がなくて具合がいい。JDAMにセミアクティブ・レーザー誘導パッケージを追加するGBU-54/BレーザーJDAM（LJDAM）が登場したのも、そうした理由によるものだろう。

余談だが、航法や兵装の誘導だけでなく、空母の着艦進入誘導という用途も登場している。レイセオン社が開発を進めているJPALS（Joint Precision Approach and Landing System）がそれだ。従来なら、精測進入レーダー（PAR：Precision Approach Radar）や誘導電波の発信を用いる進入誘導にGPSを持ち込むもので、天候に関係なく高い精度と信頼性を実現できる。

図 2.15：2008年にカリフォルニア州チャイナレイクの試験場で行われた、JSOWの試射（US Navy）

GPS誘導兵装の目標指示

　GPSで得られるのは座標、つまり緯度と経度の情報だから、GPS誘導の兵装に目標を指示するには、目標の緯度と座標を知る必要がある。実は、これがあまり簡単ではない。地図には緯度や経度までいちいち書いていないし、書いてあったとしても、GPS誘導兵装を精確に命中させられるだけの精度を確保できるかどうか分からない。まさか、先に目標のところに行ってGPS受信機を置いてくるわけにもいくまい。

　そこで、目標の座標を直接把握する代わりに、相対的に目標の座標を知る方法を使う。たとえば、地上に観測要員を配置して、AN/PEQ-1 SOFLAM（Special Operations Forces Laser Marker）などの目標指示機材を使わせる方法がある。SOFLAMは米FLIRシステムズ社の製品で、GPS受信機とレーザー測距・目標指示器を内蔵している。

　この手の機材のポイントは、自らGPS受信機とレーザー測距・目標指示器を備えている点にある。単なるレーザー目標指示器では、セミアクティブ・レーザー誘導の兵装を投下する際の目標指示にしか使えないが、GPS受信機があれば、SOFLAM自身の位置が分かる。そして、レーザー測距/目標指示器によって目標までの方位と距離が分かれば、SOFLAM自身の位置を基準とする計算を行なうことで、目標の緯度・経度を計算してGPS誘導兵装を投下できる。この方法では地上から人間の目で目標を視認・確認する作業が入るため、誤爆の危険性を減らせる利点もある。

図 2.16：SOFLAMで目標を狙っているところ（US Army）

航空機が装備するターゲティング・ポッドでも、同様の機能を実現できる。GPS受信機とレーザー測距・目標指示器を内蔵するターゲティング・ポッドを搭載すれば、航空機の自己位置と、そこからの相対的な目標の方位・距離を得られるので、SOFLAMと同様に目標の座標を計算できる。ただし、飛行中の航空機は移動しているものだから、測定と計算のタイミングが問題になるが。

ただし、いずれにしても座標を入力することで精確に攻撃できるのは、目標が静止している、あるいは地上に固定されている場合の話だ。目標が移動している場合には、座標を把握・入力して投下した兵装が目標に達するまでの間に、目標が移動してしまう。

その問題を解決するには、リアルタイムで目標の位置を把握・追跡できるセンサーと、その情報を兵装に伝達してコース修正指示を出すためのデータリンクが必要になる。これについては、第7章⑦の「ミサイル誘導におけるデータリンクの利用」の項で取り上げよう。

GPSにおける妨害対策

これだけさまざまな用途にGPSが用いられるようになると、当然、敵対する側はGPSの無力化を考えるはずだ。

軍用のP（Y）コードでは、暗号化による不正利用対策を取り入れている。しかし、これは「軍用の高精度シグナルを、敵対勢力が利用できないようにする」というものであり、妨害・欺瞞対策とはいささか方向性が異なる。

GPSを無力化しようとした場合、方法はいくつか考えられる。まず、同じ周波数の電波を出してGPSのシグナルを妨害する方法が考えられるだろう。また、単に力任せに妨害するのではなく、贋のシグナルを送出して混乱させる方法も考えられる。

そこで、妨害への対策として導入が始まっているのがSAASM（Selective Availability Anti-Spoofing Module）だ。たとえば、ロッキード・マーティン社ではG-STARという耐妨害システムを開発している。すでにSAASMモジュールの導入が始まっている事例はいくつもあり、具体例を示すと以下のようになる。

・DAGR（Defense Advanced GPS Receiver）
・ERGR（Explosion Resistant GPS Receiver）
・GB-GRAM（Ground-Based GPS Receiver Application Module）
・GPS UE（User Equipment）PPS（Precise Positioning System）
・GBU-28C/B誘導爆弾
・エンハンスド・ペーブウェイⅢ誘導爆弾
・AGM-158 JASSM-ER（JASSM Extended-Range）。JAGR-S（JASSM Anti-Jam GPS Receiver - SAASM）を使用。

・AGM/RGM/UGM-84 ハープーン・ブロックⅡ
・SIGNA（Small Integrated GPS Navigation Assembly）

　これらは受信機の話で、衛星についてはブロックⅡF衛星の2号機からSAASMの導入を始めることになっている。ブロックⅡFは2010年6月から打ち上げが始まった新型衛星で、全部で12基の打ち上げを予定している。つまり、ブロックⅡFがすべて出揃った時点で、GPS衛星の4割ほどがSAASM対応のブロックⅡFになる計算だ。このブロックⅡFでは精度の向上・送信出力の強化・民間用新波（L5）の実装も行なわれる。その後はブロックⅢに移行する。

他国の競合システム

　米軍では太っ腹（？）にも、GPSに民間用のコードを設定して無償開放しているため、衛星からのシグナルを受信できれば、GPSレシーバーを持っている人は誰でも自由にGPSを利用できる。しかし、米軍が運用するシステムに測位システムを依存すると、精度を米軍の都合で操作されたり電波を止められたりする不安がある、あるいはアメリカのシステムに依存するのは政治的に不都合、といった理由から、独自に測位システムを整備しようとしている事例もある。

　たとえば旧ソ聯～ロシアではGLONASS（Global Orbiting Navigation Satellite System）という衛星航法システムを構築・運用しており、航法、あるいは兵装の誘導に利用していた。24基の衛星が出揃ったのは1995年のことだ。ところが、ソ聯崩壊後の財政難が原因で、運用期限が切れた衛星の後継機を打ち上げることができず、2001年には稼働可能な衛星が8基だけ、しかもそのうち2基については航法用の電波を出していない、という状況に落ち込んだ。これでは測位システムを維持できない。その後、2004年に入ってから3基を打ち上げて11基としたが、それでも全世界はカバーできない。ひとつには、衛星の寿命が3年程度と短く（一般的な人工衛星は12～15年程度）、次々に代わりを打ち上げなければならない事情がある。

　そこへ2004年12月に、インドがGLONASSへの相乗りを決定、システムの開発・運用を共同で行なうとともに、GLONASSの民間利用に向けた取り組みも進めることになった。衛星網についても、この時点で「2011年に24基体制に戻す」と発表している[9][10]。2010年9月初頭の時点で衛星23基（1基は予備）、2010年中にさらに3基を増勢して、26基（3基は予備）とする計画になっている。

　使用している電波の周波数は、L1（1,598.0625～1,605.375MHz）とL2（1,242.9375～1,248.625MHz）、さらに民間用としてL3（1,164～1,215MHz）を追加する構想もある。GPSと異なり、衛星ごとに周波数を分ける方式を使用している。

　面白いことに、GPS受信機のメーカーとしておなじみの米トリンブル・ナビゲーション社が、ロシアン・スペース・システムズと組んでロスナブジオサット

Rusnavgeosetという合弁会社を設立、ロシア国内で受信機を販売するという発表がなされている。

一方、EU諸国ではガリレオ計画をスタートさせた。アメリカのGPSに全面的に依存することの政治的リスクを考慮して、ヨーロッパ独自のシステムを構築・運用する必要があると認識したためと考えられる。当初は10億ユーロのみをEUが負担して、残りは民活方式で民間企業が負担する形でシステムを構築・運用する構想だったが、民間企業の側が採算性の面から難色を示したために資金が集まらず、2007年11月に総額40億ユーロの公的資金投入が決定した。

そしてメーカー各社に対する発注が順次進んでおり、まず実験用の衛星GIOVE（Galileo In-Orbit Validation Element）×2基（GIOVE-AとGIOVE-B）を打ち上げる。GIOVE-Aは2005年12月に打ち上げられて、2007年5月からNSGU（Navigation Signal Generator Unit）による航法用シグナルの発信を開始。GIOVE—Bも2008年4月に打ち上げられた。最終的には本番用の衛星30〜32基を揃える計画になっている。衛星はEADSアストリウム社と、OHBシステムズ・SSTL（Surrey Satellite Technology Ltd.）の合同チームが分担受注する予定だが、これはGPS衛星をボーイング社とロッキード・マーティン社が分担している構図と似ている。

GPSは軍用・民間用と分けているが、ガリレオは民間専用で、周波数は以下のようになっている。

なお、GPSやガリレオについては、地上のインフラを組み合わせて測位精度を向上させる構想があり、既存のデファレンシャルGPSに加えて、アメリカではHigh Integrity GPS、ヨーロッパではEGNOS（European Geostationary Navigation Overlay Service）の構想がある。

このガリレオ計画についてはEU諸国だけでなく、韓国が相乗りを決定している。動作原理はGPSと類似しており、両者で民間向けのシグナルについて互換性を持たせる話が決まっている。ただし、これを適用するのはGPSブロックⅢAとガリレオのOSからで、すでに軌道上にある既存GPS衛星は対象にならない。

そのほか、GPSに対抗する測位システムを独自に整備しようとしている国として中

バンド	周波数	内容
L1	1,575.42MHz	民間向け無料サービス用（OS：Open Service）
E6	1,278.75MHz	有料サービスのCS（Commercial Service）と政府機関向けサービスのPRS（Public Regulated Service）で使用
E5a	1,176.45MHz	OSに加えて、民間航空などのSoL（Safety-of-Life Service）で使用
E5b	1,207.14MHz	OS・SoL・CSで使用

表2.4：ガリレオで使用する周波数の一覧

国があり、北斗航法システム（CNSS：Compass Navigation Satellite System）の整備に乗り出している。2010年の時点で衛星3基の打ち上げが完了しており、最終的には2020年までに35基（GEO×5、MEO×27、QZSS×3）の衛星を揃える予定となっている。GPSやガリレオのように全世界をカバーするものではないとする情報と、全世界をカバーするという情報が入り乱れており、真相はいまひとつはっきりしない。しかし、周回衛星を使用する以上、仮想敵国の上空で機能を制限するとかいう話は別として、わざわざカバーエリアを限定する理由はないだろう。

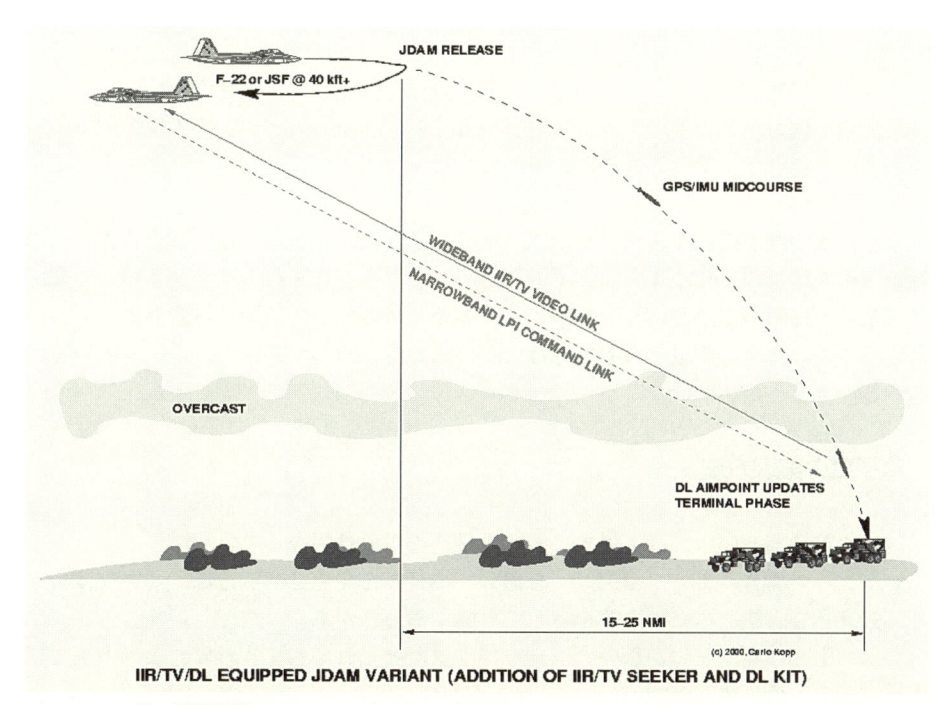

データリンク付き誘導爆弾の運用コンセプト図。命中直前にデータリンクで映像を受け取って、最終的な指令を出すことができる（USAF）

❻ コンピュータと電子戦

電子戦とは

　電子戦とは、電子を用いて行なう戦闘である。というだけでは不親切なので、もうちょっと細かく噛み砕いて書くと……。

　電子戦が必要になったのは、電波兵器（つまりレーダー）や無線通信が用いられるようになったためだ。敵がレーダーや無線通信を活用して軍事作戦を行なうのであれば、そうした手段を妨害することで、敵の軍事作戦を阻害して、自軍に有利な状況を実現できる。さらに、レーダー誘導のミサイルまで登場するに及んで、そちらも無力化の対象に加わった。

　だから、現代の航空機や艦艇はたいてい、電子戦のための機材をいろいろと搭載している。大きく分類すると、以下のようになる。

- 脅威を探知する手段：ESM（Electronic Support Measures）、RWR
- 脅威を無力化する手段：ECM（Electronic Countermeasures）、チャフ、デコイ
- 脅威を判定する手段：電子戦装置のコンピュータ

　なお、航空機が搭載する「自衛用電子戦機器」には、ミサイル接近警報装置や、赤外線誘導の地対空ミサイルを妨害する赤外線ジャマーも含まれる場合が多い。これらが「電子」に関わるかというと微妙だが、ミサイルの探知に使用する紫外線、あるいはミサイルの誘導に使用する赤外線は広義の電磁波に該当するから、電子戦の一種であるといえそうだ。

電子戦の実現方法

　一口で電子戦といっても、対象によって最適な手段は異なる。
　レーダーの場合、チャフやデコイを撒いて偽目標を発生させる方法、妨害電波を発して抑え込む方法、ニセの応答を返して欺瞞する方法がある。ただし最後の方法については、上手にウソをつかないと、却ってウソだとばれてしまうので、この方法で確実に妨害するのは難しい。
　無線交信も、無力化の対象になる。レーダーと同様に妨害電波をぶちかます方法だけでなく、第二次世界大戦中にイギリス軍がドイツ軍に対して行なったように、同じ

周波数の電波を発してニセの交信を割り込ませたり、本来の交信と関係のない内容を放送して邪魔したり、といった方法もある。

赤外線については、フレアを発射して妨害したり、赤外線シーカーにレーザーを照射して幻惑したり、といった方法を使用する。

ただし問題になるのは、相手の種類が分かってないと、適切な無力化手段を講じることができない点だ。そのため、電子戦の分野では平素からの情報収集が重要になる。

電子戦と脅威ライブラリ

そこで関わってくるのが、脅威ライブラリとELINT（Electronic Intelligence）だ。正確にいうと、ELINTによって収集したデータに基づいて脅威ライブラリを作成して、それを電子戦装置に組み込むという流れになる。ESMが電波兵器の存在を探知したときには、コンピュータは脅威ライブラリを検索して、どの種類の電波兵器なのかを把握する。それができれば、どのように妨害すればよいか、あたりをつけやすい。

たとえばレーダー電波を妨害するのであれば、使用している周波数やパルス繰り返し周波数（PRF：Pulse Program Frequency）など、電波の特性について把握する必要がある。また、相手がECMを仕掛けてきた場合に講じる妨害回避、すなわちECCM（Electronic Counter Countermeasures）についても知っておかないと、ECCM手段を講じられた途端にECMの意味がなくなってしまう。

この手の話は第二次世界大戦当時からすでに存在していた。開戦から間もない頃に、ドイツ軍がツェッペリン飛行船を飛ばしてレーダー電波の情報収集を行なっている。また、ドイツ海軍の巡洋戦艦と巡洋艦がドーバー海峡を突破して本国回航を企てた、いわゆるツェルベルス作戦に先立ち、イギリス軍がドーバー海峡に設置した監視用レーダー網を妨害する目的で、作戦実施のしばらく前からレーダーを妨害するようにした。妨害による動作不良を日常的なものにするのが目的だ。本番のときだけいきなり妨害を行なえば、相手が警戒してしまう。

閑話休題。仮想的の電波兵器や通信機器に関する情報を収集したり、あるいは実戦経験を通じて蓄積したり、といった手段によってまとめられた脅威ライブラリは、電子戦を効率的に遂行するためには、極めて重要な資産といえる。もちろん、その情報に基づいて電子戦を仕掛ける手段についても同様だ。

だから、戦闘機やエンジンや射撃管制レーダーを輸出しても、電子戦装置は輸出しません、ということも起きる。実際、航空自衛隊のF-15J/DJがこれに該当しており、国産の電子戦装置を自力で開発・搭載することになった。そういう意味でも、海自や米海軍が運用しているEP-3に代表されるような電子情報収集機は、極めて重要な機体といえる。

一方、イスラエルではF-35の調達を計画しているが、その際に自国のメーカーが製造する電子戦装置の搭載を要求している。しかし、F-35のアビオニクスは単品の集

合体ではなく、すべてが連携して動作する統合アビオニクスだから、アメリカとしても簡単に首を縦に振れない。イスラエル製の電子戦機器を積むことになれば、統合アビオニクスを動かすソースコードの修正や情報開示が必要になるからだ。

ところがこれは、イスラエルにとっても痛し痒しのところがある。自国が過酷な実戦経験を通じて蓄積したノウハウや脅威ライブラリを渡さないと、それをF-35に搭載することができないし、統合アビオニクスとのすり合わせもできない。結局、アメリカにとってもイスラエルにとっても、面白くない話になってしまう。

電子戦ポッドの例。不可欠な存在だが、ただ闇雲に妨害電波を出せばよいというものでもない（USAF）

7 コンピュータと訓練

各種シミュレータの活用

　実のところ、軍事におけるコンピュータの活用事例のうち、貢献度が大きい分野のひとつが訓練かも知れない。従来であれば、費用と手間と時間をかけて実戦さながらの環境を再現するか、あるいは実戦さながらの環境を諦めて訓練の質を落とすか、という選択を迫られていたものが、コンピュータ・シミュレーションの導入によって一変したからだ。

　分かりやすい事例としては、飛行機の操縦訓練がある。かつて、リンク・トレーナーというものがあったが、これは操縦操作に対する機体の動きは再現できても、機体を操縦する際の感覚や周囲の映像までは再現できなかった。しかし現代のフライト・シミュレータでは、油圧駆動のモーション機構で支持するコックピットと、その周囲に取り付けたビジュアル装置により、実機を操縦するのとほとんど同じ状況を再現できる。

　フライト・シミュレータによる訓練の迫真度は、F-22やF-35が訓練用の複座型を止めてしまい、シミュレータ訓練だけでソロに出られるレベルまで仕上げる体制をとっていることでも推測できるだろう。また、シミュレータなら訓練内容を容易に記録・再現できるので、効果的なデブリーフィングを行なえる。

　他の分野でも同じだ。戦車の操縦・艦艇の操艦指揮・ミサイルの発射指揮、しまいにはパラシュート降下訓練にまでシミュレータが進出している。実際に行なうと危険な操作でも、シミュレータを使えば死傷者は出ないし、それでいて「どうすると危険なのか」を学習できる。そう考えると、実は本物を使用する以上に教育訓練効果が上がるかも知れない。しかも、たいていの場合には実物を使用するより経費が安い。

　また、第9章で取り上げている指揮管制装置・指揮統制システムを利用すると、実戦と同じ動作をシミュレーションによって再現することで、戦闘指揮や武器発射の訓練を行なえる。

　指揮管制装置は、レーダーなどのセンサーから情報を受け取って情報を提示するとともに、対応行動についての意志決定を支援するコンピュータだ。だから、センサーから情報を取り込んだ状況を再現することで、実戦に即した戦闘指揮の訓練が可能になる。画面で見ている限りは、実戦でもシミュレーションでも同じだ。

さらに、シミュレータにおいて実物の再現性を高めてリアルさを追求するため、関連する民生用技術を取り込んだ事例もある。たとえばロッキード・マーティン社はマイクロソフト社と提携して、マイクロソフトがフライト・シミュレータのゲームで使用するために開発したテクノロジー・ESPを、自社のシミュレーション訓練機材向けソフトウェア・Prepar3Dに組み込んでいる。マイクロソフトのPC用フライト・シミュレータといえば、実機の飛行訓練に使用することがあるぐらい高い評価を得ているが、その技術を軍用シミュレータに転用したわけだ。

シミュレーションとモデリングの関係

といったところで、シミュレータが動作する前提となる「モデル」の話をしようと思う。

シミュレータとは、煎じ詰めると何かを再現する機械だ。フライト・シミュレータであれば、パイロットの操縦操作に対する飛行機の挙動を再現して、実機を使用するのと同じ訓練を行なえるようにする。こうした、実在の機器を対象とするシミュレータだけでなく、軍事作戦そのものをシミュレーションによって実施する手法も一般化している。

ところが、(しばしば誤解されていそうだが) シミュレータをポンと据え付ければシミュレーションができるわけではない。シミュレータが何かを再現するには、再現する対象のことを知っていなければならない。対象が何で、どういう入力に対してどういう挙動をとるかが分かっていなければ、シミュレートのしようがない。

フライト・シミュレータを例にとるならば、旅客機のシミュレータと戦闘機のシミュレータでは、当然ながら、再現すべき性能の範囲も、操縦操作に対する反応も異なる。戦闘機に限定しても、機種が異なれば、搭載する武器やセンサーが異なるから、再現すべき対象に違いが生じる。指揮管制装置を使って実戦の指揮を訓練するのであれば、さまざまな交戦状況に関するデータを揃えて、何がどういう風に動きながら戦闘を展開するのかを把握しておかないと、シミュレートのしようがない。ある国とどこかの国の戦争をシミュレートするのであれば、それぞれの国がどういう考え方に基づいて行動するかが分かっていなければならない。

だから、シミュレーションを行なうには、再現の対象に関するデータを揃えて、「モデル」を作成する必要がある (いわゆるモデリング)。それを、シミュレータを制御するコンピュータに与えることで初めて、リアルなシミュレーションが可能になる。モデルの出来が悪ければ、シミュレーションの結果もデタラメなものになる。

それでも、飛行機を初めとする各種ヴィークルの操縦訓練みたいに、比較的、再現しやすい分野はある。最近では事前の検討とシミュレーションを徹底しているため、初飛行の後でパイロットが「シミュレータと同じだった」とコメントする場面が頻繁に見られる。それだけ、実機に忠実なモデルを作成できているということだ。

逆に、人間の心理に関わるような部分はモデリングが難しい。軍隊の作戦行動をシミュレートするのであれば、仮想敵国の軍隊が掲げているドクトリン（教義）や教範、過去の実績などに基づいてモデルを作成するわけだが、実物がその通りに動いてくれるかどうかは保証できない。このように、モデリングが難しい場面もある。

つまり、シミュレータといえども万能ではないということだ。実際、パソコンで行なうウォーゲームでも、コンピュータを相手に対戦するときよりも、生身の人間を相手に通信対戦する方が、相手の挙動を読みにくいだろう。ウォーゲームのコンピュータは、事前にプログラムされた通りにしか行動しないから、特に昔の古いゲームでは、簡単にパターンを見破ることができる。それと比べると、生身の人間と通信対戦する方が実情に即している。

シミュレータ同士の通信対戦やデータの連携

この考え方は、軍の訓練用シミュレータにも同様に適用できる。フライト・シミュレータでも指揮管制装置のシミュレーション機能でも、単独で機能している限りは単独での訓練しか行なえない。ところが、高速なデータ通信網が整備されたことで、シミュレータ同士をネットワークでつないで「遠隔対戦」を行なえるようになった。

たとえば、アメリカ・オクラホマ州のティンカー空軍基地に駐留しているE-3セントリー部隊・第552航空管制航空団では、ネットワークを通じてF-15・F-16・E-8といった航空機の部隊と合同シミュレーション訓練を実施している。ティンカー空軍基地に導入した訓練機材・MSLITE（Mission Simulator Live Intercept Training Environment）を使い、それが他の基地のシミュレータとデータをやりとりすることで、E-3から戦闘機を指揮したり、E-3を戦闘機で護衛したり、といった演習を行なう仕組みだ。それだけでなく、連邦航空局（FAA：Federal Aviation Authorities）の民間航空管制データを取り込んで利用することもできるので、本物のデータを使ってアメリカ本土上空の警戒任務を演練することもできる。

E-3部隊は比較的早い時期から、こうした通信対戦方式の訓練を取り入れていたが、他機種でも同様の流れになってきている。それを支えているのが、米空軍が各地の基地にあるシミュレーション訓練施設を結ぶ形で整備した訓練用ネットワーク・DMON（Distributed Mission Operations Network）だ。

たとえば、F-15Eであればアメリカ本土のマウンテンホームとシーモアジョンソン、イギリスのレイクンヒースにあるシミュレータ訓練施設（MTC：Mission Training Center）をDMONに接続している。2009年9月の時点で、F-15CやF-16用のものも含めて、合計10ヵ所のMTCをDMONに接続しており、さらに同年11月にラングレー空軍基地のF-22用MTCが加わった。その後3年間で、合計4ヵ所のF-22用MTCがDMONにつながることになっている。

ただし、DMONのようなネットワークを通じて通信対戦を行なうには、データのや

りとりを行なえるように互換性を持たせる必要がある。単に線をつなげば通信対戦できるわけではない。その辺の話は改めて、第4章で取り上げることにしよう。

実弾を撃つ代わりとなるMILES

飛行機の操縦訓練であれば、自分が撃墜されたときには被撃墜時の状況をシミュレータで再現できる。では、陸戦の訓練はどうすればよいだろうか？

ひとつの方法として、本物の銃を使ってペイントボール入りの弾を撃ち合い、その弾が命中してペイントまみれになったら「死んだ」ことにする方法が用いられている。人間はそれでよいとしても、車両はどうするか。

そこで登場したのが、キュービック社が手掛けているMILES（Multiple Integrated Laser Engagement System）。たとえば戦車であれば、戦車砲の上にMILES用の送受信機を取り付ける。これを使ってレーザー光線で「撃ち合い」、そのレーザー光線を相手側車両のMILESが受信したら「被弾した」ことにすればよい。車両だけでなく個人のレベルでも、MILES IWS（MILES Individual Weapon System）を小銃や機関銃に取り付けることで、同様の訓練を実施できる。しかも、ペイントボールと比べると、よりシビアに命中判定を行なえる。このほか、対戦車ミサイルなどに対応するMILESもある。

このMILESを初めとする、さまざまなシミュレーション訓練機材を専門に手掛けている部署として、米陸軍のにはPEO STRI（Program Executive Office for Simulation and Training Instrumentation）がある。名称に「Instrumentation」とあるように、シミュレーションだけでなく、「撃った」結果が「当たった」かどうかを判断する命中判定などの、計測までカバーしている。

空戦訓練の機動図を描き出すACMI

シミュレーションに限らず本物でも同じことだが、訓練では事後のデブリーフィングが大事だ。特に失敗した場合、どうして失敗したかを把握・学習するには、訓練の内容を後から再現して、どこでどう間違えたのかを正しく理解する必要がある。

戦闘機同士の空戦機動（ACM：Air Combat Maneuver）であれば、コックピットに仕掛けたビデオカメラを回しておいて、着陸後にそれを見ながら飛行状況を再現する「機動図」を描く方法がある。それでも目的は達成できるが、その作業を自動的に行なうシステムもある。

それがACMI（Air Combat Maneuvering Instrumentation）計測ポッドとICADS（Individual Combat Aircrew Display Systems）の組み合わせで、これもキュービック社が手掛けている。ACMI計測ポッドはサイドワインダー空対空ミサイルと同じぐらいのサイズで、サイドワインダー用の発射器に取り付けて使用する。この中にはGPS

受信機を内蔵しており、飛行中の位置を3次元で把握・記録する。それを着陸後にダウンロードするか、あるいは飛行中にデータリンク経由で送信することで、どの機体がどういう飛び方をしたかはすべて、白日の下にさらされる。

このシステムを使えば、機動図に相当するものを自動生成して、それを見ながらデブリーフィングをすればよい。

パソコンを使ったCBTとe-ラーニング

ここまでは演習にシミュレーションなどの手法を持ち込む話だったが、座学にコンピュータを持ち込むこともできる。それが、いわゆるe-ラーニング、つまりコンピュータを使った学習システムだ。CBT（Computer-Based Training）ともいう。

つまり、紙の教科書・黒板やホワイトボード・口頭での解説といったものの代わりに、コンピュータの画面に解説、あるいは学習進度を確認するための問題が現われるわけだ。軍用に限らず、民間分野でもCBTの利用がどんどん拡大している。F-35のごときは「紙も黒板も止めてしまい、学習はすべてコンピュータの画面上で行なう」ということになってしまった。

コンピュータのメリットとして、静止画・動画・音声といった情報を扱える点や、個人ごとの進度・習熟度に合わせて自分のペースで学習を進められる点が挙げられる。また、通信回線があれば遠隔地から学習することができるので、世界規模で軍を展開している国ではメリットが大きい。そうでなくても、軍の基地や駐屯地というのは往々にして辺鄙な場所にあるから、基地や駐屯地にいながらにして通信教育を受けられるCBTは、メリットが大きい。

第3章

兵器のIT化とウェポン・システム開発事情

　ハイテク化・コンピュータ化・ネットワーク化によって、ウェポン・システムの内容は複雑化の一途をたどっている。それに伴い、開発についても長い時間と多くの費用を要するようになった。しかも、所定の費用とスケジュールを守れずに、予算オーバーや納入遅延が問題になる事例が常態化している。この章では、そういった問題について、まとめてみた。

① 装備開発の基本的な流れ

　国によっても相違があるが、本書では「入手可能な情報が多い」という理由から、アメリカ軍における装備開発の流れを例にとって解説しよう。まず、具体的な話に入る前に、過去と現在のウェポン・システム開発における考え方の違いについて、かいつまんでまとめておきたい。

　昔のやり方では、最初に徹底的にテストして完成品を造り、そのままの状態で用途廃止になるまで使い続ける、という考え方が強かった。ウェポン・システムがどんどん代替わりして、運用する期間が比較的短かったため、それでも問題はなかった。

　しかし最近では、ウェポン・システムの高度化によって価格が上がり、その一方で国家同士の大規模な戦争は減っている。そのため、ウェポン・システムの運用期間が、過去とは比較にならないぐらい長くなった。その一方で技術の進歩は早くなっているから、最初に完成した状態のままで使い続けることは難しくなっている。

　そのため、現代のウェポン・システムは、完成後も継続的にアップグレードを図るという考え方に切り替わっている。だから、開発・運用・サポートの体制、あるいはウェポン・システムそのものについても、こうした考え方を前提としたものに切り替える必要がある。

　では、具体的にどういった流れで開発・運用・サポートを行なうのか、具体的な話に駒を進めることにしよう。

米軍の装備開発（マイルストーンAまで）

　そもそも、ウェポン・システムとは軍隊が国防の任務を果たすためのツールである。そして、国防の任務は国家戦略と不可分の関係にある。

　だから、まずは国家戦略からトップダウン式に「どういった脅威が考えられるか」「どういった戦闘様態になると考えられるか」といったことを検討する。そうすることで、必要とされる戦力や組織編成、そこで使用する装備といったものが明確になる。それに基づき、現時点で存在しない新装備が必要という話になった場合に、任務要求提示（Mission Needs Statement）という文書をまとめる。

　情報が足りない場合には、メーカーに対してRfI（Request for Information）をリリースして、情報の提供を求めることもある。たとえば、「○○という新機能を実現したい」という要求があったときに、それを実現するためにどういった技術が必要か、

現状はどうか、今後の開発の見通しはどうか、といった情報を得るのが目的だ。

さらに、既製品、あるいはすでに確立された技術を利用する場合には必要ない作業だが、新しい技術を開発・確立しなければならない場合には、先に重要な要素技術の開発を進める必要がある。だから、新しいウェポン・システムの要求が出るより何年も前から、要素技術の開発だけは先に行なわれていた、なんていうこともある。

そして、要素技術の開発が進んで熟成されてきたところで、実際にモノを作ってみて、実証（demonstration）を実施する。この過程で要素技術を熟成しておかないと、後になって大変なことになる。ときには、複数のメーカーに対して要素技術の開発契約を発注して、競合させることもある。かつて、この段階のことをDem/Val（Demonstration/Validation）と呼んでいたが、最近ではこの言葉は使わなくなった。

要求仕様と、それを実現するための要素技術が出揃ったところで軍の担当部門が開発・調達計画をまとめて、国防調達会議（DAB：Defense Acquisition Board）の審議にかける。国防調達会議が計画の実施を承認すると、メーカーに対して提案要求（RfP：Request for Proposal）をリリースする。米軍では、この段階をマイルストーンAと呼んでいる。

RfPは、競争の創出によってコストの引き下げや技術水準の引き上げを図る観点から、複数のメーカーに対してリリースして、コンペティションを実施する場合が多い。ただし場合によっては、RfPをリリースする前の要素技術開発段階でコンペティションを実施してしまい、そこで勝ち残ったメーカーに対してRfPをリリースすることもある。

そのRfPに対して、メーカー各社が提案書を提出する。そして、各社の提案内容を比較して、勝者を決めることになる。書類審査だけで採否を決めることもあれば、プロトタイプの開発・製造を各社に発注して、現物による比較審査を実施する場合もある。現物で比較審査を行なった事例としては、以下のものが挙げられる。

・ATF（Advanced Tactical Fighter）：YF-22とYF-23が競合
・JSF（Joint Strike Fighter）：X-32とX-35が競合
・LCS（Littoral Combat Ship）：鋼製モノハル案とアルミ製トリマラン案が競合中
・JLTV（Jont Light Tactical Vehicle）

ただしときには、担当できるメーカーがもともと1社しかないため、競争にならない場合もある。たとえば、原子力空母を建造できる造船所はノースロップ・グラマン社傘下のニューポート・ニューズ造船所しかないので、自動的にここに発注することになる。アメリカ以外の国では、業界再編によって分野ごとにメーカーが1社しかない場合が多く、ときには国内外の企業が競合することも起きる。

米軍の装備開発（マイルストーンB〜C）

　RfPのリリースと、それに対する各社の提案、提案内容の審査といった流れによって、担当メーカーが決まる。その時点で、本番の装備を設計・開発する、SDD（System Design and Demonstration）フェーズに移行することになる。以前は全規模開発（FSD：Full Scale Development）と呼ぶことが多かったが、現在はSDDと呼ぶ。ときには、SDDフェーズまで複数メーカーの競作として、SDDフェーズが完了した時点で1社に絞り込むこともある。米軍では、この段階をマイルストーンBと呼ぶ。
　SDDフェーズでは、先に開発した要素技術を組み合わせて、実際にウェポン・システムとして機能するモノを完成させるために、研究・開発・設計・製造の作業を進める。そして、少数のプロトタイプを製造して、技術面で問題がないかどうかを検証する開発試験（DT：Developmental Test）を実施する。
　こうした開発作業の過程で、何か問題が発生していないか、進捗状況がどうなっているか、といった事柄について、メーカーと軍の関係者が集まって審査する評価会議が、何段階かに分けて行なわれる。

・システム要求評価（SRR：System Requirements Review）
・予備設計審査（PDR：Preliminary Design Review）
・最終設計審査（CDR：Critical Design Review）

　開発の作業、そして一連の評価会議で問題が出ないか、あるいは発生した問題を解決できたと判断された場合、いよいよ量産段階に移行する。ただし、いきなり全力で量産を始めることはしないで、まずは低率初期生産（LRIP：Low Rate Initial Production）という形で小規模な量産を始める。昔でいうと増加試作にあたるプロセスといえるだろう。米軍では、低率初期生産の開始をマイルストーンCと呼ぶ。

米軍の装備開発（量産配備・IOC・FOC）

　どんな工業製品でもそうだが、試験の段階でうまく機能していたものでも、実際に作って運用してみると問題が出ることが多い。そのため、まずは少量を生産・配備・運用してみて、実運用環境で問題なく機能するかどうかを検証する運用試験（OT：Operational Test、海軍ではOPEVAL：Operational Evaluationと呼ぶ）を実施する。
　これらの評価試験によって問題の発見・対策を進めながら熟成を図り、問題ないと判断された時点で本格的な全規模量産（FRP：Full Rate Production）に移行する。そして、量産のペースを段階的に引き上げていくことになる。
　ところが、モノが完成したから部隊に引き渡して終了、というわけにはいかない。

高度化したウェポン・システムを使いこなし、能力をフルに発揮させるには、運用手順や戦術の開発と、運用に携わる要員の訓練が不可欠だからだ。

そこで、最初に訓練部隊に新装備を引き渡して訓練体制を整えた上で、戦術の開発と実戦部隊への配備を進めていくことになる。その際の戦力化についても、まずは必要最低限の数と機能を実現する初度作戦能力（IOC：Initial Operational Capability）と、すべての能力を発揮できる体制を整えた全規模作戦能力（FOC：Full Operational Capability）の二段階がある。

そして量産配備を開始した後も、さらに段階的な改良を図っていく。新たに加わった改良点や新機能については、生産ライン上でこれから製造する分に対して反映させる場合と、すでに製造・納入済みのモノに対して後付けや改修といった形で反映させる（バックフィットまたはレトロフィット）場合がある。

こうして段階的に改良や能力向上を図るため、その単位として、「ブロック」「フライト」「インクリメント」「ベースライン」「スパイラル」などといった言葉が用いられる。実は、こうした言葉を用いる理由のひとつには、システムそのものの名称を変えずに済ませることで、書類やマニュアルの改訂を省略して経費節減を図るという事情もある。

たとえば、F-16C/Dファイティングファルコン戦闘機にはブロック25・ブロック30/32・ブロック40/42・ブロック50/52・ブロック60といったバリエーションがあるが、これらに対していちいち異なるサブタイプを割り当てると、F-16C/D・E/F・G/H・J/Kといった具合に、どんどん名前が増えてしまう。それでは書類仕事が大変なので、全部ひっくるめて「F-16C/D」で済ませるわけだ。

スパイラル開発が現在の基本

このように、現代のウェポン・システムでは運用期間全体を通じて継続的に性能向上を図る形が一般化した。この傾向は今後も変わらないだろう。このような開発形態に対して、スパイラル開発（spiral development）という言葉を頻繁に使用している。アップグレードとフィードバックを交互に繰り返しながら性能向上を図っていく様子が、螺旋を描きながら上方に登っていく様子に似ているためだ。

特にコンピュータ制御のシステムでは、ハードウェアを変えずにソフトウェアを改良することで、性能の向上、不具合の解消、新しい機能の追加、といったものを実現できる。その代わり、ソフトウェアの開発にかかる責任と負担は極めて大きなものになっており、それがスケジュールやコストの面で足を引っ張っているのも事実だ。

こうした改良作業のうち、ハードウェアの変更を伴うものは、車両や航空機であればオーバーホールの際に、艦艇であれば入渠整備の際に、他の整備作業と併せて実施するのが普通だ。どのみち、整備作業を実施している間は稼働できないのだから、そのついでにウェポン・システムの更新も行なってしまうと都合がいい。

一方、ソフトウェアの改良だけであれば、ハードディスクとか光ディスクとか磁気テープとかいった媒体にソフトウェアを記録して持ち込み、それをコンピュータに読み込ませるだけでよい。だから、必ずしも整備作業に合わせてソフトウェアを更新するとは限らず、極端な話、飛行隊の列線レベルで更新する可能性もあり得る。

　実際、F-22Aが初めて日本に展開したときに、日付変更線を超えた途端にソフトウェアが動かなくなって"ブラックアウト"するトラブルが発生したが、直ちにメーカーが改良版のソフトウェアを開発してハワイに送り、現地で機体側のコンピュータに読み込ませている。

　こうしたソフトウェアの改良は外見に影響しないから、見た目は同じでも中身が違うことになる。たとえば、イージス戦闘システムには「ベースライン」という区分があり、当初のベースライン1からスタートして、現在はベースライン7.1に発展している。一連の変化の中には、コンピュータの変更やミサイル発射器の変更といった外見的なものも含まれるが、それだけでなく、そこで動作するソフトウェアの変更もある。これは戦闘機の「ブロック」も同じだ。

　外見的な変化なら外から見れば分かるが、ソフトウェアの変化だとそうはいかない。しかも、ソフトウェアを更新したからといっていちいち名称を改めるわけではないから、いよいよ変化を把握するのは難しくなる。

　これは、仮想敵国が装備する兵器の能力を推し量ろうとしたときに、大きな障害になる。外見的な変化であれば、外から写真を盗み撮りすれば推測が可能だが、ソフトウェアの変化は写真に映らない。だから、コンピュータに依存する比率が高いウェポン・システムほど、能力や改良の有無を知るのは困難になる。

コスト上昇とスケジュール遅延が多発する背景

　近年、多くの国では新装備の開発計画を進める過程で、コスト超過やスケジュール遅延の問題に見舞われている。むしろ、航空機・AFV・艦艇・ミサイルといった大型プログラムでは、当初に予定した通りの日程と予算で済む事例の方が珍しいぐらいだ。どうして、こんなことになるのだろうか。

　もちろん、開発を進めてみたら予定外のトラブルが発生した、あるいは予見不可能な外的要因によって足を引っ張られた、という事例もあるのだが、会計監査当局などによる調査報告書で、以下のような問題を指摘される事例もまた多い。

・重要な要素技術の熟成が済まないうちに、計画が見切り発車してしまった
・最初の要求仕様が、そもそも非現実的なまでに高レベルだった
・当初に行なったコストやスケジュールの見積もりが甘すぎた
・開発が始まってから要求仕様がコロコロ変わり、対応するために余分な手間がかかった

・年度あたりの支出を削減するためにスケジュールを引き延ばした結果、トータルでは高くついてしまった
・コストが上昇したために調達数を削減した結果、量産効果を発揮しにくくなって、単価がさらに上昇した

また、特に開発遅延の原因になりやすい部分として、コンピュータのソフトウェア開発と、さまざまなサブシステムを組み合わせてひとつのシステムにまとめ上げる、いわゆるシステム・インテグレーションが挙げられる。

つまり、性能や精度を高めるためのハイテク化や、情報の優越を実現するためのシステム化・ネットワーク化が、装備品の開発を難航させる原因を作っているといえる。近年、ソフトウェアの開発に手間取ってスケジュール遅延を引き起こした事例としては、A400M（のTP400エンジン）やF-35が挙げられる。F-22ラプターでさえも、実戦配備後にソフトウェアがらみのトラブルが出て、緊急バージョンアップを行なっている。

しかし、だからといっていまさら、昔のローテク兵器の時代に戻すことはできないだろう。現状に問題があるからといって、現状を否定するだけでは能がない。むしろ、その現状に対してどう向き合って、折り合いをつけていくかを考えなければならない。

アメリカの議会では2009年5月に、調達改革法（Weapon Systems Acquisition Reform Act）を成立させた。この法律で盛り込んだ主な改革ポイントは、以下のようになっている。

・要素技術の熟成度を定期的に審査して、未成熟なうちに見切り発車する事態を避ける
・コストとスケジュールの見積もりを担当する独立組織を設置する
・国防総省が調達関連の業務を外部に委託しすぎて、本来必要とされる能力・ノウハウを喪失している問題を解決するため、自前の調達担当要員を増強する

このほか、システム全体のとりまとめを官側がメーカー側に丸投げしてしまう、いわゆるLSI（Lead System Integrator）方式を改めて、官側できちんと進捗を管理する方式に戻そうという動きもある。

もっとも、スケジュールやコストの見積もりが甘すぎて問題になるのであれば、その、甘すぎた見積もりを基準にして「これだけ遅延した」「こんなにコストが上がった」と論じることに、果たして妥当性があるのかという疑問はあるが……

❷ 既存装備のアップグレードも花盛り

　ウェポン・システムの高度化はドンガラよりもアンコの重要度を増したのだが、面白いことに、そのことがアンコの改良による能力向上という市場を生み出している。これが新品の市場を喰ってしまっている部分もあるので、メーカーにとっては痛し痒しだが、何も仕事がないよりはマシだ。

戦闘機における延命の考え方

　たとえば戦闘機の場合、昔であれば速力・機動性・航続性能・兵装搭載量といった分野の能力を高めなければ、戦闘機としての能力向上にならなかった。ところが昨今では、そうした「飛行機」としての部分の能力が行き着くところまで行ってしまい、過去のような劇的な発展が見られなくなっている。例外はステルス化とスーパークルーズ（超音速巡航）ぐらいだろうか。

　一方、その戦闘機の中身であるレーダー・コンピュータ・各種センサー・アビオニクスといった分野では、今もどんどん能力向上が続いている。そこで、機体は同じまま中身の機器を換装する方法で、能力向上を図れることになった。

　他国の事例を引き合いに出さずとも、我が国にもF-4EJ改という事例がある。レーダーをF-16用AN/APG-66の派生モデル・AN/APG-66Jに換装したほか、セントラルコンピュータJ/AYK-1の搭載と対艦ミサイル運用能力の追加、J/APR-6レーダー警報受信機やAN/APX-76A IFFの搭載、HUDの装備、HOTAS化等の改良を施している。外見上の変化といえば、アンテナ・フェアリングがいくつか増えた程度で目立たない。

　イスラエルやトルコでも、同様にしてファントムの近代化改修を行なっている。この、古い戦闘機のアップグレードはイスラエルのお家芸で、トルコ軍のファントムを初めとするアメリカ製戦闘機のみならず、仇敵のはずのMiG-21まで商売の対象にしている。

　これは、艦艇や装甲戦闘車両でも同じだ。たとえば、米陸軍ではM1A2 SEP（System Enhancement Package）戦車の配備を進めているが、それらは古いM1戦車を改修する形で実現している。古い装備を無駄にせずに最新仕様の戦車を実現できて、一石二鳥だ。イスラエルのIMI（Israel Military Industries）社が、トルコ陸軍のM60戦車をアップグレードした事例などもある。

何でもアップグレードできるわけではない

ただし、こうしたアップグレードが成り立つ前提条件として、ドンガラが陳腐化していない、あるいは寿命に達していない、という点が挙げられる。特に航空機の場合、設計の時点で設定した飛行時間を達成した機体では、危なくて使い続けることができない。それをアンコだけ更新しても資金の無駄だ。

どうしてもアップグレードで対応しなければならない場合、機体構造の補修、あるいは交換を行なう必要がある。実際、米軍ではP-3オライオンやA-10サンダーボルトIIで主翼の換装を行なっているし、F/A-18ホーネットのカスタマーの中には、特に疲労しやすい中央部胴体を新造して取り替えた事例もある。

航空機では飛行時間と機体構造の疲労が問題になりやすいが、装甲戦闘車両では重量の増加が問題になりやすい。最初に駆動系やサスペンションなどを設計する際には、「車両の総重量はこれぐらい」という想定を行ない、それに合わせて設計している。ところが、アップグレードによって機器や兵装が増えたり、あるいは装甲の強化を行なったりすると、設計時に想定していた重量をオーバーしてしまうことがある。

そのためアンコのアップグレードだけでは済まず、サスペンションの換装あるいは強化、さらにエンジン換装によるパワーアップまで必要とすることがある。こうなってくると、果たして新品を調達するのとどっちが経済的か、という話になりかねない。

アップグレードではないアンコの換装

冷戦崩壊後にNATOに加盟した東欧諸国では、予算の関係で、ソ聯製の装備を使い続けざるを得ない状況にある国が多い。しかし、そのままではNATO軍との共同作戦に支障をきたす。そこで、無線機やデータリンク機材、あるいは暗号化機材など、どうしても互換性がないと困る部分についてのみ、機器を交換して「NATO互換仕様」にアップグレードする事例が多発している。

逆に、自国の技術的優位を維持するために、他国に輸出する装備については電子装備やコンピュータのグレードを落とす、ダウングレードの事例もある。機密保持というだけでなく、高性能の兵器を与えないようにすることで紛争のエスカレートを抑制する、という政治的目的による場合もある。

このことを逆手に取ると、どの程度のグレードを持つ装備を輸出しているかで、輸出元の国が輸出先の国をどの程度にランク付けしているかが分かる。大事で信頼できる同盟国なら、高性能のモデルを輸出するだろう。逆に、いつ寝返るか分からない、あるいは勝手にコピー品を作るかも知れないと思っている相手ならグレードを落としたモデルを輸出するだろう。単に何を輸出しているかというだけでなく、その輸出した装備品の中身に関する情報が重要という一例だ。

❸ 開発のためには試験の環境が必要

テストしなければ完成しない

ここまで、ウェポン・システムの開発について解説してきたが、重要な話をサラッと流してしまってきているので、それについて書いてみることにしよう。それは、開発しているウェポン・システムの試験の話だ。

ハードウェアでもソフトウェアでも同じだが、開発者はより良いモノを作ろうとして最善を尽くす。しかし、だからといって何の不具合も出ないわけではない。ウェポン・システムに限らず、何を作るときでも同じだろう。

むしろ、開発の途上で不具合が出る方が当たり前だし、何の不具合も出ないような開発では、ちゃんとチャレンジしているのかと文句をいわれかねない。それに、実戦配備した後で不具合がボロボロ出るぐらいなら、開発の過程で不具合が大量に発生して対策に追われる方がマシだ。

ところが、そこでひとつ問題がある。テストして不具合を見つけるには、テストのための設備・機材・人員を用意しなければならない。ウェポン・システムのテストであれば、できるだけ実戦に即した環境でテストしなければならない。そんなテストの話について書いてみよう。

テストのために設備が要る例

たとえば、赤外線誘導の空対空ミサイルを開発しているとする。その場合、赤外線シーカーを中核とする誘導システムが必要になり、それがテストにおける最大の焦点になるだろう。

赤外線誘導の空対空ミサイルは、航空機を狙って発射する。ということは、航空機が発するものと同じような赤外線シグネチャを発する施設を用意する必要がある。それに対して赤外線シーカーを作動させて、設計通り・要求通りの動作をするかどうかをテストしなければならないからだ。もしも、そうした施設を用意しないで、たとえば焚火か何かを相手にしてテストしたのでは、本物の飛行機を相手にして撃ったときに命中するかどうか分からない。これではテストにならない。

また、ミサイルを撃たれた相手は回避機動をとるだろうし、チャフやフレアを撒い

て妨害を図ることもあるだろう。そうした状況もテストの際に再現して、ミサイルが騙されないかどうかを検証する必要がある。すると、実機と同じような速度と機動性を発揮でき、さらにチャフやフレアを散布する標的を用意する必要がある。

イージス戦闘システムでも事情は同じだ。たとえば、同時多目標処理のテストを行なうには、同時に多数の標的機を、さまざまな方向からさまざまなタイミングで飛ばして、それに対してシステムがどう反応するかを確認する必要がある。標的機の飛ばし方にしても一種類では済まず、いろいろなパターンを試す必要がある。

ステルス機の開発をしているのであれば、設計通りの低観測性を実現しているかどうかを確認しなければならない。それには機体の模型を作って、さまざまな角度からさまざまな種類のレーダーで探知を試みるわけだ。

ところが、そこで模型を支えている支柱のレーダー反射率が高いと、そっちがレーダーに映ってしまい、機体のレーダー反射率をテストできない。実際、米空軍でステルス機開発プログラム「ハブ・ブルー」を立ち上げた際にこの件が問題になり、メーカー側の負担でレーダーに映りにくい支柱を新設する羽目になっている。

開発できる≠実用化できる

もっと細かいレベルで、試験用の設備が足を引っ張る場合がある。たとえば、F-35やタイフーンのようにHMD（Helmet Mounted Display）を使用する戦闘機があるが、HMDはパイロットが被るヘルメットに取り付けるものだから、実際の運用環境を再現してテストしなければならない。単にHMDが能書き通りに機能するかどうかだけでなく、緊急脱出の際にパイロットを傷つけるようなことがないかどうかもテストしなければならない。

ということは、HMD付きのヘルメットを被ったパイロットがコックピットから射出される状況を再現して、テストする必要がある。射出座席のテストは通常、ロケット推進の橇（スキッド）にコックピットと射出座席を取り付けて、それを走らせながら射出する形で行なう。その設備を使って、HMD付きのヘルメットを被った人体のダミーを射出してテストするわけだ。

ところが、そのテストを行なうための施設が日本に存在しなければ、日本でHMDを開発しても安全性を確認できない。安全性を確認できていないものをパイロットに被らせるわけにはいかない。

防衛省が開発している先進技術実証機（ATD-X）でも、レーダー反射の測定を行なう施設が日本になく、わざわざ実大模型をフランスまで持って行って、仏国防調達局（DGA：Délégation Générale pour l'Armement）の施設でテストしている。自国に試験用の施設がないと、こうして他国の助けを借りなければならないわけだ。

つまり、ある製品を開発する技術力があっても、それをテストする施設が整っていないために能力や安全性などを実証できず、結果として実用化に結びつけることがで

きない、ということが起きる。ウェポン・システムが高度化すれば、それをテストするための施設も当然ながら高度化することになり、今後はますます、そうした施設の数が限られることになるだろう。

　それはすなわち、高度化したウェポン・システムを開発・実用化できる国が限られていく、ということでもある。この障壁を突破するには、自前でなんとかするか、しかるべき施設とノウハウを備えた国と共同で開発を進めていく必要がある。

射出座席は、このように模擬コックピットとロケット橇を使ってテストする（USAF）

❹ 軍用コンピュータとCOTS化

　ウェポン・システムの世界ではドンガラよりもアンコがどんどん進歩して、入れ替わる形が一般化した。そして、そのアンコの中核を構成するのはコンピュータと通信機能である。いずれも、根本的な部分では軍用と民生用の違いはなく、おまけに民生用の製品は極めて進歩の速度が速い。

　軍用のコンピュータでは、今でもヘタをすると記憶容量がキロバイト単位、通信時の伝送能力がキロビット単位ということがあるが、我々が使用しているパソコン、あるいはインターネット接続の世界では、メガ（1,024キロ）、ギガ（1,024メガ）、ものによってはテラ（1,024ギガ）といった単位に到達している。

　ハイテク兵器というと、金に糸目をつけずに最先端技術を注ぎ込んでいる、というイメージがある。そうした先入観からすると意外に思われるかもしれないが、軍用品のコンピュータは、単にクロック周波数やメモリ搭載量といったスペックだけ見ると、民間で使われているパソコンよりもはるかにスペックが劣ることが多い。イージスBMDで使用している艦載コンピュータのごときは、1980年代に使用していたものがそのまま使われている。

　こうしたギャップが生じるのは、以下のような理由による。

・開発に時間がかかるため、スペックが開発開始の時点で固定されてしまい、完成する頃には時代遅れになる
・スペックが民生品と比べて低くても、それで用が足りていれば困らない
・処理能力だけでなく、振動・衝撃・電磁パルス（EMP：Electro Magnetic Pulse）などへの対策が重要

　しかし、需要が限られる軍用品のために昔と同じ製品を作り続けてくれるメーカーは少なくなり、しかもコストが高い。そうなると、いくら軍用品に独特の要求があるからといっても、軍用仕様のコンピュータを使い続けるのは難しい状況になった。

　昔は、費用に関する制約が少ない軍用品で最新技術を惜しげもなくつぎ込んで開発を進めておいて、それが後から民間にスピンオフする形が普通だった。しかし、情報通信技術の世界では、すっかり立場が逆になっている。むしろ、民生分野における性能の向上が、軍用品にも恩恵をもたらしているといっても過言ではない。

　それであれば、使えるものなら民生品のコンピュータや通信機器を使ってみては？

ということで、ウェポン・システムの世界では民生品、あるいは民生技術を活用する事態が一般化した。それが、いわゆるCOTS（Commercial Off The Shelf）だ。

要はソフトウェアの違い

たとえば、コンピュータについて考えてみよう。

コンピュータ、ソフトなければただの箱である。いいかえれば、しかるべきソフトウェアさえあれば、同じコンピュータが軍用にも民生用にもなる。それであれば、必要とされる処理能力を備えた民生用のコンピュータを持ってきて、ウェポン・システムとしての機能を実現するためのソフトウェアを動かせばよい、という発想ができた。

ただし、実際にはそんなに単純な話ではない。第4章③「軍用のコンピュータ・システムに求められる条件」で詳しく解説するが、軍用品に独特の課題をクリアできなければ、民生品がいくら安くて高性能だといっても使えない。逆にいえば、そうした問題をクリアできれば民生品をそのまま使うことも可能になる。実際、そうした事例が多発している。

SMCS NGにおけるCOTS化

まず、CPU、あるいはコンピュータそのものをCOTS化した事例から紹介しよう。

本書の先祖筋にあたる拙著『戦うコンピュータ』（毎日コミュニケーションズ刊）の刊行時、もっとも話題になった話がこれで、お題は英海軍の原潜が使用する指揮管制装置・SMCS NG（Submarine Command System New Generation）だった。

潜水艦の指揮管制装置とは、ソナーやレーダーなどで得られた情報を取り込んで、艦の戦闘行動を司り、指揮官や乗組員の意思決定、あるいは戦闘指揮を支援するためのコンピュータだ。まず、2004年にトラファルガー級攻撃型原潜・HMSトーベイを皮切りにしてSMCS NGの導入が始まり、2008年12月に全艦への導入が完了した。

SMCS NGではコンピュータだけを民生品として、兵装やソナーは既存品のままとしている。そのため、SMCS NGと兵装を結ぶインターフェイスは新設計する必要があったが、それでもコストダウンになるという話だった。

ハードウェアはWindowsが動作するパーソナルコンピュータで、動作するソフトウェアだけ、従来のSMCSから移植してきてWindows上で動作するようにした。処理装置と記憶装置は、10基の19インチ幅4Uラック×10基に分けて格納している。また、信頼性向上のため、2基のコンピュータが同時並列稼働しており、どちらか一方がダウンしても、残ったコンピュータが処理を引き継げる設計になっている。

ところが、導入開始から導入完了までの4年間に、いろいろな変化が生じているのがCOTS品らしい。まず、当初のCPUはPentium 4/2.8GHzだったが、4年も経てば陳腐化どころか入手不可能なので、別の製品（おそらくはCore 2 Duoあたり）に切り替わ

ったと思われる。オペレーティング・システムも、当初のWindows 2000からWindows XPに更新した。

ちなみに、グラフィックス・カードは加Matrox社製のP650、ディスプレイは18インチの液晶ディスプレイ×2面構成、ネットワークは光ファイバー・ベースのイーサネット（伝送速度100Mbps、信頼性向上のために二重化構成をとる）だ。おそらく、光ファイバーを使用しているのは電磁波障害対策だろう。

写真3.1：Windows 2000ベースの戦闘指揮装置を導入した、英海軍のトラファルガー級攻撃型原潜（RN）

実は、ハードウェアどころか、担当メーカーからして変わっている。導入開始当初はAMS（Alenia Marconi Systems）社だったものが、同社がBAEシステムズ社に買収されたため、導入完了のプレスリリースはBAEシステムズ社から出された。

もともと、英海軍は1992年から、Ada言語で書かれたSMCSの配備を開始していた。ところが、既存の攻撃型原潜・スウィフトシュア級とトラファルガー級をアップグレードする際に、「いまさらSMCSでもないだろう」という話が出た。すでに新型の攻撃型原潜・アステュート級に搭載する新型の戦闘指揮装置としてACMS（Astute Combat Management System）の開発を始めていたためだ（ちなみにこのACMS、サン・マイクロシステムズ社のSPARCマシンを使っているので、これまたCOTS化されていることになる）。

そこで2000年11月に、市販のPCをベースとするシステムにSMCS用のソフトウェアを移植する方針が決まり、2001年7月から開発を始めた次第だ。オペレーティング・システムの選択については議論があったが、LinuxやSolarisを退けてWindows 2000の採用を決定。そして、2003年11月にSMCS NGのシステム・ソフトウェア（SMCSリリース7.3）を納入、2004年4月から6週間がかりで、HMSトーベイに導入した。

イージス戦闘システムにおけるCOTS化

おなじみのイージス戦闘システムでも、COTS化が進んでいる。

当初のベースライン1では、32ビットの軍用コンピュータ・AN/UYK-7を、CDS（Command and Decision System）とWCS（Weapon Control System）に、それぞれ4台ずつ配備していた。これは1970年代に開発された大型コンピュータだから、処理能力は現代の水準から見ればタカが知れている。後のベースラインでは、性能向上型の

4　軍用コンピュータとCOTS化

AN/UYK-43やAN/UYK-44に変わったが、これらも軍用として開発されたコンピュータだ。

こうしたシステムは集中処理の考えで作られているため、戦闘情報センター（CIC：Combat Information Center）などに設置する操作用のコンソール、つまりAN/UYA-4やAN/UYQ-21は、AN/UYK-7やAN/UYK-43といった大型コンピュータを操作して、その結果を受け取って表示するだけの「端末機」だ。

それが現在の最新モデル・ベースライン7.1では、「COTS化」と「分散処理化」という二大変化を起こしている。その中核となっているのが、ロッキード・マーティン製のAN/UYQ-70だ。AN/UYQ-70はそれ自身が処理能力を持つコンピュータであり、民生品を転用したCPUと、UNIX系のオペレーティング・システムで動作する。そのAN/UYQ-70を複数台並べてネットワーク化して、処理を分担実行する仕組みをとっているのが、現在のイージス戦闘システムだ。

そのことは、イージス戦闘システムのシステム構成図を見ると、容易に理解できる。初期のベースラインと異なり、現行のベースライン7は「意志決定ネットワーク」「対空戦ネットワーク」「ディスプレイネットワーク」といった具合に、ネットワーク、すなわち複数のコンピュータの集合体で構成している。

このCOTS化と分散処理化により、イージス戦闘システムのベースライン7.1では、従来の軍用規格型コンピュータを全廃してしまっている。

余談だが、AN/UYQ-70には面白い特徴がある。それは、用途に合わせてさまざまな派生型が存在する点だ。中核となるCPUやオペレーティング・システムは共通化しておいて、そこに組み合わせるディスプレイ、キーボードやトラックボールといった入出力装置、機器を格納するケースやラックを用途に合わせて変えることで、水上戦闘艦用、潜水艦用、航空機搭載用など、多様なバリエーションを用意している。乱暴な説明をすれば、同じ基盤を使ってデスクトップPCとサーバPCとノートPCを用意するようなものだ。

AN/UYQ-70に代表されるような汎用コンソールには、冗長性というメリットもある。以前であれば、センサー情報の表示・武器管制といった用途ごとに専用のコンソールを用意していた。しかし、コンソールのハードウェアを同一にして、ソフトウェアの変更だけで異なる用途に対応できるように設計・製造しておけば、故障や損傷で使えなくなるコンソールがあっても、生き残ったコンソールで代替できる。

その他のCOTS化事例

もっとも話題になったので、SMCS NGについて詳しく書いてみたが、これ以外にも市販のPCをベースとするコンピュータを導入した事例はたくさんある。

たとえば、スウェーデンのサーブ・システムズ社が手掛けている艦載指揮管制装置、9LVシリーズがそうだ。もともとセルシウステック・システムズ社が開発した製品で、

1996年に登場した「9LV Mk.3」の時点ですでにCOTS化していた。具体的には、米IBM社のRISCワークステーションとして有名な、RS/6000モデル370をベースとして、オペレーティング・システムもIBM製のUNIX・AIX 3.2とした。ユーザー・インターフェイスも民間向けのUNIXマシンと同じで、X-WindowとOSF/Motifの組み合わせを使っている。ソースコードは、Ada（150万行）とC（50万行）。

9LVシリーズには、CPUにMC68020（古いMacintoshと同じだ）を使い、4MBのRAMを搭載してIEEE802.3イーサネットでネットワークを構成する、9LV200 Mk.3という製品もあった。これもプログラム言語はAdaを使う。

陸の上では、米陸軍のM1A2 SEP戦車が登場当初に、CPUとして米モトローラ社製のPowerPC 603e（80MHz）を使用していた事例がある。それどころか、パナソニック製の頑丈ノートPC・タフブックが、世界各地の軍や警察で大人気というのが現状だ。

たとえば、UAVが撮影した静止画や動画を受信するための端末機として、タフブックがよく使われている。それどころか、UAVの地上管制ステーションがタフブックということもある。ボーイング社が2009年にスキャンイーグルUAVの記者説明会を行なった際に、テーブルの上に何気なく置かれていたのが、スキャンイーグルの管制に用いると思われるタフブックだったので、筆者は一人で大ウケしていた。

このタフブック、海上自衛隊でも護衛艦の艦橋などに設置されている事例がある。具体的な用途は不明だが、イーサネットのケーブルをつないでいるので、何らかの形で艦内LANに組み込まれているのは確かなようだ。

E-8ジョイントスターズでも、当初は軍仕様のコンピュータを使用していたが、途中から米レイセオン社の担当によってCOTS化してしまった。1980年代半ばの時点でE-8Aが搭載していたのは、米ロームRolm社のホークHawkというコンピュータ×7台で、コンソールには米モトローラ社のMC68020を使用していた（処理能力1 MIPS＝秒間100万命令。ちなみにこの数字は、MacintoshIIが搭載していたMC68030/16MHzの半分にあたる）。

これを1988年に、米DEC社のVAX6200をレイセオン社が軍用に手直しした、モデル860に換装した（処理能力7.6MIPS）。その後、E-8AからE-8Cにアップグレードした際に、モデル860×3台の構成をモデル866（VAX6600の軍用版、処理能力56MIPS）×5台に変更している。

その後、1992年になって新たな能力向上構想が持ち上がり、レイセオン社製モデル920に変更した。ここでCPUがCOTS化されて、米DEC社（当時。後にコンパック社に買収され、さらにコンパック社がヒューレット・パッカード社と合併して現在に至る）のAlphaプロセッサを使用した。これで100MIPS分の処理能力が上乗せされたとされる。1999年に、コンパック社製AlphaServer GS-320に変更している。

オペレーティング・システムのCOTS化

ハードウェアの話だけでなく、オペレーティング・システムもCOTS化している。先に挙げたSMCS NGに限らず、Windowsで動作している軍用コンピュータは幾つもある。もちろん、Linuxや、あるいは各種のUNIX系オペレーティング・システムが動作している軍用コンピュータもたくさんある。

Windowsの使用例としては、米陸軍のFBCB2（Force XXI Battle Command Brigade and Below）やBFT（Blue Force Tracker）、米海兵隊のC2PC（Command and Control Personal Computer）、仏陸軍の戦闘管制システムTACTISなどがある。また、Linuxの使用例としては、米陸軍のFCS（Future Combat System）、米空軍の防空指揮管制システムBCS-F（Battle Control System-Fixed）、レイセオン社製のUAV管制用コンピュータTCS（Tactical Control System）、タレス・ネーデルランド社製の艦載指揮管制システムTACTICOSなどがある。

ちょっと脱線すると、そのTACTICOSもイージス戦闘システムのベースライン7.1と同様、複数のコンピュータをネットワーク化した分散処理型の構成を取っており、システムの中核に大きなコンピュータがデンと居座る形は止めている。

戦闘指揮装置とは関係ないが、コンピュータによる自動化を推進して乗組員を削減する"Smart Ship"という構想が、米海軍で1996年にスタートした（その後、名称を"Integrated Ships Control"と改めている）。これは、艦橋の運用、艦の状況把握、機関や燃料の制御、ダメージ・コントロール、艦内通信といった分野を合理化して人員削減を図るのが狙いで、まずタイコンデロガ級イージス巡洋艦を対象にして試験導入した。

ところが、"Smart Ship"の実験艦になったイージス巡洋艦、USSヨークタウン（Yorktown：CG-48）が、Windows NTベースのコンピュータを使った運用を行なっている最中にゼロ除算エラーに見舞われて、艦が一時的に機能停止して漂流する騒ぎを起こしたものだから、変なところで注目を集めてしまった。もちろん、実験で不具合が出るのは当たり前で、むしろどんどん出た方がいい。実運用に入ってからトラブルが出る方が困るのだ。

市販アプリケーション・ソフトの活用

真偽の程は不明だが、1991年の湾岸戦争の際に「ペルシア湾岸方面に展開した米軍からマイクロソフトのサポート担当窓口に、Multiplanの使い方についての問い合わせがあった」という話を小耳に挟んだことがある。もっとも、今の米軍でもMicrosoft Officeは標準ソフトウェアになっているから、そういうことがあっても不思議はなさそうだ。

実際、米軍では会議などのプレゼンテーションだけでなく、出撃前のブリーフィングまでMicrosoft PowerPointを活用している。以前ならスライドにして壁のスクリーンに映写していたものだが、今では大画面のディスプレイがついたパソコンとPowerPointがあれば用が足りる。もっとも、PowerPointに依存しすぎて、画像を大量に貼り付けた大容量データが行き交うことになり、ネットワークの負荷を増やしているという話もあるが。

また、米海軍では司令官に対する状況説明にPowerPointを使用する際に、さまざまなコンピュータに分散している情報を集めて、司令官に状況説明を行なうためのPowerPointスライドを作成するシステムを開発した。データを手作業でまとめてスライドに仕立てるのでは時間がかかってしまうが、マイクロソフトの.NET FrameworkとWebサービスを組み合わせて構築したIIDBT（Integrated Interactive Data Briefing Tool）により、自動的に収集したデータをPowerPointスライドにコピー＆ペーストすることで、最新のデータに基づく状況説明資料を迅速に作ってしまうというわけだ[11]。

このように、目的に適った機能を備えていれば、市販のアプリケーション・ソフトをそのまま軍用にしてしまう事例はたくさんある。なにもMicrosoft Officeに限らず、オラクルのデータベースも、SAPやオラクルのERP（Enterprise Resource Planning）ソフトウェアも、RSAセキュリティの暗号化ソフトウェアも、WindowsサーバのActive Directoryも、みんな軍用で使われている。パナソニックの「タフブック」が軍用に使われているからといって、「パソコン兵器だ、怪しからん。回収しろ！」などと目くじらを立てている場合ではない（笑）。

システムのオープン・アーキテクチャ化

こうしたCOTS化の流れと切り離せないのが、オープン・アーキテクチャという考え方だ。コンピュータの世界では、ハードウェアにもソフトウェアにもアーキテクチャという言葉があり、「システムの設計・構成」という意味がある。それと同義と考えてよいだろう。

手元のPCのことを考えてみよう。PCにさまざまな周辺機器を接続する際には、USB（Universal Serial Bus）を初めとする、さまざまなインターフェイスを使用する。これらは業界の標準規格で仕様が公開されているから、さまざまなメーカーが対応機器を製造できる。接続した周辺機器を利用するために必要なソフトウェアについても、マイクロソフトやアップルなどといった開発元が仕様を策定・公開しているので、それに則って開発すればよい。こうして、ユーザーは多様な周辺機器を活用できるし、それによって新しい機能を利用できる。

これと同様の考え方を軍用コンピュータに取り入れて、能力向上や新機能の追加を容易にしようというのが、オープン・アーキテクチャ化という考え方だ。ときどき

「OA」と略記されるが、Office Automationと紛らわしいので、本書ではオープン・アーキテクチャと書く。

オープンではないアーキテクチャの場合、ハードウェアでもソフトウェアでも独自規格で固めて、内容も固定的にしてしまう。そのため、後になって陳腐化した機能だけを新しいものと取り替えたり、新しい機能を追加したり、といった作業が難しい。ウェポン・システムの運用期間が長くなると、これでは具合が悪いので、長期的な運用を可能にして、その際に必要となる交換・追加を容易にしたいという考え方が、オープン・アーキテクチャ化の背景にある。

そうなると、軍用品と同様の機能を実現できる民間の公開規格・標準規格があれば、それを使ってしまえという発想も出てくる。

その典型例が、ネットワークで使用するデータ伝送用の通信規約（プロトコル）で、最近の軍用ネットワークでは、インターネットで使用しているものと同じTCP/IP（Transmission Control Protocol/Internet Protocol）を使用するものが増えている。TCP/IPを利用することで、インターネット上で用いられるTCP/IP用の機能、つまり電子メール・チャット・Webブラウズといった機能も、同様に利用可能になる。しかも、それを実現するためのソフトウェアも民生品を活用できる。

さらに、軍用ネットワークでは民間のネットワークに先んじて、新規格・IPv6（IP version 6）の導入が進んでいる。従来のIP（IPv4）は仕様の関係で、IPアドレスを割り当てられる数が限られている（つまり、接続可能な機器の数が限られる）。ところが、IPv6では接続可能な機器の数を天文学的に増加させているので、ネットワークに接続できる機器の数も劇的に増やすことができる。ネットワークにつないで通信するには、相手を識別するためのアドレス設定が不可欠だから、十分な数のアドレスを揃えられるかどうかは重要だ。

米軍に限った話ではなく、たとえばフランス海軍でも、IP通信網・RIFAN（Réseau IP de la Force Aéronavale）の開発計画を進めている。2010年5月に仏国防調達局（DGA）が、カシディアン（旧EADSディフェンス＆セキュリティ）、DCNS、ロード＆シュワルツの3社で構成するコンソーシアムに対して、詳細設計・開発・配備・初期サポートの契約を発注したところだ。

ネットワーク機器についても同様で、民間のコンピュータで用いられているものと同じ製品を多用するようになった。有線のネットワークであればイーサネットや非同期転送モード（ATM：Asynchronous Transfer Mode）、無線のネットワークであればIEEE802.11無線LANというわけだ。実際、イージス・システムではベースライン7から非同期転送モードを使用しているし、アーレイ・バーク級イージス駆逐艦の艦内ネットワークはギガビット・イーサネットへの更新が進められている。

また、イージス・システムそのものについても、タイコンデロガ級イージス巡洋艦「バンカーヒル」（CG-52）を皮切りに、同級とアーレイ・バーク級イージス駆逐艦について、今後10年ほどかけて全艦をイージス・オープン・アーキテクチャに更新する

計画になっている（アーレイ・バーク級の改修は2012年から）。現在は艦によって異なるベースラインのシステムを使用しているが、それを同一仕様に統一するとともに、将来の新技術導入やシステム改良を行ないやすくするのが狙いだ。

COTS品は陳腐化が早い

こうしてみると、COTS化、あるいはオープン・アーキテクチャ化はいいことずくめのようだが、実はそんなに単純な話でもなくて、従来とは異なる問題が出てくる点は認識しておきたい。

まず、COTS品は陳腐化が早い。先に取り上げたSMCS NGが典型例で、導入開始から導入終了までの4年間で、すでに仕様が変わってしまっている。Windowsは数年ごとにバージョンアップするし、CPUもどんどん世代が交代していくからだ。互換性は維持されているからシステムが使えなくなるわけではないが、異なる種類の製品が入り乱れる問題は残るし、古いスペアパーツの供給が途絶える問題もある。

そのため、COTS品では「最初に導入したものを最後まで使い続ける」という考え方は捨てて、定期的な換装・更新を最初から織り込んで、システムの設計を行なう必要がある。もちろん、導入後の管理・サポート体制も、同じ考え方に立脚しなければならない。

そうなると、オープン・アーキテクチャ化とCOTS化は必然的にワンセットになる。ハードウェアでもソフトウェアでも自由に入れ替えが効くようにしておかなければ、陳腐化したハードウェアを最新のものと入れ替える、あるいは問題が見つかったソフトウェアを更新する、新しい機能を実現するハードウェアやソフトウェアを追加する、といった作業が難しくなってしまうからだ。

また、オープン・アーキテクチャ化して組み合わせの自由度を持たせるということは、異なるシステムを組み合わせたときのすり合わせ、つまりシステム・インテグレーションに関する研究とノウハウも重要になるということを意味する。ありていにいえば「相性問題への対処」という話になる。PCを使い込んだ方なら経験があると思うが、ちゃんと動くはずの周辺機器やソフトウェアがトラブルを起こして、「これは相性だな」といわれることがある。そんな事態を回避するためのノウハウが必要という話だ。

COTS化と武器輸出管理

また、政治的観点からすると、COTS品の利用拡大は武器輸出規制を難しくする。軍用品と民生品の境界が曖昧になるからだ。すでに、民生品のつもりで輸出したものが輸出先で兵器に転用される事態は、IT分野に限らず、あちこちで多発している。

有名な例としては、日本製の四輪駆動車やピックアップトラックがある。先に挙げ

た頑丈ノートPC・タフブックもそうだし、ゲーム機PlayStationのコントローラが地雷処理機材のコントローラに化けた事例もある。PlayStation 3で用いられているCellプロセッサとAMD製のOpteronプロセッサを大量に組み合わせて、核実験のシミュレーションに使用するスーパーコンピュータ・Roadrunnerを作ってしまった事例もある。

最近では、携帯電話機や携帯音楽プレーヤーを活用する事例もある。それについては第9章①にある「民生用のPDAやスマートフォンを個人向け端末機器に」の項を参照していただきたい。

ところで、こうした民生用ハイテク製品は悪用も可能だ。有名な事例としては、IED（Improvised Explosive Device）を無線でリモコン起爆させるために、携帯電話を改造して使用している事例がある。こうした無線起爆式IEDのことをRCIED（Radio Controlled IED）といい、それを妨害して起爆不可能にするのが、JCREW（Joint Counter RCIED Electronic Warfare）やウォーロックなどといったIEDジャマーだ。

今後も、民生品のつもりで輸出したものがいつの間にか軍事転用されて問題化する事例は、増えることはあっても減ることはないだろう。

第 4 章

軍用ITを支える コンピュータと 関連技術

　この章では、軍用ITの中核となるコンピュータについて取り上げよう。コンピュータがないと飛行機のエンジンをかけることもできない昨今だが、コンピュータを使うと何ができるか、どういったメリット・デメリットがあるか、といった点については、案外と解説されていない。そこで、コンピュータとウェポン・システムの関わりについて、基本の部分から説き起こしてみようと思う次第だ。

❶ コンピュータとソース コードとインターフェイス

コンピュータでできること

　日本では、コンピュータのことを「電子計算機」と訳す。では、コンピュータとは計算を行なうための機械かというと、それは定義が狭い。コンピュータとは、プログラムによって指示された内容に合わせて、さまざまな機能を提供する機械であり、その機能のひとつとして計算処理がある、というのが正しい見方だろう。

　たとえば、火砲の射撃指揮について考えてみよう。火砲を使って遠方にある目標に弾を撃ち込み、破壊するためには、砲を指向する向きと俯仰角、それと使用する弾や装薬に関する情報が必要になる。どちらの方位の、どれくらい離れたところにある目標を狙うかで、これらの要素が変動する。方位と距離が同じでも、使用する弾の種類が変われば重さや空気抵抗が変わり、飛距離に影響が出る。装薬の数が変動した場合にも、飛距離に影響が出る。飛距離が変われば、俯仰角を変えなければならない。

　こういった諸元を当て推量で設定したのでは、弾がなかなか当たらない。迅速かつ精確な射撃を行なうには、目標の方位と距離、使用する弾と装薬の種類を指定するだけで、砲身を指向する向きと俯仰角を算定できるように計算する必要がある。

　昔であれば、これは機械仕掛けによって計算していた。軍艦が装備していた射撃盤が典型例で、これは歯車を用いた一種の機械式計算機だ。また、軍艦では複数の砲を同一の目標に指向して一斉に砲撃する必要があるため、複数の砲を統一指揮する手段として方位盤が用いられるようになった。

　ただし、この方法には問題がある。まず、機械式計算機だから、使っているうちに摩耗したりガタが来たりして、精度が悪化する。また、軍艦では射撃盤が算出した砲の向きに関する情報を針の動きとして各砲塔に伝えるが、砲塔の側で針の動きに追従する部分は人力作業になる。追従に失敗すると、砲手が引き金を引いても弾が出ない。

　こうした問題は、機械的に計算・動作を行なっていることに起因している。コンピュータであれば、計算処理だけでなく、砲を指向する向きについても電気信号の形で指令を出して、自動的に狙った方向を指向させることができ、その分だけ迅速・確実な射撃指揮が可能になる。それに、コンピュータは電子的に処理を行なうから、使っているうちに摩耗したりガタが来たりといった問題はない。また、後述するようにコンピュータはソフトウェアによって動作内容を決めるから、計算の方法を改良すると

きに中身をまるごと作り直す必要はなく、ソフトウェアを更新するだけでよい。コンピュータ化による隠れたメリットだ。

これはほんの一例だが、機械とコンピュータの対比という見地からすると、分かりやすい事例だと思う。

コンピュータと高級言語とソースコード

ときどき、「コンピュータを導入すれば、それで必要な仕事ができる」と勘違いされることがあるようだが、実際には、「コンピュータ、ソフトウェアがなければただの箱」である。そして、コンピュータはソフトウェアで命令された通りの仕事しかできない。

そこで問題になるのが、アルゴリズムとソースコードということになる。ソースコードについては、三菱F-2支援戦闘機のFBW、あるいはF-35ライトニングIIのソースコード開示問題、といった形で話題になったことがあるので、言葉ぐらいは耳にしたことがあるだろう。

コンピュータの中核となる処理装置、いわゆるCPU（Central Processing Unit）には、さまざまな設計のものがある。これは、市販のパソコンのことを考えれば理解しやすい。その設計内容によって、与えることができる命令の種類に違いがある。CPUが直接解釈できる形の命令のことを機械語というが、これを人間が直接記述するのは難しい。

そこで、機械語と比べると分かりやすい形でプログラムを記述するようになった。その際に用いるのが高級言語と呼ばれる各種のプログラム言語で、BASIC、C、C++、C#、Java、Pascal、Ada、COBOL、FORTLANなど、実にさまざまな種類がある。プログラム言語によって設計思想が異なり、得手・不得手もある。また、それぞれの言語を扱える開発者の人口にも違いがある。

たとえば、C++やJavaは民生用のコンピュータでもメジャーなプログラム言語だから、開発者は多い。最近は軍用でもC++を利用する事例が出てきており、その一例としてF-35がある。逆に、Adaはほとんど軍事専用といっていい言語だから、開発者は多くない。Ada以外の軍用言語としては、CMS-2、SPL/1、TACPOL、Jovial J3などがある。

ともあれ、こうした高級言語で記述したプログラムのことを「ソースコード」という。ただし、それをそのままCPUが解釈することはできないので、コンパイルと呼ばれる操作を行なって機械語に変換する。コンパイルを行なうソフトウェアのことをコンパイラといい、CPUの種類ごとに存在する。多くの場合、同じソースコードでコンパイラを使い分けることで、異なる種類のCPUに対応できる（もちろん例外もある）。だから、CPUの種類が変わったけれども同じソフトウェアを実行したい、というときには再コンパイルの作業が必要になる。

もっとも、異なる種類のCPUでも、ソフトウェアの互換性を維持するために、わざと同じ命令が通用するように設計することもあり、インテルやAMDのPC用CPUが典型例といえる。インテル製品を例にとると、昔のPentium・PentiumⅡ・PentiumⅢあたりの時代に作成したソフトウェアは、今のCore iシリーズでも動作させることができる。同じ機械語を実行できるように設計してあるからだ。

ソースコードとバージョン管理

現代のウェポン・システムは膨大な分量のソースコードによって支えられているが、それを一人の開発者がすべて担当することはできないし、その開発者がいなくなった途端に不具合の対処や機能強化ができなくなっても困る。そのため、この種の大規模ソフトウェア開発では、ソースコードの管理が重要な問題になる。具体的には、「誰が見ても内容が分かるコードを書く」「コードの更新・追加・削除があったときに、そのことを記録した上で、いつでも元に戻せるようにする」という課題を実現しなければならない。

まず、「誰が見ても内容が分かるコードを書く」。どんな高級言語でもそうだが、コメントを書く仕組みがある。それはなぜかというと、「この部分のコードは〇〇機能を担当するもので、△△という仕組みを使い、××という考え方に基づいて記述した」といった類の情報を、ソースコードの中に入れておけるようにする必要があるからだ。こうした情報があれば、そのソースコードを後から別の誰かが見たときでも、内容や意味を理解するのが容易になる。途中で、あるいは開発完了後に担当者が交代する可能性があるから、こうした配慮は必須のものとなる。さらに、特定の人しか意味が分からないような、トリッキーな手法を用いないことも重要になる。

もうひとつの課題が、「コードの更新・追加・削除があったときに、そのことを記録した上で、いつでも元に戻せるようにする」だ。不具合（バグ）が見つかったり新しい機能を追加したりといった理由から、ソースコードの内容を改める可能性があるからだ。しかも、ソースコードを多数の開発者が分担記述するのであれば、いつ、誰が、どこに、どんな変更を加えたのかを追跡できるようになっていないと困る。

意外に思われるかもしれないが、ソフトウェアの開発とテストの過程では、「直し壊す」という現象が起きることがある。ある不具合を直すためにソースコードを変更したら、別のところで不具合が出てしまった、といった類の話だ。また、単に問題を直すだけでも、どこをどう変更して直したのかを、後から追跡できるようになっている方が好ましい。さらに、同じソースコードを同時に複数の開発者が変更してしまい、「衝突」が発生すると厄介なことになる。

そのため、大規模なソフトウェア開発の現場では、「バージョン管理システム」というものを使う。ソースコードを保管しておいて、更新・追加・削除の記録を残すとともに、同時に複数の開発者が同じコードをいじらないようにするためのシステムだ。

大規模ソフトウェアのソースコードといっても、たとえばF-35で使用する2,200万行のソースコードがひとつのファイルにまとまっているわけではなく、目的別・機能別に細分化された、多数のソースコードの集合体になっている。それをまとめてバージョン管理システムに保管しておく。機能の追加に伴って新しいコードを記述したら、それをバージョン管理システムに追加登録する。

そして、テストによって不具合が見つかったら、開発責任者が担当の開発者に修正の指示を出し、それを受けた開発者はバージョン管理システムから該当するソースコードを「チェックアウト」する。チェックアウトしたソースコードはロックされて、他の開発者は変更できなくなる。こうすることで、同時に複数の開発者が同じソースコードをいじる問題を排除する。もちろん、いつ、誰がどのコードをチェックアウトしたのかはシステムに記録される。

不具合の修正ができたと確認したら、開発者は該当するソースコードを「チェックイン」する。これでロックが解除されるとともに、チェックアウト前のソースコードと置き換えられる。こちらもシステムに記録を残す。その際に、チェックアウト前のソースコードも保管しておき、いつでも元に戻せるようにする。さらに、どこに変更が加わったのかを確認できるように、新旧比較の機能も提供する。

こうすることで、いつ、誰が、どのソースコードにどんな変更を加えたのかを、後から容易に把握できるようにする。ソフトウェアの開発では、こうした仕組みが必須のものになっている。

ちなみに、F-35計画ではソフトウェア開発者向けに「ソースコード記述のガイドライン」というものを配布している。それを調べてみると、ソースコードを記述する際に遵守しなければならないルールについて、細々と規定している。具体的な要求としては、「特定の開発環境に依存しないこと」「保守性やテストのしやすさに配慮すること」「作成したプログラムを再利用しやすくすること」「記述したソースコードの可読性に配慮すること」（先に書いたコメント記述などの話だ）といったものが挙げられている。

個人が趣味で作成するソフトウェアなら「自分だけ分かっていればOK」という考え方でも許されるが、仕事として大規模なソフトウェアを開発するときには、後々のことまで考えなければならないのだ。

なお、ソースコードの管理だけでなく、仕様書やバグ情報についても同じことがいえる。これもまた担当者が個別に・バラバラに管理するのではなく、一ヵ所に集中した上で、追加・削除・変更の履歴を追跡できるようにしておかなければならない。バグについていえば、個々のバグごとに、内容、修正を割り当てた/割り当てられた担当者、修正の履歴、といった項目を確認できるようにしておく必要がある。昔であれば、バグが見つかる度に報告書に書いて回すようなやり方でも通用したが、現在ではネットワーク化したバグ管理用データベースが必須だ。

もっとも、商用のソフトウェア開発ツールが充実してきていることから、こうした

機能は市販のソフトウェア開発者向けツールでも事足りる場合が多い。史上最大級の規模を持つソースコードを記述しなければならないF-35計画ですら、そうなっている[12]。

ソースコードとアルゴリズム

では、ソースコードを記述してコンパイルすれば、コンピュータで実行するソフトウェアができるという理解でよいのか。確かにその通り。ただし、その「ソースコードを記述する」という部分で、今度はアルゴリズムという話が関わってくる。

アルゴリズムとは、ソースコードを記述する際に「どういう理屈に基づいて、どういう場面でどういう処理をするか」という考え方をまとめたものだ。たとえば、イージス戦闘システムみたいな対空戦闘システムのソースコードを記述する場面について考えてみよう。

対空戦闘システムでは、レーダーから情報を受け取って、以下のような処理を行なう。

・レーダーで捕捉した目標を追跡する
・追跡している目標の中から、脅威度が高いものを選り分ける
・脅威度が高い順番に優先順位を設定する
・優先順位が高い順に武器の割り当てを行なう
・割り当てた武器に対して、的針・的速などのデータを送る

ここから先は、割り当てを受けた武器の射撃管制システムが担当する仕事になる。そこまで書いてもよいのだが、話が長くなってしまうので割愛する。

さて。レーダーで捕捉した目標を追跡する。これは、レーダーがちゃんと機能していれば実現できる。問題は、「脅威判定」と「優先順位の設定」だ。どんな動きをしている目標の脅威度が高いか/低いか、どの目標の優先度が高いか/低いか、それを判断するには、判断基準となる考え方や材料が要る。

単純に考えれば、自艦の方に向かってくるものは、遠ざかるものよりも脅威度が高いだろう。また、距離が近い方が、遠いよりも脅威度が高い。距離だけでなく速度も問題で、速度が速い方が脅威度が高い。となると、最初は遠くにいる目標でも、近くにいる目標よりも速度が高ければ、そちらの方が脅威度が高い可能性がある。自艦に向かってくる目標だけでなく、空母のようなHVU（High Value Unit）に向かっている目標も脅威度が高いと判断しなければならない。

といった具合に、脅威度を判断するための条件や、比較のための基準となる値を決めなければ、脅威判定を行なうソフトウェアは書けない。その「条件」とか「値」とか「考え方」とかいったものが、すなわちアルゴリズムである。

脅威判定だけでなく、優先度の設定や武器の割り当てについても同じように、「条件」とか「値」とか「考え方」とかいったものが必要になる。対空目標なら対空用の武器を割り当てなければならないから、脅威判定や優先度の判断結果に加えて、手元にあって使える武器の数・状況も考慮する必要がある。艦対空ミサイル発射器が2基しかないのに、目標を4つも5つも割り当てたところで、要撃しきれない。

　さらにややこしいことに、脅威判定でも優先度の設定でも武器の割り当てでも、その内容は最初に決めたら固定できるわけではなく、継続的に評価して、必要に応じて見直さなければならない。目標が針路や速力を急に変えてくるかも知れないし、それまで存在しなかった目標が急に出現するかも知れない。逆に、他の艦や航空機が要撃して、追跡していた目標が消えてなくなるかも知れない。こういった、諸々の条件判断などの考え方をまとめてアルゴリズムとして体系化しなければ、ソースコードを書くことはできない。

　そして、実際の運用経験をフィードバックする形でアルゴリズムを改善する作業も必要になる。いいかえれば、同じハードウェアのままでも、そこで動作するコンピュータのソースコード、あるいはそれを記述するためのアルゴリズムを熟成していくことで、問題を解決したり、新しい機能を追加したりできる。それには、運用経験の蓄積がものをいう。

ソースコードの開示が問題になる理由

　機械の場合、アルゴリズムに相当する部分は、機械の設計に直接反映される。先に引き合いに出した射撃盤であれば、計算に用いる歯車の組み合わせ、あるいは歯車の歯数比、といった部分には、射撃指揮に際しての考え方が反映される。だから、計算の方法を改善しようとすれば、全部作り直しだ。その代わり、モノは目の前に存在するから、それを複製すれば、同じアルゴリズムで動作する機械ができる。

　ところがコンピュータの場合、ハードウェアが同じでも動作内容はソフトウェア次第だから、そのソフトウェアのベースとなるソースコードを見なければ、どういう考え方に基づいて、どういう動作をするのかは、さっぱり分からない。

　また、ハードウェアの処理能力がいくら優れていても、そこで動作するソフトウェアが出来損ないだと、優れた仕事はできない。優れたソフトウェアを記述できるかどうかは、運用経験の蓄積と、それを反映させたアルゴリズム次第だ。同じ処理を行なうソースコードでも、コードの内容によって、能率や処理速度の良し悪しは違ってくる。

　こうした事情があるため、ソースコードと、そのソースコードを記述する際の前提となるアルゴリズムは、開発する側にしてみれば、ノウハウの固まりといえる。そのソースコードを他者に開示するということは、相手にノウハウをさらけ出すということに通じる。だから、F-2やF-35で問題になったように、ソースコードの開示を渋る

事例も出てくる。もっとも、ソースコードの開示を渋った結果として相手が独力でソフトウェアを開発するよう迫られて、結果的にノウハウを身につけてしまう、ということも起こり得るのだから、話は単純ではないが。

なお、ソースコードといってもひとつではない。たとえば戦闘機であれば、機体を飛ばすために必要なFBW、エンジンを制御するためのFADEC、ミッション・コンピュータを動作させるためのOFP、電子戦システム、通信・航法システムなど、用途別にそれぞれコンピュータがあり、用途に合った内容のソースコードを必要とする。だから、単に「F-2のソースコードは……」あるいは「F-35のソースコードは……」というだけでは対象が不明確、意味不明な話になってしまう。

ソフトウェアの実行環境

前述したように、ソースコードで書かれているのは高級言語によるプログラムであり、実際にはそれを、コンピュータが解釈・実行できる形にする必要がある。

ところが、ソフトウェアが直接ハードウェアを操作する形を取ると、ハードウェアが変わったときにはソフトウェアも作り直しになってしまう。少なくとも、コンパイルし直す作業は必須となる。しかも、ソフトウェアとハードウェアがあまりにも緊密だと、ちょっとしたことで互換性の問題を発生させやすい。

そのため、ハードウェアとソフトウェアを仲介する、PCでいうところのオペレーティング・システムが必要になる。ハードウェアが違っていても、そのオペレーティング・システムにあたる部分が共通であれば、ソフトウェアはオペレーティング・システムが持つ機能を呼び出す形で記述しておけばよい。そして、オペレーティング・システムがハードウェアとやりとりする形になる。なにも軍用のコンピュータに限らず、このように中間に入る機能が増えて細分化される傾向にあるのは、民生用のPCでも同じだ。

そうした、オペレーティング・システムに相当する機能のことを、軍用コンピュータの世界では「コンピュータ・システム共通運用基盤（COE：Common Operating Environment）」と呼ぶ。米陸軍で開発していたFCSでは、SOSCOE（System of Systems Common Operating Environment）と呼んでいるが、考え方は同じだ。もちろん、使用するコンピュータのCPUなどが変われば、COE、あるいはSOSCOEはそれに合わせて作り直す必要があるが、その上で動作するソフトウェアまでまるごと影響を受けるわけではない。だからこそ「共通」運用基盤という。

インターフェイスとプロトコル

ここまでは、コンピュータの中身の話だ。実際には、コンピュータは処理を行なうだけの機械だから、他のシステムとの間でデータをやりとりしながら動作する必要が

ある。

　たとえば、指揮管制や射撃指揮であれば、レーダー・ソナー・光学センサー・赤外線センサーなど、さまざまな種類のセンサーから情報を取り込む必要がある。逆に、武器の割り当てや射撃指揮を行なうには、ミサイルや砲などに対してデータや指示を送り出す必要がある。ということは、センサーや武器といった相手とコンピュータの間で、"会話"ができなければならない。

　そこで、インターフェイスやプロトコルといった話が関わってくる。一般的には電気信号、最近だと光ファイバーを使用することもあるだろうが、いずれにしても、単に「線をつなげば情報が伝わる」という話にはならない。その線を使って、情報をどういう形で伝達するかを取り決めておかなければならない。

　たとえば、指揮管制装置がレーダーから情報を受け取るのであれば、目標の方位・高度・距離に関する情報が必要になる。複数の目標を同時に扱うのであれば、それぞれの目標を識別するための番号、あるいはそれに類する何かが必要になるはずだ。すると、そういった情報を電気信号に載せて運ぶ際に、信号線は何本要るのか、電圧や電流の値はどの程度にするのか、ケーブルやコネクタの仕様はどうするのか、という話を決める必要がある。これがインターフェイスの話になる。

　さらに、そうやって規定したインターフェイスを使って、情報をどういう形で記述するかも決める必要がある。電圧・電流・周波数のうち、どれを変化させるのか。変化させるとして、値と変化量の対応はどうするのか。また、ひとつのインターフェイスに複数の機器を接続する場合には、通信相手の機器を識別する仕組みも必要になる（LANやインターネットでは、そうした仕組みが必須だ）。

　こういった、情報をやりとりする規約のことをプロトコルという。ソフトウェアを開発するだけでなく、機器と情報をやりとりするためのインターフェイスとプロトコルの仕様も決めておかなければ、コンピュータが仕事をすることはできない。外交で使用する議定書のこともプロトコルというが、それとちょっと似ている。

❷ 集中処理と分散処理

今でこそ、コンピュータは極めて安価な製品になったが、昔は事情が違った。しかも、半導体などの技術が未熟だったから、大柄で消費電力も大きい。そのため、各自の机の上に専用のコンピュータを置くなんて夢のまた夢、という時代が長かった。これは民生品でも軍用品でも同じことだ。

だから、かつての基本的な考え方は集中処理だった。つまり、メインフレームに端末機がたくさんぶら下がった状態と同じで、航空機や軍艦の中心部にコンピュータを1台据えて、それがすべての処理を司る形を取っていた。それ故に「セントラルコンピュータ」なんていう用語ができる。

ところが、この方法は抗堪性という観点から見ると難点がある。1台しかないコンピュータがダウンしたり、あるいは破壊されたりすると、それだけで全体が機能を停止してしまうからだ。これはコンピュータ・ネットワークにもいえることで、かつてのパソコン通信サービスみたいにすべてのユーザーが同じホスト（サービスを提供するコンピュータのこと）を共有する形だと、そのホストがダウンしたときにはサービスが全滅する。

実は、DARPAがインターネットの原型となるネットワークの開発に乗り出した背景にも、同じ懸念があった。1台のコンピュータにすべてが集中する形態では抗堪性に問題があるが、複数のコンピュータがバラバラに存在して、処理を分担する形になっていれば、一撃で全滅する可能性が低くなるから抗堪性が高くなる。そこで、それを具現化するネットワークを作ろうということで実験を始めたのが、今のインターネットの起源となるARPANETである。

コンピュータのダウンサイジング

1980年代の半ばぐらいからだろうか、コンピュータ業界で「ダウンサイジング」が流行語になった。つまり、以前よりもコンピュータを小型にしましょうというわけだ。それを後押ししたのがPC、すなわちパーソナル・コンピュータの普及と低価格化であることは論を待たない。

民間でPCが普及するようになると、市場が大きくなり、需要が増える。そこで、低価格化が進み、さらに性能向上のペースも上がる。後は同じサイクルの繰り返しだ。「ムーアの法則」、つまり「ひとつのLSIに集積できるトランジスタの数は、18ヵ月ご

とに2倍になる」なんてことがいわれたが、それはすなわち、複雑な回路をひとつのLSIにまとめることができて、高性能化と価格低下を両立させられるという意味になる。

そもそも、コンピュータはソフトウェア次第でさまざまな用途に化ける機械だから、本質的に軍用と民生用の垣根はない。したがって、民生用のコンピュータで技術の進歩がどんどん進めば、それは軍用のコンピュータにも影響する。そのため、軍用コンピュータの世界でも民生用のコンピュータと同様、小型化と高性能化が進むことになる。

さらに、ネットワークの技術が進歩したことで、複数のコンピュータをネットワークにつなぎ、互いに情報をやりとりしながら仕事をする形態も実現可能になった。それが、前述した分散処理システムだ。

データバスはウェポン・システムのバックボーン

分散処理システムでは、複数のコンピュータが互いに通信する必要がある。そこで、「データバス」というものが必要になる。バス、英語のスペルはbusだが、乗合自動車のことではなくて、母線という意味になる。以下の図を御覧いただきたい。

つまり、データバスがすべてのシステムを結ぶ幹線となり、レーダー、射撃管制システム、ミッション・コンピュータ、電子戦装置、兵装管制、といった個別機能を担当する機器をぶら下げる形になる。そのデータバスを通じて、相互にデータや指令をやり取りする形をとれば、一撃ですべての機能が全滅する可能性は低くなる。ただし、データバスがやられてしまったのでは話にならないので、データバス自体も多重化する必要がある。

たとえば、艦艇を例にとると、艦対空ミサイル、対艦ミサイルや巡航ミサイル、砲や機関砲、対潜魚雷、対空捜索レーダー、対水上レーダー、電子光学センサー、ソナー、指揮管制装置といった、さまざまな兵装やセンサーがそれぞれ、自己の機能を司るコンピュータを備える。そして、それらが互いにネットワークを通じてデータをやり取りしながら、ひとつの戦闘単位として機能する。

実際、兵器の話ではないが、最近の鉄道車両の中には同様の考え方を取り入れたものがある。編成全体に多重化したデータバスを通して、さまざまな機器をそこにぶら下げることで配線の集約化・シンプル化を図っているのだ。その分だけ機器構成が単純になるし、設置する電線の数が減ってコストダウンと軽量化につながる。

ここまでは単一のプラットフォームの中で完結する話だが、異なるプラットフォーム同士の

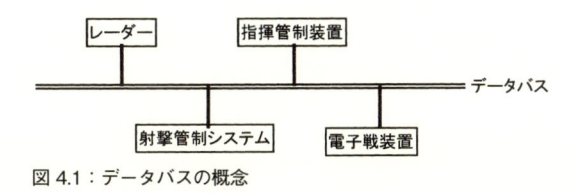

図4.1：データバスの概念

情報交換については、データリンクを使用する。それについては第7章で詳しく解説しよう。

米軍規格のデータバスいろいろ

アメリカ製の軍用機を例にとると、米軍における各種の標準規格を規定しているMil Spec（Military Specification）の中で、MIL-STD-1553Bというデジタル・データバスについて規定している。そして、機体が搭載しているコンピュータやその他の各種サブシステムは、このMIL-STD-1553Bデータバスを介して、互いに情報をやり取りする仕組みだ。つまり、MIL-STD-1553Bは、いわばPC同士を結ぶLANの規格みたいなものだ。

それに加えて、兵装と接続してデータをやり取りするためのデータバスもある。典型例がMIL-STD-1760で、これはJDAMやJSOWなどのGPS誘導機能を備えた兵装に対して、必要な目標データを送り込むために規定したデータバスだ。だから、JDAMやJSOWのようなGPS誘導兵装を運用するには、兵装架のところまでMIL-STD-1760の配線をひいておく必要がある。

同じような事例として、AH-64Dアパッチ・ロングボウ攻撃ヘリがヘルファイア対戦車ミサイルを搭載する際に使用する、M299ミサイル発射器がある。これはMIL-STD-1768データバスの配線を備えており、レーダー誘導型ヘルファイア対戦車ミサイルに対して、このデータバスを介して必要なデータを送り込むようになっている。

乱暴な言い方をすれば、MIL-STD-1760やMIL-TD-1768は、PCに周辺機器を接続する際に使用するインターフェイス、つまりUSBやIEEE1394みたいなものだ。

❸ 軍用のコンピュータ・システムに求められる条件

振動・衝撃・EMPなどへの対処は必須

といったところで、軍用のコンピュータに求められる条件についてまとめておこう。

分かりやすいところでは、堅牢性・耐衝撃性や、核爆発の際に発生する電磁パルス（EMP）への対策が挙げられる。「娑婆」とは運用環境が違うので、衝撃・振動・傾斜、あるいは核爆発や電子戦に起因する電磁波によって、簡単に動作障害を起こしたのでは困る。ただし最近では、使用する半導体やその他のパーツは民生品を活用して、それをプラットフォームに装備する段階で、振動・衝撃・EMPなどへの対策などを取り入れる場合が多くなっている。業界用語でいうと、「実装で工夫する」というやつだ。

たとえば、米海軍の新型水上戦闘艦・ズムウォルト級では、レイセオン社がEME（Electronic Modular Enclosure）と呼ばれる電子機器搭載用ラックを開発している。ひとつのサイズが35フィート×12フィート×8フィート（L×W×H）、衝撃・振動・電磁波などへの対策や温度管理機構を組み込んだモジュールに民生品ベースの電子機器を収めて、それをEMEのラックに搭載する仕組み。ひとつのEMEに235個のモジュールを搭載でき、そのEMEを1隻につき16基設置する。だから、機器の交換もモジュール単位で行なうことになる。

何も軍用のコンピュータに話を限らなくても、民生品でも似たような事例がある。パナソニックの「タフブック」やNECの「シールドプロ」といった、頑丈系ノートPCがそれだ。使用しているCPUやドライブなどは他のノートPCと基本的に同じだが、匡体に工夫をして耐衝撃構造を取り入れたり、あるいは内部に水分や埃が侵入しないように防塵・防滴構造にしたり、といった工夫によって、落としても水を浴びても壊れないノートPCを実現している。

また、軍用品ではリアルタイム性の要求にも違いがある。さまざまな処理が積み重なり、順番に処理することになったときに、後回しになった処理がいつ実行されるか分からないのでは困る。「100ミリ秒後に実行せよ」と指示した処理は、ちゃんと100ミリ秒後に実行してくれないと困る。特に武器管制の分野では、こうした問題が大きい。

最近ではCPUの処理能力が飛躍的に上昇しているので、望むタイミングよりも実

行が遅れることは滅多になく、問題にならない、という考え方もある。しかし、それは「遅れない」というだけの話であって「リアルタイムの処理」とは異なる。指定した通りのタイミングで動いてくれるようにするには、そのための仕掛けが必要になる。

このほか、セキュリティ対策や低消費電力・低発熱といった条件もあるが、これは民生品でも程度の差はあれ要求されるものだから、軍用品に固有の要求とはいえない。

相互運用性と相互接続性

ウェポン・システムのコンピュータ化が進むにつれて問題になってきたのが、相互運用性（interoperability）や相互接続性（interconnectivity）だ。しばしば使われる言葉だが、意味をちゃんと説明しないで用いられることも少なくないので、ここでキッチリ定義しておこう。

まず「相互接続性」だが、これは異なる機器やシステム同士をネットワーク経由で、あるいは直接つないだ状態で、データや指令のやりとりができる状態、と定義することができる。先にインターフェイスやプロトコルの話をしたが、これらが双方の機器、あるいはシステムで一致していなければ、相互運用性は実現できない。PCに周辺機器を接続するのに、IEEE1394インターフェイスにUSB対応の機器を接続しようとすれば、これは相互接続性がない一例となる。また、コネクタの形状が同じでも、電気的特性や通信の手順・仕様が異なれば、やはり相互接続は実現できない。

一方、「相互運用性」とは、異なる機器やシステム同士をネットワーク経由で、あるいは直接つないだ状態で、果たすべき機能を正常に実現できる状態、と定義することができる。つまり、データや指令をやりとりするだけでなく、それによって対空戦、対潜戦、あるいは意志決定の支援などといった機能が正常に動作すること、という意味になる。

だから、相互運用性を実現するには、前提条件として相互接続性が実現できていなければならない。逆に、相互接続性を実現していても、相互運用性まで実現できているとは限らない。

これだけだと分かりにくいので、インターネットの電子メールに例えてみよう。インターネットでは、さまざまなオペレーティング・システムを用いるコンピュータが接続していて、そこで電子メールをやりとりするためのソフトウェアにもさまざまな種類がある。しかし、電子メールをやりとりするための決めごと（プロトコル）は同じものを使用しているから、電子メールのやりとり自体はできる。つまり、相互接続性は実現できている。

ところが実際に電子メールをやりとりしてみると、受け取ったメッセージが文字化けしていて読めなかったり、添付して送ったファイルを取り出せなかったりすることがある。これでは電子メールとしての機能を果たせているとはいえない。つまり、相互接続性は実現できているが、相互運用性は実現できていない状態といえる。実際、

異なる種類の電子メールソフト同士でメッセージをやりとりすると、ときどき、こういうトラブルが起きる。

同じことが、ウェポン・システムの世界にもいえる。無線通信でもデータリンクでもデータバスでも、まず相互接続性を実現しなければ、自国内、あるいは同盟国同士の共同作戦で支障をきたす。ところが、実際には相互接続性だけでは不十分で、接続によって実現したシステム全体が意図した通りに機能しなければならない。

たとえば、航空自衛隊の戦闘機が米空軍のAWACS機からデータリンク経由で情報を受け取ろうとした場合、双方で同じデータリンク機器、たとえばLink 16用のターミナルを搭載する必要がある。それはJTIDSターミナルかも知れないし、MIDSターミナルかも知れない。しかし、JTIDSターミナルでもMIDSターミナルでも、使用しているインターフェイスやプロトコルは同じだから、これらは相互接続できる。また、やりとりする情報についてもJシリーズ・メッセージという形で規定があるので、それに合わせて記述したデータならやりとりできる。

ところが、受け取ったデータを扱うミッション・コンピュータが、そのJシリーズ・メッセージを正しく解釈して処理しなければ、受け取ったデータは宝の持ち腐れになる。敵の所在に関する座標の情報を間違って解釈してしまい、戦闘機を間違った場所に誘導するようでは、相互運用性があるとはいえない。

射撃管制用のコンピュータ、あるいは爆撃コンピュータでも事情は同じだ。こうしたコンピュータは、取り扱う可能性がある兵装のことを知っておかなければならない。用途、誘導方式、射程、飛行特性、といったデータが分からなければ、弾道や飛翔経路を計算できない。発射の際に兵装にデータや指令を送り込む際にも、相互接続性や相互運用性を実現できていなければ、兵装は明後日の方に飛んで行ってしまう。

こうした問題を事前にいぶりだして解決するため、米軍では毎年、CWID（Coalition Warrior Interoperability Demonstration）というイベントを実施している。実戦を想定した演習シナリオの中にさまざまな機材を持ち込んで、相互運用性について実地検証を行なうのが目的だ。そこに、メーカーが開発中の機材を持ち込むことがよくある。また、ノースロップ・グラマン社では、データリンク機器の相互接続性をシミュレーションによって検証するため、TIGER（Tactical Data Link Integration Exerciser）という製品を用意している。

イギリスでは、軍とメーカーが共同で、ネットワーク環境を主体とする実証実験の場としてNITEworks（Network Integration Test and Experimentation Works）を運営している。これは、イラク戦争の際に米軍から借りて使用したFBCB2を使いこなせなかったという反省から、ネットワーク環境における実証実験や問題解決を図るための仕組みを設けたもの。単に軍の施設だけでなく、民間企業が持つシミュレーション施設や米軍のシミュレーション施設などともネットワークをつなぎ、さまざまな実験を行なえる体制を整えている。

これはもともと、2003年にBAEシステムズ社のBMEC（Battle Management

Evaluation Centre)が中心になって2003年7月に設置したもので、3年間の評価フェーズに続いて本格運用に移行した。EADS社、EDS社、ゼネラル・ダイナミクス社、LogicaCMG社、MBDA社、QinetiQ社、レイセオン社、タレス社、ノースロップ・グラマン社など、大手の防衛関連メーカーが参画している[13][14][15]。NITEworksでは、軍の部門やメーカーから課題・提案を集めて、その中からどれを採用するかを決定した上で、必要なら予算をとって、実験や実証を行なう形をとっている。

そして、米軍のMIL規格、あるいはNATOのSTANAG（Standardization Agreement）といった形で標準化仕様を規定することで、同盟国同士で相互接続性や相互運用性を確保できるようにしている。

インターフェイスがないと兵装を投下できない

昔の戦闘機や爆撃機であれば、兵装架のラックの寸法さえ合っていれば、適当に兵装を積み込んで発進することも不可能ではなかった。しかし現在では機体側のコンピュータと兵装が"会話"できないといけないから、相互接続性と相互運用性が実現されていることは絶対条件になる。

たとえば、データバスの話で引き合いに出したJDAMやJSOWといったJシリーズ兵装はGPS誘導だから、投下の際に目標の緯度・経度を入力する必要がある。そして、そのために使用するのがMIL-STD-1760データバスだ。ということは、JDAMやJSOWを搭載する兵装架には、ミッション・コンピュータからMIL-STD-1760データバスの線を引いてきて、兵装とつなぐためのコネクタを用意しておかなければならない。そうしないと、兵装投下に必要な情報を送り込むことができない。もちろん、コネクタの形も揃っていなければダメだ。

データバスを用意しなければならないという大掛かりな事例だけでなく、ミサイル発射器が備えている信号線のピンをすべて使い果たしてしまい、新しい兵装の追加に対応できない、なんていう事例もある。ミサイル発射器のレールにミサイルを取り付けられても、それだけではミサイルを撃てない。ミサイルにデータを送り込むための信号線が必要になる。

これは、某国の空対空ミサイルで発生した事例だ。過去に使用しているミサイルと新たに導入するミサイルとで信号線に互換性がなく、別々に信号線を用意する必要があった。ところが、ミサイル発射器が備えている信号線を使い果たしてしまっていて、新型のミサイルに対応する信号線を追加できない、という話だった。

ミサイル発射器を共用できるようにすれば合理的、というのは誰でも分かる。ところが、形状や重量の面で共用可能にするだけでは不十分で、信号線のピンも足りていないと駄目というわけだ。アメリカ製の戦闘機では、AIM-120 AMRAAM はAIM-7スパローIIIとの共用発射器、あるいはAIM-9サイドワインダーとの共用発射器（LAU-129/Aなど）を使用しているが、これはもちろん、所要の信号線を確保した上

での話。

ソフトウェアが合わなくてミサイルを撃てない！

また、ソフトウェアの互換性問題が原因で手持ちのミサイルを使えない、なんていう事態も発生する。たとえば、チェコがスウェーデンから14機を調達したJAS39C/Dグリペンがそれだ。

チェコ空軍では、2002年11月に開催されたNATO首脳会議で上空警戒を実施するため、AIM-9Mサイドワインダーを入手してL-159Aに搭載していた。ところが、その後でチェコが調達したグリペンのミッション・コンピュータは、一世代前のAIM-9Lにしか対応していない。そのため、（当時では）最新モデルのサイドワインダーを入手したのに、それを撃てない状況になってしまった。同じサイドワインダーでも、AIM-9LとAIM-9Mは完全に同一ではなく、赤外線シーカーが改良されている等の違いがあるからだ[16]。

また、AIM-9Lに対応したソフトウェアのままで機体をリースしようとすると、これにも問題があった。グリペンでAIM-9Lサイドワインダーを運用するために必要なソフトウェアは、「スウェーデン国内で使用する」という条件でアメリカからリリースされていたからだ。それをスウェーデンからチェコに引き渡すと、契約違反になってしまう。結局、スウェーデン側の負担で、AIM-9M-8/9に対応する改良型のソフトウェアを用意して導入することで、この問題を解決した[17]。

さらにチェコ空軍では、AIM-120 AMRAAMでも似たような騒動に巻き込まれた。AIM-120にはA/B/Cと3種類のサブタイプがあり、さらにD型を開発している。ところが、そのサブタイプがさらに複数のブロックに細分化されている。そして、チェコ空軍のグリペンはAIM-120C-5には対応しているが、その後に登場したAIM-120C-7には対応していなかった。

ところが、チェコがスウェーデンからグリペンを入手したタイミングはAIM-120C-5の製造終了ギリギリで、その後はAIM-120C-7の生産に切り替えることになっていた。そうなると、AIM-120C-7しか入手できないのに、機体の方はAIM-120C-5しか撃てない、という状況になる。おまけに、グリペンでAIM-120C-7を運用する国がチェコしかいなければ、機体側のソフトウェアを改修するための開発・試験費用は、チェコの単独負担になる[18]。

そんなこんなの事情により、急いでAIM-120C-5を駆け込み発注するか、自費でソフトウェアを改修するか、という二者択一を迫られた。この問題が持ち上がったのは2004年10月のことだが、翌2005年1月にアメリカとの政府間取引でAIM-120C-5を入手できることになり、一件落着となったのは幸いだった。

プラグ&プレイ化する昨今の軍艦

これらの話を裏返せば、システムの構成要素同士、システム同士、あるいはプラットフォーム同士といった形で、プロトコルやインターフェイス、コンピュータで動作させるソフトウェアのレベルまで、相互接続性と相互運用性を実現できれば理想的、という話になる。そうすることで、互いに取り替えが効く、あるいは将来のアップグレードが容易になる、といった状況を期待できるからだ。

たとえば、ミサイル発射器や射撃管制レーダーは同じでも、射撃管制用のコンピュータを新型化して処理能力を向上させるとか、逆にミサイル発射器、あるいはそこから発射するミサイルだけを新型化することで性能向上を図る、といった具合だ。相互接続性と相互運用性を実現していれば、部分的な取り替えが効く。

ドイツの輸出艦艇として有名なMEKOフリゲートでは、兵装搭載部分をモジュール化して、顧客の求めに応じてさまざまな種類の兵装を搭載できるようにしている。この場合、ミサイル発射器と艦側の戦闘システムを結ぶインターフェイスだけでなく、ミサイル発射器を艦に取り付ける部分の寸法統一や、重量を限度内に収めるための調整、といった物理的な作業も必要になる。

デンマーク海軍が1980年代に開発・建造したフリーヴェフィスケンFlyvefisken級高速戦闘艇（別名STANFLEX 300）では、この考え方をさらに進めて、モジュール化した兵装を任務様態に合わせて積み替えるようになっていた。こうすることで、フネの数を減らしつつ、求められる多様な任務を効率的にこなせるようにと考えたわけだ。そのため、固定装備している兵装は艇首の76mm単装砲だけで、後は用途に応じた兵装モジュールを艦尾側のスペースに積み込む仕組み。対機雷戦なら機雷の探知・処分に必要な機材を、対水上戦ならハープーン対艦ミサイルを、といった具合だ。

もっとも実際には、艇ごとに担当任務を決めて固定装備する形を取り、取っかえひっかえはしていなかったようだが、それでも艦の設計を共通化できるメリットは残る。兵装が陳腐化した場合に、モジュール単位で取り替えられるメリットもあるが、これは相互接続性と相互運用性の実現が前提となる。

これと同じ考えを本格的に取り入れようとしているのが、米海軍の沿岸戦闘艦・LCSだ。陸地に近い沿岸水域で使用することを想定しており、対空戦（AAW：Anti Air Warfare）、対水上戦（ASuW：And Surface Warfare）、対潜戦（ASW：Anti Submarine Warfare）、対機雷戦（MCM：Mine Countermeasures）、情報収集（Information Gathering）、海賊退治、平時の洋上警備など、多様な任務に対応できるようにしている。

しかし、必要な装備をすべて積み込むのは大変だし、スペース・重量も必要とするので、任務様態に応じて、コンテナに収容したミッション・モジュールを積み替えることにした。ただしフリーヴェフィスケン級と異なり、艦内にミッション・ベイと呼

ぶ空きスペースを確保して、そこに貨物輸送用の海上コンテナと同じ規格のコンテナに収容した機材を積み込む形を取っている。

つまり、機材を収容したコンテナを陸上の倉庫からミッション・ベイに搬入して、艦側の戦闘システムと結ぶコネクタをつなげばOKというわけだ。コンテナに収容できない機材、たとえばヘリコプター・UAV・機雷処分用のUUVについては、別途、格納庫などに積み込むことになる。まさにプラグ&プレイの発想といえる。実際、最近の業界ではしばしば「プラグ&プレイ」という言葉を使っている。

イラク軍の兵士がRQ-11レイブンUAVの訓練を受けているところ。タフブックなら、暑くて砂塵が飛び交いそうな場所でも問題ない（US Army）

❹ コンピュータと暗号

暗号化の基本概念

　先に、軍用コンピュータに求められる条件として「セキュリティ」を挙げた。そのセキュリティの話とは切っても切れない縁がある、暗号化の話について、簡単に解説しておこう。

　暗号化とは、情報を当事者以外は分からない形に変換する行為を意味する。誰に傍受されるか分からない状況下で、高い秘匿性を求められる情報のやりとりを行なう軍事・外交の世界では、昔から必須のツールだ。暗号化にはさまざまな手法があるが、現在はコンピュータを利用する暗号化が主流となっている。コンピュータ・ネットワークでは、情報はすべて「1」「0」が並ぶビット列としてやり取りしているが、そのビット列を一定のルールに基づいて、別のビット列に変換する操作が、暗号化ということになる。

　暗号化に際しては、「鍵」と「アルゴリズム」が必要になる。これは、第二次世界大戦中に用いられたドイツのエニグマ暗号機を引き合いに出すと、理解しやすい。エニグマは、タイプライターのキーを叩いて平文を入力すると、ローターの回転によって、それが別の文字列の並びに変換されて、順番にランプが点灯する形で出力する。それを書き取って、電信で送信する。しかし、すべてのエニグマ暗号機が同じルールで変換を行なった場合、暗号機が敵手に落ちると、すべての暗号文が解読されてしまう。

　そこで、「使用するローターの組み合わせ」「使用するローターの並び順」「ローターの開始位置」を毎日変えて、さらにプラグボードによる文字列の入れ替えを行なった。使用する機械は同じでも、これらの可変要素を変更することで、出力される暗号文は異なったものになる。いいかえれば、エニグマ暗号機だけ手に入れてもダメで、傍受した暗号文に対応するこれらの可変要素を突き止めなければ、暗号文の解読はできない。

　エニグマの場合、「ローターの回転とローター内部の結線による文字の変換」と「プラグボードによる文字の入れ替え」という動作が、「アルゴリズム」に相当する。そして、そのアルゴリズムを動作させるための可変要素である「使用するローターの組み合わせ」「使用するローターの並び順」「ローターの開始位置」「プラグボードの

結線」が、「鍵」に相当する。

　コンピュータ・ベースの暗号でも同じで、暗号化に用いる計算式は公知のものであり、公開されている。しかし、そこで使用する鍵はユーザーごとに異なるため、鍵が分からなければ解読はできない。そして、順列組み合わせによって存在し得る鍵の数をべらぼうに多くすることで、現実的な時間では解読できないから安全である、とする考え方になっている。

　アルゴリズムの内容を公開すると、危険そうに見える。しかし、こうすることで多くの人に動作を検証してもらい、弱点を見つけやすくできるという考えから、アルゴリズムを公開する方式が主流になっている。

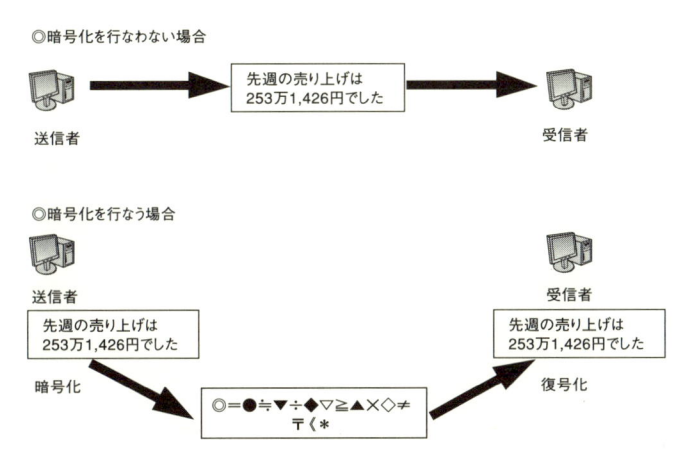

図4.2：データをそのままやりとりすると、傍受されたときに内容が筒抜けになる。しかし、暗号化したデータを傍受しても、そのままでは内容は分からない

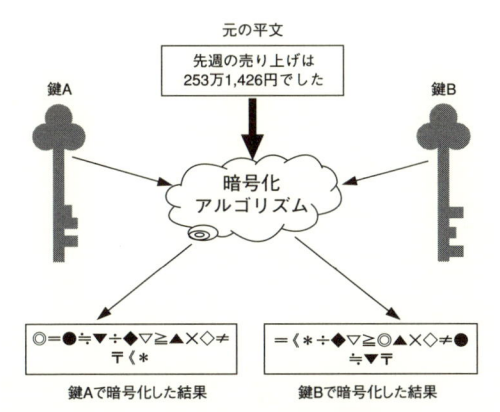

図4.3：同じアルゴリズムでも、使用する鍵が異なれば、同じ平文を暗号化した結果は異なったものになる

余談だが、「解読」とは正規の当事者以外の第三者が、暗号化されたデータの復元を不当に試みる行為を指す。一方、正規の受信者が暗号化されたデータを元に戻す操作は「復号化」という。

共通鍵暗号のメカニズム

暗号化のうち、分かりやすいのは暗号化と復号化で同じ鍵を使用する、いわゆる「共通鍵暗号」だ。「共有鍵暗号方式」「秘密鍵暗号方式」「対称鍵暗号方式」といった呼び名もある。よく知られている共通鍵暗号アルゴリズムには、DES（Data Encryption Standard）、3DES（トリプルDES）、AES（Advanced Encryption Standard）、RC4、RC5などがある。

共通鍵暗号では、データの暗号化と復号化に使う鍵が同一なので、暗号化に使用した鍵を安全な形で相手に渡さなければ、暗号文の秘匿性を確保できない。先に引き合いに出したエニグマ暗号機は、暗号化に使用するときと復号化に使用するときに、ローターやプラグボードの設定を揃える必要があったので、これは共通鍵暗号といえる。

そのため、エニグマの運用に際しては、毎日のように変化する設定情報を記した「コード・ブック」を、事前に作成・配布する必要があった。一方、聯合軍はそのコード・ブックの奪取を目論んだ。これは、当事者同士が同じ鍵を安全に共有しなければならない、いわゆる「鍵配送問題」の典型例といえる。

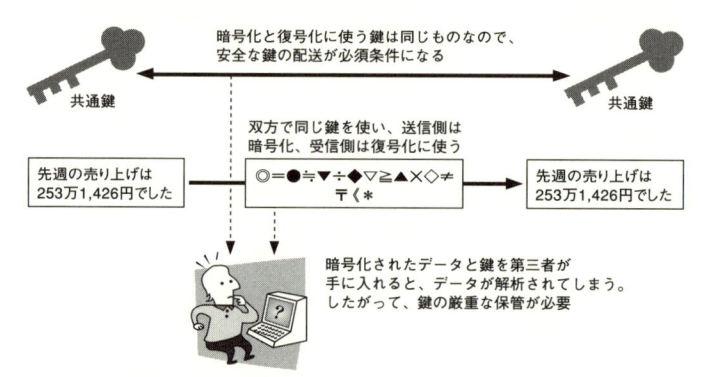

図 4.4：共通鍵暗号では、暗号化と復号化に同じ鍵を使用するので、鍵を安全に相手に渡す必要がある

公開鍵暗号のメカニズム

一方、公開鍵暗号では暗号化に用いる鍵と復号化に用いる鍵が異なる。よく知られている公開鍵暗号には、RSA（Rivest Shamir Adleman）、楕円曲線暗号、EPOC、PSEC、NTRU、エルガマルなどがある。

公開鍵暗号で用いる鍵には、「秘密鍵」と「公開鍵」の2種類があり、この2つを合わせて「鍵ペア」と呼ぶ。鍵ペアには、以下の2種類の使い方がある。

・公開鍵でデータを暗号化して、正しいペアをなす秘密鍵で復号化する
・秘密鍵でデータを暗号化して、正しいペアをなす公開鍵で復号化する

　前者は、暗号化したデータをやりとりする際に使用する。まず、データを受け取る側（仮にアリスとする）がデータを送る側（仮にボブとする）に、自分の公開鍵を渡しておく。ボブは、受け取ったアリスの公開鍵でデータを暗号化して、アリスに送る。アリスは、受け取ったデータを自分の秘密鍵で復号化する。

　ポイントは、公開鍵が第三者の手に落ちても、それはデータの復号化に使用できない点にある。つまり、公開して不特定多数が手に入れても差し支えない鍵なので、公開鍵という。そういう性質を持つ鍵だから、安心して相手に渡すことができるし、特に秘匿手段を講じる必要もない。なお、鍵の使い方が逆になる後者の利用場面については、後述する。

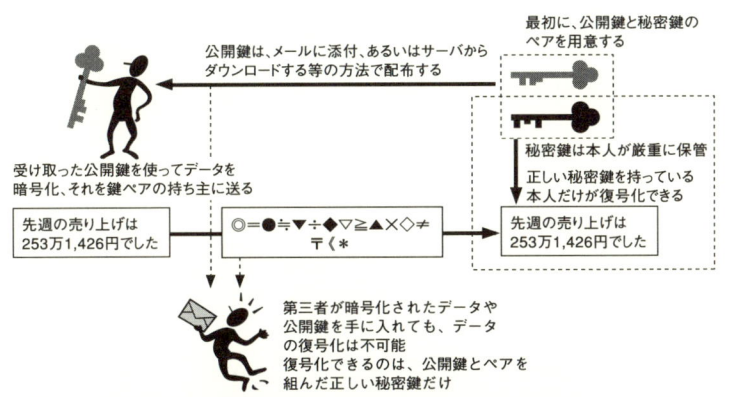

図 4.5：公開鍵暗号の基本概念。鍵ペアのうち公開鍵を相手に渡して、それを使って暗号化してもらう。復号化できるのは、自分が持っている正しい秘密鍵だけ

共通鍵暗号と公開鍵暗号の併用

　こうして並べてみると、鍵配送問題と無縁の公開鍵暗号の方が、都合がいいように見える。しかし、公開鍵暗号は共通鍵暗号と比較すると処理が遅い傾向があるため、一般的には共通鍵暗号と公開鍵暗号を併用する場合が多い。
　つまり、データの暗号化そのものには共通鍵暗号を使い、そこで使用した鍵情報だけを、公開鍵暗号で暗号化する。鍵だけならデータ量は少ないので、処理が遅くても

問題にならない。データを受信した側では、自分の秘密鍵を使って共通鍵を復号化してから、それを使ってデータを復号化する。

公開鍵は、メールに添付、あるいはサーバからダウンロードする等の方法で配布する

1. 共通鍵を使っ使ってデータを暗号化する
2. 受け取った公開鍵で、共通鍵を暗号化する
3. 両者をひとまとめにして、鍵のペアの持ち主に送る

暗号化されたデータ
◎＝●÷▼÷◆▽≧▲×◇≠
〒〈＊

先週の売り上げは
253万1,426円でした

データに暗号化に使った共通鍵
（受信者の公開鍵で暗号化される）

1. 受け取った共通鍵を、自分の秘密鍵で復号化する

先週の売り上げは
253万1,426円でした

2. 取り出された共通鍵で、暗号化されたデータを復号化する

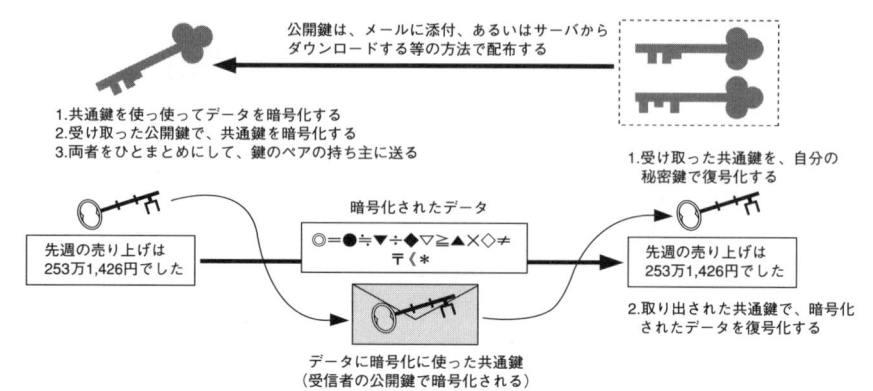

図 4.6：データ本体は共通鍵暗号を使って暗号化して、そのとき使用した鍵だけを公開鍵暗号の対象にする方法が主流

⑤ コンピュータと身元の証明と改竄検出

デジタル署名の基本概念

　このように、共通鍵暗号と公開鍵暗号を使い分けることで、安全性と処理速度の両立が可能になる。あとは、自分が使用する鍵ペアのうち秘密鍵の安全性さえ確保すれば、データの秘匿性は高い確率で護られる。しかし、それだけでは話は十分ではない。データの改竄や、送信元の偽造という問題が残っている。その問題を解決するために、デジタル署名という技術を使う。

　データの改竄を検出するには、一方向ハッシュ関数と呼ばれる計算式を使う。よく知られている一方向ハッシュ関数には、SHA-1とMD5がある。これらはデジタル・データに対して計算処理を行なうもので、データの長さに関係なく、一定の長さの値（ハッシュ値）を出力する。出力するハッシュ値は、計算対象になったデータによって変動するほか、そのデータがちょっとでも変化すると、まるで異なった値になるという特徴がある。

　ということは、受信者が受け取ったデータのハッシュ値を計算して、送信者から知らせてもらったハッシュ値と一致していれば、改竄はされていないと判断できるわけだ。ところが、そのハッシュ値をどうやって知らせるかが問題になる。ハッシュ値をそのまま（平文で）送ったのでは、データの改竄ついでにハッシュ値まで書き換えられてしまう可能性がある。それでは意味がない。

　そこで公開鍵暗号が登場する。先に述べたように、公開鍵暗号で使用する鍵ペアには、「公開鍵でデータを暗号化して、正しいペアをなす秘密鍵で復号化する」という使い方がある。逆の使い方も同様で、ある秘密鍵で暗号化したデータは、正しいペアをなす公開鍵でなければ復号化できない。

　ということは、アリスが自分の秘密鍵でハッシュ値を暗号化してボブに渡して、ボブは事前に入手しておいたアリスの公開鍵でそれを復号化できれば、受け取ったハッシュ値は本物だと判断できる。正しくない秘密鍵で暗号化されていれば、公開されているアリスの公開鍵では復号化できないはずだ。これで、送信元がニセモノかどうかの判断ができる。

　そして、復号化して取り出したハッシュ値を、受け取ったデータに対して計算して求めたハッシュ値と比較すれば、改竄の有無が分かる。両方のハッシュ値が一致して

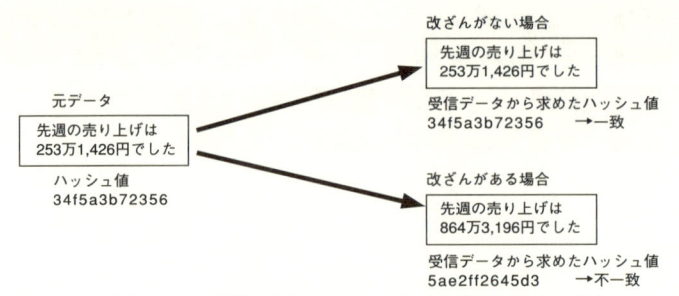

図 4.7：一方向ハッシュ関数を利用すると、データの改竄を検出できる

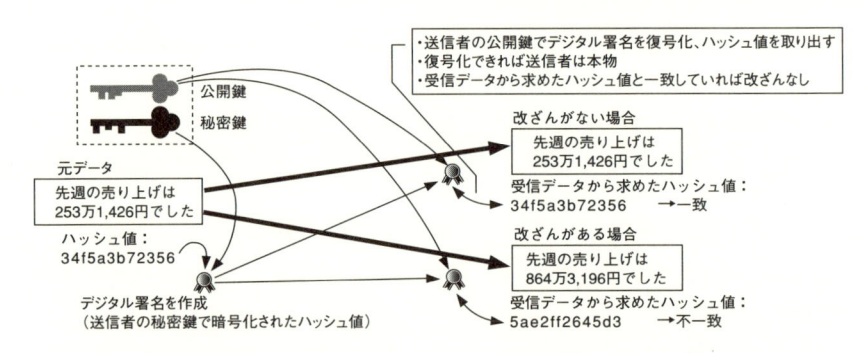

図 4.8：さらに公開鍵暗号を組み合わせて、ハッシュ値を秘密鍵で暗号化して相手に送る。それを送信元で公開している公開鍵で復号化できれば、ニセモノではないと確認できる。さらに、ハッシュ値が受信データのそれと一致していれば、改竄もないと確認できる。これがデジタル署名の考え方

いれば、改竄はされていないというわけだ。これら一連の仕組みを「デジタル署名」と呼び、送信者が秘密鍵で暗号化して添付したハッシュ値のことを「デジタル署名データ」と呼ぶ。

　念を押すと、デジタル署名で暗号化するのは、データそのものではなく、そのデータから算出したハッシュ値の方だ。もしもデータそのものを暗号化するのであれば、送信者は事前に受信者の公開鍵を入手しておき、それを使ってデータを暗号化する。デジタル署名とデータ自体の暗号化では、公開鍵と秘密鍵の所有者や使い方が逆になっている点がポイントだ。

デジタル署名とデジタル証明書

　こうした事情により、公開鍵暗号による暗号化やデジタル署名を利用するには、当事者がそれぞれ独自の、公開鍵と秘密鍵のペアを持つ必要がある。また、その鍵ペアが確かに本物であり、誰かが勝手に偽造したものではないということを確認する仕組みも必要になる。

そこで登場するのが、公開鍵基盤（PKI：Public Key Infrastructure）という仕組みと、その手段であるデジタル証明書だ。鍵ペアを生成するだけなら誰でもできてしまうので、最初にユーザー本人が鍵ペアを生成したら、それに対して「本物です」という証明を施す仕組みを意味している。

公開鍵基盤を実現するには、証明機関（認証局ともいう。英語ではCA：Certificate Authority）が必要になる。ユーザーが鍵ペアを作成したら、そのうち公開鍵を証明機関に送り、証明機関が持つ鍵ペアを使ってデジタル署名を施す。すると、公開鍵に対して出自の証明と改竄検出が可能になり、ニセの公開鍵を排除できる。つまり、デジタル証明書とは「身元証明付きの公開鍵」ということになる。

なんともややこしいことに、デジタル署名に使用する鍵の真正を証明するため、別のデジタル署名を使うという構図だ。だから、公開鍵基盤が信用できるかどうかは、一にも二にも、証明機関が信用できるかどうかにかかっている。軍や政府機関で公開鍵基盤を実現する際には、自前の証明機関を設置・運用するのが普通だ。だから、米軍のWebサイトにアクセスする際に、米軍の証明機関がデジタル署名を施した公開鍵の提出を求められる場合がある。

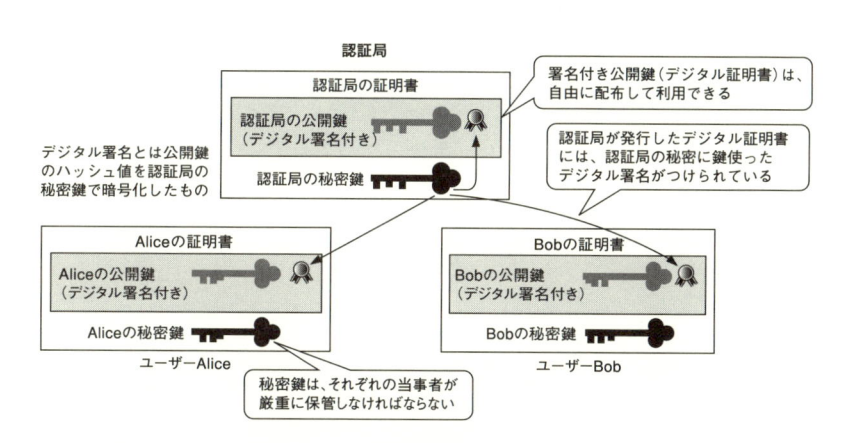

図 4.9：認証局と、それぞれのユーザーが持つ鍵の関係。認証局は、ユーザーの公開鍵に対してデジタル署名を施すことで、公開鍵の身元を保証している

第 5 章

軍用ITと無人ヴィークル

　21世紀の戦争が20世紀の戦争と大きく異なるのは、陸・海・空でさまざまな種類の無人ヴィークルが多用されるようになったことだろう。情報通信技術や機械・制御関連技術の発展が、無人ヴィークルの利用拡大に貢献している。また、こうした無人ヴィークルの登場が、さまざまな面に影響を及ぼし始めている。

　そこで本書では、こうした無人ヴィークルについて、特に章を割いて解説することにした。

❶ 無人ヴィークルとは

無人ヴィークルの定義

　まずは、「無人ヴィークル」の定義を明確にしておこう。
「ヴィークル」とは、さまざまな乗り物の総称だが、それらはたいてい、人が乗り込んで操縦している。ところが最近、誰も乗っていない乗り物（というのも変な表現だが）が戦場にいろいろと現われてきた。ロボットと呼ばれることもあるが、本書では一括してヴィークルと呼ぶことにする。なお、広い意味ではミサイルも無人ヴィークルと似た部分があるが、もともと使い捨てを前提としている点に違いがあるため、ミサイルは対象外とする。
　軍事分野で用いられる無人ヴィークルは、すでに陸・海・空の各方面で登場しており、実戦でも用いられている。これらを場所別に分類すると、以下のようになる。

・UAV：Unmanned Aerial Vehicle（無人航空機。Unmanned Air Vehicleともいう）
・USV：Unmanned Surface Vehicle（無人船。この場合のSurfaceとは水面を意味する。Unmanned Surface Vesselともいう）
・UUV：Unmanned Underwater Vehicle（無人潜水艇）
・UGV：Unmanned Ground Vehicle（無人車両）

　無人ヴィークルの大きな特徴として「人的被害とは無縁」「長時間の運用が可能」といった点が挙げられる。その代わり、人間が行なうような判断能力を求められる場面に対して、自律的に対応するのは難しい。つまり、生身の人間を投入するには危険度が高い任務や長時間にわたる任務で、かつ機械的にこなせる任務が、無人ヴィークル向きということになる。
　求められる機能の水準が高くなれば、それだけ高価・高機能・複雑なヴィークルになることは避けられない。それでは、人的被害とは無縁という利点を活用して「いざとなったら使い捨て」と開き直るのが難しくなる。そのため、高価で高機能な無人ヴィークルと、安価で気軽に使い捨てにできる無人ヴィークルに二極分化すると予想しているのだが、どうだろうか？

遠隔操作と自律行動、man-in-the-loop

古くから軍用に用いられている無人ヴィークルとしては、無人航空機が挙げられる。特に、対空戦闘訓練用として、さまざまな機種の無人標的機が用いられてきた。パイロットが乗っている飛行機を標的にするわけにはいかないので、標的機は無人にせざるを得ない。最初から無人標的機のつもりで開発・製造した機体に加えて、アメリカのQF-4やQF-16、日本のQF-104みたいに、用途廃止になった戦闘機を改造して無人標的機に転用したものもある。

ただし、こうした無人標的機の多くは外部から無線指令による遠隔操縦を受けて飛行する。つまり、考え方は有人機と同じで、パイロットが中に乗っているか、外に乗っているかという違いだ。そのため、こうした機体のことはUAVとはいわず、RPV（Remotely Piloted Vehicle）、つまり遠隔操縦式航空機と呼ぶ。

つまり、RPVとUAVの大きな違いは、自ら判断して飛べるかどうか、という点にあるといえる。UAVは一般に、自分で自分の位置を判断して操縦指令を発する、自律飛行機能を持つ機体を指す場合が多い。ただし、コンピュータが故障することもあるし、それ以外でも何か不具合が生じてオペレーターが介入しなければならないこともあるので、遠隔操縦も可能な設計にしているのが普通だ。UAV・USV・UGVであれば無線通信による遠隔操縦が可能だが、問題は電波が通らない海中を行動するUUVだろう。

ともあれ、飛行・走行の自動化だけでなく、あらゆる場面で「基本的には自動的に行なうが、必要に応じて、あるいは必要な場面で人間が介入できるようにすること」が、コンピュータ化や無人化においては極めて重要と考えられる。

極端な話、UAVに搭載したコンピュータに、勝手に戦争を始められては困るのだ。だから、肝心なところでは必ず人間の判断が介入できるようにする、いわゆる「man-in-the-loop」という考え方は必須だ。コンピュータというのは、どんなに頑張っても最初にプログラムされた通りの仕事しかできないものだから。

❷ 無人ヴィークルの用途

偵察・情報収集

　現時点で、無人ヴィークル、とりわけUAVをもっとも活用しているのが、偵察・情報収集の分野だ。地上であれば斥候、空中であれば偵察機を送り込んで敵情を調べるのが常道だが、敵に捕まったり撃ち落とされたりするリスクがつきまとう。しかも、偵察に求められる技能や知識の水準は高いので、偵察要員がどんどん消耗してしまったのでは困る。

　そこで無人ヴィークルが登場する。しかも、特に長時間の運用が可能なUAVは利便性が高い。同じ場所をずっと監視し続ける任務を、容易に実現できるからだ。もし撃ち落とされても、代わりの機体を飛ばせばよく、人命の損耗にはならない。

　こうした偵察手段がうまく機能すれば、敵軍の司令官よりも先に、最前線で何が起きているのかを知ることができる可能性もある。ただし、表示される映像の中から偽装や隠蔽を見破る部分は人間が担当しなければならない。また、入手した情報を迅速に分析して活用する仕組みを整える必要もある。

　無人の偵察手段というと、偵察衛星もある。しかし、偵察衛星は周回衛星だから、同じ場所をずっと見張ることはできない。また、静止衛星と比べると低いとはいえ、軌道高度が高すぎて映像の品質に限界がある上に、雲がかかっていて目標が見えない場合もある。おまけに、調達・打ち上げ・運用に費用がかかる。UAVであれば、そうした問題は無縁だ。そのため、さまざまな種類の偵察用UAVが登場している。

　手近なところでは、歩兵部隊が前方の建物・敵陣・地勢といった障害の向こう側について、状況を知るために小型のUAVを飛ばす使い方がある。この手の機体はMAV（Micro Air Vehicle）と呼ばれる小型の機体が大半を占める。必要な機材一式をバックパックに入れて持ち歩き、手で投げて発進させて、映像はノートPCを受信機代わりに使用して表示させる、といった形態が多い。こうした用途では、センサーはTVカメラぐらいしか持たず、管制機材は市販品のノートPCで済ませる。用途と能力を限定して、シンプルかつ安価にまとめることが重要になる。

　これを無人ヴィークルに分類するのは不適切かもしれないが、同様の用途に使用するものとして、カメラ入り砲弾、あるいはカメラ入りボールといった偵察機材もある。砲弾やボールの中にカメラが仕込んであり、それを敵陣の頭上に撃ち込んだり、敵陣

に投げ込んだりして偵察させるわけだ。もちろん、使い捨てである。

　大隊・聯隊・旅団ぐらいのレベルで運用する戦術UAV（TUAV：Tactical UAV）になると、TVカメラに加えて、夜間用に赤外線センサーも装備する。また、運用高度が上がる分だけ敵の攻撃を受けにくくなるが、その代わり、センサーに求められる性能の水準は高くなる。このクラスになると機体が大きくなってくるため、機材一式をトラックや四輪駆動車に乗せて持ち歩き、カタパルトで発進させる使い方が多い。

　センサーについては、電子光学/赤外線センサー（EO/IR：Electro-Optical/Infrared）と呼ばれる、複数の種類のセンサー（TVカメラと赤外線センサー）とデータ処理用のコンピュータを組み合わせた機材を用いるのが普通だ。所要のセンサーを一体化して旋回・俯仰が可能なターレットに収容することで、機体の進行方向に関係なく、任意の方向を見ることができる。

　ときには、悪天候の際に有用な合成開口レーダーまで搭載する。地上の移動目標（走っている車両など）を探知する能力を備えた合成開口レーダー（SAR/GMTI：Synthetic Aperture Radar/Ground Moving Target Indicatorと呼ぶ）があれば、戦場監視機として使用することもできる。

　さらに上の階層で運用する大型・高級なUAVになると、国家の戦略的資産という意味合いが出てくるため、そうホイホイと撃ち落とされては困る。そのため、運用高度を高くとり、少なくとも対空砲ぐらいでは撃ち落とされないようにする。このクラスの機体は、長大な国境線、あるいは広い海洋を抱えていて、広域監視能力を恒常的に求められる国家にとって有用だ。この種の機体は飛行する高度や航続性能の違いによって、MALE（Medium Altitude Long Endurance）あるいはHALE（High Altitude Long Endurance）といった分類がある。

　その中でも最高級品に属するのが、ノースロップ・グラマン製のRQ-4グローバルホークだろう。運用高度は65,000フィートと高く、それだけ迎撃されにくい。高価な機体だが、そもそもU-2偵察機の後継を企図しているといわれれば納得できる。

　いずれにしても、センサーが捕捉した情報は、データリンクを使って地上管制ステーションにリアルタイム送信する。いわば戦場のライブカメラだ。ただし、インターネットの動画配信にも共通する問題だが、文字よりも静止画の方が、さらに動画の方がデータ量が多い。サイズやフレーム・レート（1秒分の動画を何フレームの画像で構成するかという意味。数字が大きいほどスムーズになる）が大きくなれば、品質が高まる代わりに、データ量が増える。そこで、データを効率的に送受信するために、コンピュータを駆使したデータの圧縮処理が必要になる。

　また、見通し線圏外まで進出する場面が多くなるため、通信手段を確保するために衛星通信機材を搭載する必要がある。MALE UAVやHALE UAVがおしなべて、機首の上面が盛り上がった特徴的な形態をしているのは、その中に衛星通信用のパラボラ・アンテナを組み込んでいるためだ。

偵察＋目標指示（ISTAR）

偵察任務の派生として、誘導兵器のための目標指示がある。通常、EO/IRセンサーに加えてレーザー測距・目標指示器を組み込んだ、マルチセンサー・ターレットを装備したUAVを使って、レーザー誘導の兵装に対して目標を指示する。緯度・経度の座標を計算する機能があれば、GPS誘導兵装への目標指示も可能だ。

図5.1：MQ-1プレデターUAVが搭載するセンサー・ターレット、AN/AAS-52（USAF）

情報収集だけを行なう場合、一般的にISR（Intelligence, Surveillance and Reconnaissance）という言葉が用いられる（ISRについては第8章で詳しく解説するので、そちらを参照していただきたい）。さらに目標指示の機能が加わった場合には、ISTAR（Intelligence, Surveillance, Target Acquisition and Reconnaissance）という言葉を用いる。「Target Acquisition」（目標捕捉）という言葉が割り込んできている点がポイントだ。

たとえば、ゼネラル・アトミックス社のMQ-1プレデターは、機首の下面にレイセオン社製AN/AAS-52 MTS（Multi-spectral Targeting System）センサー・ターレットを装備する。これはEO/IRセンサーが捕捉した映像を衛星通信（SATCOM：Satellite Communications）経由で送信するだけでなく、指示した目標に対して測距やレーザー照射を行なえる。

偵察＋目標指示＋攻撃

さらに、プレデター自身の主翼下面に兵装ステーションを追加装備して、AGM-114ヘルファイア対戦車ミサイルを搭載することで、自ら攻撃能力を備えたのは、よく知られている通りだ。当初は偵察専用だったのでRQ-1と呼ばれていたが、攻撃任務が可能になったためにMQ-1と改称した話は御存知だろう。

そのMQ-1プレデターを使った攻撃任務は、以下のような流れで行なわれる。

1．プレデターが搭載するセンサーで地上の状況を撮影、それを地上管制ステーションに送信する（その前段として、地上の友軍から支援要請を受けて駆けつける場合もある）
2．管制ステーションではその映像を見て、目標らしきものを発見した場合に、それが本物の敵かどうかを確認する。現場の地上にいる友軍に確認してもらう場合もある

3．敵と確認できたら、レーザー目標指示器で目標を照射する
　4．照射を行なったら、ヘルファイアの発射指令を出す
　5．目標は破壊される

　公表されている事例でもっとも早いのは、2002年11月にイエメン上空を飛行していたCIA保有のプレデターが、「アルカイダの大物メンバーが乗っている」という情報があった乗用車を攻撃・破壊した事例だろう。近年では、パキスタン北西部の部族自治地域で、アメリカのUAV（必ずしも米軍のUAVとは断言できない。CIAの機体という可能性があるからだ）がアルカイダやタリバンの関係者を捜索して、ミサイル攻撃を行なう事例が多発している。

図 5.2：MQ-1プレデターUAV。主翼下面にはAGM-114ヘルファイア対戦車ミサイルを2発まで搭載する（USAF）

　ここまではUAVの事例だが、その他の無人ヴィークルでも、センサーと兵装の両方を搭載できれば、同様に攻撃任務を行なえる。ただし、UAVが勝手に判断・交戦するのではなく、管制ステーションのオペレーターが状況を確認した上で交戦の指示を出すのは、どんな無人ヴィークルでも変わらない。

　MQ-1は兵装を2発しか搭載できないが、エンジンをターボプロップ化するとともに機体を大型化したMQ-9Aリーパーでは、最大6発の兵装を搭載できる。また、AGM-114ヘルファイアに加えてGBU-12/Bペーブウェイ誘導爆弾の搭載も可能になった。このほか、米軍の武装UAVとしては、陸軍のMQ-1Cスカイウォーリア、RQ-5ハンター、RQ-7シャドーといった機体があり、いずれも武装型が存在するか、または武装化する構想がある。

各種の情報収集

　広い意味ではISR分野に属するのだが、ここでいう情報収集とは、SIGINT（Signal Intelligence）、あるいはそれをさらに細かく分類したCOMINT（Communication Intelligence, 通信を対象とする）とELINT（その他の電子的情報を対象とする）、といったものを指している。仮想敵国が使用するレーダー・電子戦装置・通信機器の動作内容、あるいは通信そのものの内容を傍受・解析することで、いざ有事の際にそれらを無力化したり、自国に都合がいい形で利用したりといった作業が容易になる。

　こうした情報収集は、所要の機材を航空機や艦艇に搭載して行なうことが多い。陸上に傍受ステーションを設ける方法もあるが、カバーできる場所が限られる上に機動性に欠けるので、移動力がある航空機や艦艇の方が都合がいい。

図 5.3：日本で公開された、RQ-4グローバルホークの実大模型。機首下面に電子光学センサー、主翼取付部の下面にSAR/GMTI対応の合成開口レーダー、胴体の両側面にELINT/COMINT用のセンサーを搭載する（筆者撮影）

しかし、たとえ相手国の領土・領海・領空に侵入していなくても、情報収集用の航空機や艦艇が追い払われたり、交戦状態でもないのに攻撃されたり、といった事例はたくさんある。日本の近隣でも、古くはEC-121撃墜事件やプエブロ事件、近年では海南島近海におけるEP-3の空中接触・強制着陸事件が起きており、決して安穏な任務ではない。

そこで無人ヴィークルの出番となる。プエブロ事件では、同船の乗組員が北朝鮮の人質に取られて政治的プロパガンダに利用されたが、無人ヴィークルであれば、そうした問題とは縁がない。得られたデータは衛星通信経由でとっとと送信してしまえば、機体が撃墜されても、それなりのデータは手に入る。

ただし、SIGINT（ELINT・COMINT）用途に使用する機材は相応に複雑・高価なものになるため、搭載するUAVも国家戦略レベルのHALE UAVに限られる。アメリカを例にとると、RQ-4グローバルホークは機首下面に電子光学/赤外線センサー、胴体中央部下面に合成開口レーダー、胴体両側面にSIGINTセンサー、とセンサー機能を充実させている。機体が大型だからこそ可能なワザだ。

監視用途であれば、気球や飛行船に所要のセンサーを搭載して滞空させる方法もある。同じ場所に留まって運用するのであれば、UAVよりさらに安上がりで、長時間の運用が可能だ。具体例としては、ロッキード・マーティン社が手掛けているPTDS（Persistent Threat Detection System, IED対策用）や、レイセオン社が手掛けているJLENS（Joint Land Attack Cruise Missile Defense Elevated Netted Sensor, 防空用）といったものがある。飛行船なら表面積が大きいので、太陽電池を取り付けることで電力供給の問題を緩和できる利点もある。

広域監視

主としてMALE UAVやHALE UAVの話になるが、搭載するセンサーを駆使して広域監視を行なう使い方がある。具体的な用途としては、国境線の警備や洋上の警備がある。

国境線の警備でも洋上の警備でも、広い範囲を恒常的に監視する必要がある。有人機で同様の任務を担当するのは人的な面でも経済的な面でも負担が大きいが、高い高

度で長時間の滞空が可能なUAVであれば、そうした任務を実現しやすい。

そのため、自国の周辺に広大な海域を擁するオーストラリアのように、UAVによる洋上広域監視のデモンストレーションを行なっている事例がすでに存在する。オーストラリアでは、MQ-9リーパーから派生したマリナーと、RQ-4グローバルホークを使って評価試験を実施した。このほか、米海軍ではP-8Aポセイドン哨戒機を補完する洋上哨戒手段としてBAMS（Broad Area Maritime Surveillance）計画を推進しており、こちらはRQ-4グローバルホークの採用が決まっている。

また、陸の上でもイスラエルが行なっているように、国境線でカメラ付きの無人車両を走らせて侵入監視を行なっている事例がある。

機雷処分

完全に自律行動するものばかりではないが、機雷の処分を初めとする危険物処理は、無人ヴィークル向きの任務だ。

以前から、機雷処分については遠隔操作式の機雷処分具を使用する掃討が主流になっている。ダイバーが潜っていって現物を確認した後、爆薬を仕掛けて爆破処分する方式をとっていたが、それではダイバーが危険にさらされるし、ダイバーの育成も大変だ。そこで、機雷探知ソナーやTVカメラを備えた機雷処分具を送り出して、捜索・確認と処分用爆雷の設置を、すべて遠隔操作で行なう。海上自衛隊では国産のS-5・S-7・S-10といった機雷処分具を装備しているほか、著名な海外製品としてはECA社製PAP104などがある。

もっと大掛かりな製品で、スウェーデンのコックムス社が製造しているSAMがある。これは筏のような外見をしていて、機雷処分具と違って水上を航走する。海上自衛隊でも使用しているのでおなじみの製品だ。これも遠隔操作式なので、SAM本体とは別に管制用の艦艇が必要で、海上自衛隊では古い掃海艇を掃海管制艇に転換して、この用途に充てている。

この手の機雷処分用無人ヴィークルの中でも注目したいのが、ロッキード・マーティン社製のAN/WLD-1 RMS（Remote Mine-hunting System）だ。LCSの対機雷戦用ミッション・パッケージで中核となる機材だが、発進・揚収用のクレーンと管制用の機材があれば、他の水上戦闘艦からでも運用できる。

面白いのは、機雷探知ソナーなどを備えた全没

図 5.4：LCSの対機雷戦ミッション・パッケージで、MH-60Sヘリコプターとともに中核となるのが、AN/WLD-1 RMS。これはRMSの本体で、その下に吊した処分用UUVを送り出して掃討を行なう（US Navy）

型のRMS本体（これはディーゼル・エンジンを持ち、水上にシュノーケルを突き出して航行する）から、機雷処分を担当するRMV（Remote Minehunting Vehicle）を発進させる、親亀・子亀構成をとっているところ。つまり、母艦からの指示を受けてRMSがAN/AQS-20A機雷探知ソナーなどを使って捜索を行なう。そして、機雷を発見・識別できたら現場にRMVを送り出して、処分爆雷を仕掛けて破壊するわけだ。

また、機雷掃討の前段階として機雷を捜索しなければならないが、従来は掃海艇が機雷探知ソナーを作動させながら、掃海担当海域を行き来する必要があった。それでは掃海艇が危険にさらされる上に、陸・海・空から敵の攻撃を受ける可能性もある。そこで、掃海艇からUUVを発進させて機雷探知を行なわせるという発想が生まれた。

こうした用途に用いるUUVで広く知られているのは、ハイドロイド社のREMUS（Remote Environmental Measuring Unit）だろう。REMUS 100やREMUS 600など複数の派生型があり、外見は魚雷型。高周波ソナーを内蔵しており、事前に設定したコースを自律航行しながら海中の機雷やその他の障害物を探索、記録したデータを持ち帰る。REMUS 100はベルギー、オランダ、イギリス、ノルウェー、ドイツ、フィンランド、スウェーデン、アメリカ、シンガポール、ニュージーランド、オーストラリアなどで採用実績がある。また、REMUS 600もイギリスで採用実績がある。

また、米海軍でもAN/BLQ-11 LMRS（Long-term Mine Reconaissance System）というUUVの開発に乗り出し、1999年に1億ドルで開発契約を発注、2003年3月から試験を始めた。魚雷発射管から発進して自律航行しながらデータ収集を行なうもので、全長20フィート・直径21インチ・重量4,400ポンド（1,998kg）と、おおむね長魚雷並みのサイズ・外形となっている。行動可能距離は75～150海里、最大運用可能深度は1,500フィートだ。

2007年11月には、潜水艦から発進したLMRSが12時間以上に渡って海中の物体に関する調査とデータ収集を行なった後、潜水艦のところに戻ってきて、長さ60フィートのロボット・アームで魚雷発射管に収容される、というデモンストレーションを行なっている。この回収用アームとUUV×2隻、艦上機材、陸上機材でひとつのシステ

図5.5：ハイドロイド社のUUV・REMUS 100のシステム一式（Kongsberg）

ムを構成する。このLMRSは自律式だが、光ファイバーで遠隔誘導するNMRS（Near-Term Mine Reconaissance System）もあり、2003年から運用を開始している。

さらに発展型としてMRUUV（Mission Reconfigurable UUV）、ADUUV（Advanced Development UUV）、LD MRUUV（Large Displacement MRUUV）といった話も出た。LD MRUUVは、2014年にIOC達成予定とされていたが、2008年に予算支出が打ち切りとなった[19][20]。その他の構想としては、特殊作戦用の大型（全長8.2m・直径0.97m）シーホースがある。すでに現物を製造しており、2003年の「ジャイアント・シャドウ」演習などに持ち込まれている[21]。

このように、さまざまなUUVの計画、あるいは構想は存在しているのだが、技術的ハードルの高さ故か、それとも以前ほど「リットラル」の掛け声が聞かれなくなったためか、対機雷戦や水路調査など、比較的現実的な用途にとどまっているように感じられる。どのウェポン・システムの分野にもいえることだが、最初は夢物語のような大風呂敷を広げてみるものの、やがては技術・予算・時間の壁に阻まれて、現実的な落としどころを見つけていくものである。

爆弾処理・危険物調査

陸の上でも、IEDを初めとする各種の仕掛け爆弾、あるいは不発弾の処分という危険任務があり、遠隔操作式ロボットの利用が拡大している。有名な製品としては、iRobot社のPackBotと、フォスター・ミラー社（現キネティック・ノース・アメリカ）のタロンがある。余談だが、PackBotを製造しているiRobot社は、家庭用の自律お掃除ロボット「ルンバ」のメーカーとしても有名だ。

いずれも遠隔操作式のロボット車両で、不審物を調べるためのカメラや、調査・処分作業用のマニピュレーター・アームを備えており、無線による遠隔操縦で動作する。IEDなどの処分は高い判断力が求められるため、さすがにコンピュータが自律的に行なうのは難しく、遠隔操作で人間が介入する方が確実だ。

こうした機材は、爆発物の処分だけでなく、化学兵器や生物兵器で攻撃を受けた際の調査にも利用できる。現場に車両を送り込んで汚染物質を収集することで、何を使って攻撃を受けたかを調べることができる。人間が防護服を着て現場に赴く、あるいは専用の機材を搭載した調査用の車両を送り込むのが一般的な手順だが、小型のロボットを使うと小回りが効くし、調査に赴く人間を危険にさらすリスクも回避できる。

港湾警備

海の上では、機関銃を搭載したUSVで警備を行なう事例が出てきている。たとえばイスラエルのラファエル社では、全長7m級と9m級のRHIB（Rigid Hull Inflatable Boat）を無人化した、プロテクターというUSVを開発した。遠隔操縦装置、電子光

学センサー・ターレット、機関銃装備の銃塔を装備しており、テロ対策や港湾警備に使用する。たとえば、不審船が接近してきたときにこれを差し向けて、必要とあらば交戦するわけだ。すでにシンガポール海軍が2004年から実運用を始めているほか、アメリカでもデモンストレーションを実施している。

プロテクターのポイントは、既存のRHIBを改造して生み出した点にある。つまり、RHIBを運用可能な施設・機材があればプロテクターも運用可能だし、既製品を活用している分だけ調達・運用コストが安い。いざとなればやられてしまっても構わない、と開き直れるのが無人ヴィークルのメリットだから、安く済ませることができるのも重要な性能だ。

通信中継

これから成長が見込まれる分野としては、UAVを使った通信中継が考えられる。

詳しいことは第6章で解説しているが、電波を用いた通信には「周波数が高いほど、高い伝送能力を発揮する。その代わりに、電波の直進性が強くなり、減衰しやすくなるため、見通し線範囲内の通信しかできなくなる」という性質がある。つまり、ウェポン・システムのネットワーク化に必要な高速データ通信を実現しようとすると、（衛星通信は別として）見通し線範囲内でしか通信できない可能性が高くなる。

ところが、UAVを上空に飛ばして通信を中継させれば、見通し線範囲外、たとえば建物や山岳といった障害物の向こう側、あるいは地平線の向こう側まで通信可能な範囲を拡大できる利点がある。しかも、UAVは燃料が続く限りは上空に留まっていられるから、長時間にわたって通信を中継できる。これは有人機と比べて圧倒的に有利なポイントだ。

実際、ノースロップ・グラマン社製のMQ-8ファイアスカウトを初めとして、用途として通信中継を挙げているUAVが、すでに存在している。有人機でも、MH-60Rが通信中継に使えるとされるが、滞空時間の長さや調達・運用コストを考慮すると、MQ-8のようなUAVの方が使いやすいのではないだろうか。なにも回転翼機に限定する必要はなく、気球や飛行船に通信中継用の機材を搭載する方法も考えられる。これなら、さらに長い滞空時間を確保できるし、運用コストは安い。

物資補給

もうひとつ、これから伸びそうな分野としては物資の補給が挙げられる。これは、イラクやアフガニスタンでIEDによる攻撃、あるいはRPGや小火器を使った待ち伏せ攻撃が多発して、物資補給を担当する車両隊の安全確保が難しい場合が生じていることと関係がある。特にアフガニスタンの場合、山岳地帯が多いため、谷間を通る道路で攻撃を受けると致命的な結果になりやすい。

陸路からの輸送が難しければ、空路ということになる。そこで、輸送機からパラシュートを使って空中投下する場面が増えているが、パラシュート投下では風に流される可能性があるため、精度に問題がある。対策として、GPS誘導を組み込んで精度を高めたJPADS（Joint Precision Airdrop System）の実戦投入が始まっている。

ところが今度は、投下を担当する輸送機の数が足りるのか、という問題が出てくる。もちろん、輸送機を飛ばすためには人手も要る。特に固定翼の輸送機だと空軍の資産になるので、陸軍からみると「いちいち空軍に頼まなければならない」という面倒な話になる。そこで米陸軍や米海兵隊では、無人ヘリコプターを使った物資空輸の検討を始めた。

海兵隊は2009年8月に、Immediate Cargo Unmanned Aerial System Demonstration Programという計画名称で、ボーイング社、それとロッキード・マーティン社とカマン社のチームにそれぞれ、50万ドルずつの契約を発注した。ボーイングはA160T（YMQ-18A）ハミングバード、ロッキードとカマンのチームはカマンK-MAXの無人化版を使い、貨物を目的地まで吊下空輸して投下するという内容。2010年3月に両チームが実施したデモンストレーションでは、それぞれ2,500ポンドの貨物を運ぶことに成功している。

一方、米陸軍は2010年にリリースしたUASロードマップの中で、中期計画としてOPV（Optionally Piloted Vehicle）という構想を盛り込んでいる。これは、既存の有人ヘリコプターを改造して無人化するもので、パイロットがオプション扱いになるということで、こんな名前になったようだ。すでにボーイング社が2006年からAH-6リトルバードの無人版・ULB（Unmanned Little Bird）のデモンストレーションを実施しているほか、シコルスキー社がUH-60ブラックホークの無人化型を使ったデモンストレーション計画を進めている。ベル・ヘリコプター社でも、モデル407の無人化型・Fire Xの構想を持っている。

ここまでは回転翼機の話だが、陸上でも輸送用車両を無人化する研究が進められている。たとえば、2009年に中止が決まった米陸軍のFCSでは、システムを構成する装備のひとつにMULE（Multifunction Utility/Logistics Equipment Vehicle）という無人車両があった。自律航法機能を備えた無人車両で3,000kgの搭載力がある。同じプラットフォームを使って、輸送型以外の派生型も生み出す構想だった。

MULEそのものは流産してしまったが、そこで開発された技術を用いた無人補給車両が出現する可能性はある。実際、ロッキード・マーティン社では軍用トラックの車列を無人走行させる研究を進めており、CAST（Convoy Active Safety Technology）と呼ばれるシステムのデモンストレーションを2010年5月に実施した。車両隊の先頭を行くトラックを自律走行させて、後続の車輌は前方の車両を自動的に追走する仕組みだ[22]。

当初は、先頭の車両だけは人間が乗って運転する形をとり、残りの車両を無人化して自動追走させていた。しかし、そもそも車両隊でもっとも狙われやすいのは先頭の

車両だから、それが有人では危険度が下がらない。そこで、先頭車両を無人化するための開発を進めて、デモンストレーションを実施したわけだ。これがこのまま実用化されるかどうかは分からないが、無人車両隊が夢物語ではなくなっていることは知っておきたい。

さらにロッキード・マーティン社では、9〜13名編成の分隊を対象に1,200ポンドの貨物を搭載できる6×6の無人車両・SMSS（Squad Mission Support System）のデモンストレーションも行なっている。こちらはUH-60やCH-47といったヘリコプターで空輸できる小型版だ。

また、前述のMULEをベースにして機関銃などを搭載する武装化型、ARV-L（Armed Robotic Vehicle-Assault（Light））の構想もあった。さすがに完全自律交戦まで可能になるかどうかというと疑問だが、米陸軍が本気で「敵陣に突っ込んでいって機関銃で交戦する無人車両」の構想を進めていたことは覚えておきたい。

この、MULEやARV-LといったUGVで使用する目的で、ゼネラル・ダイナミクス社が自律航法システム・ANS（Autonomous Navigation System）の開発を進めていて、2010年春には最終設計審査を済ませるところまで来ている。2011年末にプロトタイプを完成させて、2012年から試験を始める予定だ[23]。有人・無人車両の両方に対応するほか、前走車への自動追随も可能なので、MULEやARV-Lがモノにならなくても、他の車両で使用する可能性はある。

③ 無人ヴィークルの実現に必要な技術

　では、こうした無人ヴィークルを実現するには、どういった技術が必要だろうか。遠隔操縦に頼らないで自律行動可能なヴィークルが、最近になるまで一般化しなかった背景には、もちろんそれなりの事情がある。まずは基本に立ち返って、自律行動を行なうために何が必要なのかを考えてみよう。

測位・航法技術

　最初に思いつくのは、「自分の位置が分からなければ困る」ということだ。陸・海・空を問わず、自分がどこにいるかが分からなければ、目的地を指示されても、どちらに向かって動けば良いのかが分からない。だから、信頼できる測位手段が必要になる。

　そのため、無人ヴィークルとGPSには深い関係があるといえる。GPSを使えば緯度・経度・高度を精確に把握できるため、時間の経過と共に誤差が累積する慣性航法と比較すると信頼性が高く、それだけ確実な航法が可能になる。

　ただし、UAVやUSVはそれでよいが、UGVはGPSだけに頼ることができない。なぜなら、砂漠の真ん中ならともかく、市街地、特に建物と建物の間の狭い路地みたいな場所に入り込めば、測位に必要な電波を受信できない可能性があるからだ。それに、地上にはさまざまな障害物が存在する可能性もある。そこで、UGVでは障害物を検出・回避する仕組みも必要になるのだが、その話はまた後で。

　UUVの場合、海中ではGPSの電波を受信できないため、慣性航法に頼るしかない。もっとも、UUVの速度は他の無人ヴィークルと比較すると大幅に遅いため、航空機と比べると時間的余裕はありそうだ。しかし、だからといって、いい加減な航法で良いというものでもなかろう。

　UUVの場合、海中にトランスポンダーを事前に仕掛ける方法もある。精確な位置決めを行なうには、事前に決めた場所・3ヵ所にトランスポンダーを仕掛けておく。そして、UUVが問い合わせの音波信号を発すると、それに対してトランスポンダーが応答する。トランスポンダーの方位と、発信時刻と受信時刻の差（到達時間）が分かれば、自己位置を判断できる。

　ただし、海中の音波の伝播速度は1,500m/sとされるものの、常に一定ではなく、海水の温度や塩分濃度によって違いが生じる。また、敵地で事前にトランスポンダーを

仕掛ける余裕があるとは思えないし、しかもそういう場所こそUUVが必要とされることが多い。おまけに、敵対的な海域でトランスポンダーから音波をピンピン出していたら、UUVの存在を周囲に"広告"する結果になってしまう。そう考えると、トランスポンダーを使える場面は限定されそうだ。

UAVやUGVと比較すると、自律行動可能なUUVの事例が少ない背景には、こうした事情も影響しているのかもしれない。

判断・指令・制御技術

自分の位置と目的地が分かれば、どちらに向けてどのように移動すればよいのかを判断できる。その判断と、判断した結果に基づいてヴィークルを制御する技術も必要になる。いわゆる自律航法システムだ。

そこで注意しなければならないのは、単に「あっちに行け」と指示するだけではなくて、その結果をフィードバックして次の制御に反映させる必要があるという点。ちょっと小難しい言葉を使うと、クローズド・ループによる判断が必要という話になる。

指示したらそれっきりでフィードバックを受け取らない形は、いわば一方通行だ。これをオープン・ループというが、それでは、本当に指示した通りに移動できているかどうかが分からないし、指示の内容を変更しなければならない場合も考えられる。だから、指示を下した後も現在位置や新しい指令の有無を継続的に判断して、必要に応じて指示を出し直さなければならない。

また、こうした制御のための判断と指令は無人ヴィークルに搭載したコンピュータが行なう仕事だから、コンピュータの信頼性も問題になる。信頼できるハードウェアとソフトウェアを開発するだけでなく、複数のコンピュータを搭載して故障や破壊に備える必要もある。

通信技術

無人ヴィークルと、それを扱うオペレーターは、煎じ詰めると猿と猿回しの関係に似ている。無人ヴィークルの多くは偵察・情報収集用途に用いられているが、得られたデータはできるだけ早く入手して活用したい。そして、いざというときにはオペレーターが介入して指令を出さなければならないので、データを送るための通信だけでなく、管制・指令のための通信も必要になる。

そのため、データや指令信号をやりとりする手段、つまり通信技術が必要になる。軍用の通信だから、単に通信できればよいというわけにはいかず、妨害対策や秘匿性・信頼性の確保も求められる。

電波を用いる通信は、原則として双方の当事者が見通し線上にいなければ成り立たない。だから、オペレーターと無人ヴィークルの距離が近い場合には無線通信を使え

ばよいが、距離が離れて地平線・水平線の向こう側まで進出させることになると、衛星通信を利用しなければならない。MQ-1プレデターを例にとると、同機が装備する見通し線データリンクは150nm（約278km）までしか届かないので、それより遠くの誰かと通信するには、衛星通信が必須となる。

こうした事情から、無人ヴィークルでは通信用の機材が大きな比重を占める。むしろ、無人ヴィークルだからこそ通信が重

図5.6：MQ-1プレデターの機首上部には、衛星通信用のアンテナが収まっている。衛星との位置関係に合わせてアンテナが首を振らなければならないので、旋回可能なパラボラ・アンテナをドームに収める形になり、その結果として機首上面が盛り上がる (USAF)

要、といえるかもしれない。そして、無線通信でも衛星通信でも、必要な情報をやりとりできるだけ通信能力を確保することが、重要な課題になる。特に衛星通信の場合、通信能力は衛星が備えるトランスポンダーの数によって制約されるから、他の種類の通信とトランスポンダーを奪い合うような場面も出てくるだろう。いまどきの軍事作戦では、衛星通信回線はいくらあっても足りない資源だからだ。

障害物の探知・回避技術

さまざまな無人ヴィークルの中でも、地上を走るUGVは難易度が高い。なぜかといえば、さまざまな地形に遭遇する可能性があるし、自然の、あるいは人為的な障害物に遭遇することも多いからだ。UAVなら、（他の航空機、あるいは山や建物と衝突しない限りは）A地点からB地点まで真っ直ぐ飛行できるが、UGVでは地形に逆らって走ることはできないし、建物や障害物を強行突破するわけにも行かない。実用的なUGVを生み出すには、こうした障害を探知・回避する手段が必要になる。

そのため、障害物の存在を知るためのセンサー、それが障害物であると判断して回避ルートを割り出すためのコンピュータとソフトウェア、そこで指令した通りにUGVを走らせる制御技術、といったものが必要になる。それを実際にやってみようということでアメリカのDARPAが実施したのが、「DARPA Grand Challenge」や「DARPA Urban Challenge」といったイベントだ。

まず、2004年3月に第1回目のDARPA Grand Challengeがモハーベ砂漠で行なわれた。センサーやコンピュータ、制御機器を追加装備した市販の乗用車を使って、設定した通りのコースをゴールまで走れるかどうか、もっとも速く走れるのは誰か、を競うイベントだ。第1回のDARPA Grand Challengeに出走した車両は途中で全滅して

しまったが、2005年10月の第2回では早くも、ちゃんと完走できる車両が5両も現われたのだからすごい。

そして、さらに難易度を上げたイベントが、2007年11月に元のジョージ空軍基地で開催されたDARPA Urban Challengeで、その名の通り、課題は市街地となっている。障害物が少なく、地形と道路だけを気にすればよい田舎と違って、市街地では建物がたくさん建っていて、道路網が複雑になり、障害物がいろいろ現われる。それだけ難易度が高くなるが、それでもちゃんと完走するチームが出現した。

ちなみに、DARPA Grand ChallengeやDARPA Urban Challengeでは、大学の研究機関を主体とするチームがたくさんエントリーしていた。アメリカに限らず、軍が大学の研究機関におカネを出して先端技術の研究を進めることは、実際のところ、よくある。

こうした研究が進めば、無人車両が自ら障害を回避しながら目的地まで走って行けることになる。さらに、複数の車両を連ねて、先頭の車両がルートを選択、その後の車両が先行車に追随、といったことを実現できると、ゆくゆくは「無人車両隊（無人コンボイ）」を実現できる可能性につながる。これについては前述した。

とはいえ、他の無人ヴィークルと同様、いざというときにはオペレーターが介入できるように、遠隔操縦と自律操縦の組み合わせにしておく方が現実的かも知れない。どんなに良くできたコンピュータであっても、判断を誤る可能性は皆無にはならない。

④ 無人ヴィークルの メリットとデメリット

人が乗らないメリット

　さて。こういったさまざまな無人ヴィークルには、有人のそれと比較して、どんなメリットがあるのだろうか。

　まず、真っ先に思いつくことで、かつ頻繁にいわれるメリットとしては、「兵士を危険な状況にさらさなくても済む」「攻撃されても人命の損失につながらない」といった点が挙げられる。特に偵察や爆弾処理といった任務では、こうしたメリットが大きい。敵国に侵入させた偵察機が撃墜された挙げ句に、パイロットが捕まって晒し者にされるような事態は、まっぴらゴメンだ。

　また、人が乗らない分だけ小型化できるメリットもある。特にUAVの場合、有人機であれば必須となる与圧装置や環境制御システムが不要になるため、機体の小型化を実現しやすい。コックピットが出っ張らなければ、構造面でも空力面でも有利になる。搭乗員に対する電磁波障害を気にする必要性も薄れる。ある部分を小型化できると、波及効果で他の部分も小型化できるため、結果として大幅な小型化につながることが多い。

　そして、機械は「お腹が空いた」とか「トイレに行きたい」とか「眠くなった」とかいうことはいわないので、長時間の監視をやらせるには都合がいい。大型のUAVでは24時間以上も連続滞空できる機体があるが、有人機で同じことをやろうとすると大変だ。世の中には、スホーイSu-34みたいにトイレや簡易調理設備まで備えた戦闘機もあるが、それは当然ながらサイズや重量に影響する。UAVなら、そこまでしなくても長時間の常駐が可能だ。

人手を減らせるメリット

　長時間運用に際して支障が少ないのであれば、同じ任務をこなすのであっても、必要とするヴィークルの数を減らせる。また、搭乗員のための機器を持たない分だけ構造がシンプルになるため、整備上の負担も減らせそうだ。こうした思惑通りにいけば、整備などを担当する後方支援要員を少なくできるし、スペアパーツを供給する負担も軽減できる。

それは結果として、後方連絡線に対する負担の軽減と、その後方連絡線に起因する脆弱性の低減につながる。イラクやアフガニスタンで、物資補給を担当する車両隊がしばしば、攻撃対象になっていることを想起していただきたい。

キル・チェーンの短縮

長時間の常駐監視が可能な無人ヴィークルを武装化すると、いわゆるセンサーとシューターを一体化することになる。すると、見つけたものを即座に攻撃できる。発見から攻撃までの時間短縮ということで、これをキル・チェーンの短縮という。

特に、自動車で移動中のテロ組織の首領、あるいは移動式ミサイル発射器といった、あっという間に出たり消えたりする類の目標では、発見したら直ちに攻撃したい。それにはキル・チェーンの短縮が必須だ。

既存勢力からの反発

ただ、こうして人間が行なっていた作業を無人ヴィークルに移行しようとすると、「抵抗勢力」が現われることは避けられない。

それは単に「自分たちの職場を奪うな」というレベルの話ではなくて、複雑で難しい任務をこなしてきたプライドが損なわれる、といった感情レベルの問題が関わってくる可能性がある。それだけに、無人ヴィークルの導入をごり押しすると、却って揺り戻しが発生する可能性がある。

また、面白いことに各種の無人ヴィークルを手掛けているメーカーには新興勢力の中小企業が少なくないため、それまで大型・高機能・高価な有人ウェポン・システムを手掛けていた大手防衛関連産業との市場争奪戦につながる可能性もある。もっとも実際には、そうした中小企業が大手の傘下に入って事業を継続する場面も多く、これはあまり問題にならないかも知れない。

コンピュータはカンピュータになれない

これは筆者の口癖だが、「コンピュータはカンピュータにはなれない」。あくまで、事前に何らかの理論に基づいてプログラムした通りに動作するのがコンピュータだから、判断を全面的にコンピュータに丸投げするのは問題がある。人間なら「なんか怪しいぞ」あるいは「これは違うかも知れない」とカンを働かせることができるが、コンピュータにそこまでの水準を期待するのは酷だ。

だから、監視・情報収集であればともかく、攻撃機能を伴う無人ヴィークルでは、前述したman-in-the-loop、つまり判断と意志決定の段階で人間を介入させる方式が基本になっている。

つまり、無人ヴィークルを戦闘用途に使用する場合、その場その場の判断が必要とされる任務には不向きといえる。偵察用のUAVと比べて、戦闘任務を担当するUCAV（Unmanned Combat Aerial Vehicle）の開発に時間がかかっている一因には、こうした事情もある。自動化した無人システムと人間の関わりをどうするかについては、まだ試行錯誤が続くのではないか。

ノースダコタ州兵航空隊が運用している、MQ-1プレデターの管制ステーション。自宅から出勤してくると、画面の向こうは戦場（USAF）

⑤ 無人ヴィークルに まつわる諸問題

管制ステーションの乱立

　こういう言い方をすると語弊があるが、欧米諸国の軍隊では、さまざまな無人ヴィークルを手当たり次第に調達・配備していった傾向があるように見受けられる。
　特に戦時には、当座の必要性を満たすために、整合性などの問題を後回しにして緊急調達する事例が多くなる。たとえば米陸軍の場合、無人ヴィークルの導入が急速に進んだのは、2001年10月のOEF（Operation Enduring Freedom）開始以後の話だ。2001年の時点ではRQ-5ハンターとRQ-7シャドーが少数存在するだけだったものが、2010年春にはUAVの保有機数が1,000機を超えるところまで拡大している。
　そうなったときに問題になるのは、管理・兵站面の問題だ。ひとつの分野でさまざまな装備が入り乱れていれば、それだけ部品の種類が増えたり、あるいは訓練・整備の手間が増えたりする。
　そして無人ヴィークルの場合、管制ステーションも機種ごとに別々ということが少なくないため、これも問題になる。複数の無人ヴィークルを併用しようとすると、機種の数だけ管制ステーションを持ち歩かなければならないからだ。
　そこでNATOでは、UAV用の地上管制ステーションについて、STANAG4586という標準仕様を策定した。STANAG 4586で規定した仕様に対応するUAVと管制ステーションであれば、相互運用が可能というわけだ。ただし、すでに互換性がない複数のシステムが同居している状態で、いきなり完全な相互運用性を実現するのは難しいため、複数のレベルを設けている。具体的な内容は以下の通りだ。

・レベル1：ペイロード（センサー）から得られたデータを、UAVとの間で間接的に送受信可能
・レベル2：ペイロードから得られたデータを、UAVとの間で直接送受信可能
・レベル3：UAVが搭載するペイロードの制御・監視と、データの直接受信が可能
・レベル4：発進/回収を除く、UAVの制御・監視が可能
・レベル5：発進・回収を含めて、UAVの制御・監視が可能

つまり、誰かに中継してもらってデータを受け取れるというレベルから、UAVそのものとペイロードの制御まで、すべて面倒をみられるというレベルまで、5つのレベル分けを行なったわけだ。

こうした規定が必要になる理由は、家庭内における各種リモコンの氾濫を思い浮かべていただければ、容易に想像できるだろう。テレビ、ビデオ・DVD・HDDなどの各種録画機器、オーディオ機器、衛星放送などのチューナー、エアコン、パソコンなど、リモコンを使用する機器は増える一方で、しかもそれぞれが専用品で互換性がない。それと同じ状態が無人ヴィークルの管制ステーションでも現出して、対応を求められたわけだ。

データリンクの盗聴・混信・干渉

2009年の末に話題になった無人ヴィークルがらみの問題として、データリンクの盗聴問題がある。

2009年12月にウォール・ストリート・ジャーナル紙が「イランの後援を受けてイラク国内で活動しているシーア派軍閥が、ロシア製のSkyGrabberというソフトウェア（値段は25.95ドルだそうだ）を使って、UAVから地上に送られるデータをハッキングしていた。2009年7月に、軍閥が使用していたノートPCからUAVが撮影した動画が見つかって発覚した」と報じている。

実はこの件について米軍関係者は、同種の問題が1990年代から存在していたことを明らかにしている。1996年にボスニアで、RQ-1プレデターが撮影した動画が衛星テレビにに混信する問題が発覚したが、これはデータの秘匿よりもUAVの配備を優先した事情によるとのことだった。

ただし現実問題として、MQ-1プレデター・MQ-9リーパー・RQ-4グローバルホークといった大型・高級なUAVは見通し線圏外まで進出するため、衛星通信を用いてデータを送っている。すると、電波を送信する先は頭上の衛星であり、地上ではないから、それを地上で傍受するのは困難なはずだ。むしろ、見通し線圏内で運用して地上管制ステーションとリンクしている戦術UAVの方が、盗聴リスクが大きいと思われる。

ただし、衛星通信を使用するUAVでも、それで完結しているわけではない。衛星経由で地上管制ステーションに送られたデータは、再び別の衛星通信回線を通じて戦地の部隊に送られるため、その段階で盗聴が起きる可能性が考えられる。遠隔操縦に用いる回線が乗っ取られれば、UAVのコントロールを奪われる可能性も出てくる。

では、こうした問題に対してどう対応するかというと、もっとも分かりやすいのは通信内容の暗号化だ。米軍でも、（具体的な手法について明らかにはしていないものの）UAVの能力向上だけでなく、暗号化を含めたセキュリティ対策について常に評価を行なっている、と説明している。実際、RQ-11レイヴンのように、暗号化機能付

きのデータリンク機材を発注したことが判明している事例もある。

また、データリンクの電波が届く範囲を絞り込むことも、盗聴対策になる。電波は周波数が高くなるほど直進性が強くなり、狭い範囲に対してスポット的に送信することが可能になるため、こうした考え方にも理はある。具体的な数字としては、「米軍兵士から100ヤード以内まで近寄らなければ傍受できないようにしている」という話が出ている。

UAVについては、こうしたデータリンクの保護に加えて、通信途絶の防止や、先の衛星テレビの件に代表されるような他の通信との干渉回避、といった課題も出ている。電波は公共の資産であり、周波数帯ごとに用途が細かく定められていることから、干渉防止は重要な課題といえる。

無人ヴィークルに対する批判と法的問題

また、法律や交戦規則にまつわる問題も考慮に入れる必要がある。コンピュータが勝手に攻撃の可否を判断するのでは、誤認識によって問題を引き起こす可能性があるため、必ず人間を介在させて判断させる必要があるのはいうまでもない。もしも、コンピュータ任せにして勝手に戦争を始められてしまった場合には、誰がその責任を取ればよいのかという問題も出てくる。

ところが、オペレーターが現場の映像を見て攻撃の可否を判断していても、「違法行為の疑いがある」という批判が出てくることがある。実際、毎日新聞の2010年4月30日号で、こうした論調の記事を掲載していた。

しかし、敵味方の識別をちゃんと行なってから攻撃する必要があるのも、民間人の巻き添え（いわゆる付随的被害）を避けなければならないのも、UAVだろうが有人機だろうが同じことだ。なお、米軍とともにアフガニスタンでMQ-9リーパーを運用している英空軍では、2010年5月19日付のプレスリリースで、「MQ-9に適用される交戦規則は、有人機に適用するものと同じだ」と説明している[24]。

そもそも、高速で飛行するジェット戦闘機のコックピットから目標を確認するのと、それより低速で、しかも高解像度のカメラを備えたUAVから目標を確認するのとを比較した場合、どちらの識別能力の方が高いだろうか？　後者の方が正確かもしれないと思うが、どうだろうか。

ただ、批判が正当かどうかは別として、こうした批判の声が議会を動かし、予算の審議という形で無人ヴィークルの運用を縛る可能性はある。だから、できるだけ批判されないような形を実現しなければならないのは確かだ。

むしろ、法的な問題というのであれば、別のところで問題が生じる可能性がある。たとえば、アメリカがすでに行なっているように、交戦状態にない他国の上空にUAVを送り込んで、暗殺まがいの任務を行なっていることの方が、法的な面では問題ではないだろうか。

また、UAVの運用をメーカーに委託している場合、オペレーターは軍人ではなく、メーカーの人間になる。遠隔操作しているから、それによってメーカーの人間が敵の捕虜になることはないにしても、民間人が戦闘行動の片棒を担いでいることに変わりはない。それが法的見地から見てどうか、という点については専門家の御教示を仰ぎたいところだ。
　さらに、UAVが撃たれてもオペレーターの生命には危険は生じないことから、UAVに対する発砲への反撃を自衛行為とみなせるか、という問題もあるかもしれない。

UAV運用はゲーム感覚？

　実のところ、この種のUAV批判は「自分は安全なところにいて、そこからリモコン操作で敵を殺すなんて怪しからん」という感情的な批判が土台にあるように思える。
　実際、無人ヴィークルに対して向けられる批判として典型的なもののひとつに、「ゲーム感覚で戦争をする」というものがある。UAVの運用に際しては管制ステーションのディスプレイに表示される映像を見ながらジョイスティックを操作して、機体の操縦や攻撃を行なっている。だから、知らない人が見たらゲームをしているように見えても不思議はない。
　ところが実際にはどうかというと、敵兵が味方の攻撃によって吹き飛ばされる様子を実況中継で見られる上に、センサー能力の向上によって、それをハイビジョン相当の映像で見られるようになった。しかもオペレーターは戦場から離れたところにいて、戦場にいるという感覚に乏しい状況に置かれている。そのため、却って「画面の中の戦場」と「自分が暮らしている日常」の落差が激しくなる。
　特に、米空軍のMQ-1プレデターやMQ-9リーパーはアメリカ本土の基地から衛星経由で遠隔操作している。すると、オペレーターは「画面の中の殺し」が終わると自宅に帰って、普通の生活を営むことになる。戦地で任務を終えた軍人を帰国させるのに、わざわざクールダウン期間を置いて心理的なギャップの解消を図る必要性が指摘されているぐらいなのに、自宅から戦場に「通勤」するのでは、クールダウンも何もあったものではない。こうした事情から、UAVのオペレーターは心理的に、難しい状況に置かれることが少なくない。へたな戦闘機・爆撃機の搭乗員よりも、「敵兵を殺している」という実感が強いかもしれないぐらいだ。

有人プラットフォームとの混在運用

　無人ヴィークルのうちUAVについては、有人機との混在運用が課題になっている。有人機同士であれば、パイロットが自分の眼で周囲を見張る、あるいは管制官からの指示を受けるといった方法によって衝突回避を図ることができるが、UAVに同じこ

とを要求するのは難しい。

そうした事情もあり、現在はUAVを運用する空域を独立させて、民間航空機が飛行する空域とは分ける形が一般的になっている。しかし、将来的にUAVの利用が拡大して、特に国土安全保障（Homeland Security）の分野でUAVを利用するようになると、必然的に自国の上空でUAVを運用することになるため、空域を分ければよい、とはいっていられなくなる。特に問題になりやすいのは、運用高度が民間機と重複する場合ではないかと考えられる。

それと比較すると、運用高度が民間航空機と比べると高いRQ-4グローバルホーク（運用高度65,000フィート）のような機体では、いったん上昇してオン・ステーションしてしまえば、民間機との衝突を気にする必要はないといえる。こうした場合には、UAVが高度をとるための回廊（コリドー）を確保して、そこだけを民間機と分離することで対応できるのではないだろうか。

また、UAVに対して旅客機と同様にTCAS（Traffic Alert and Collision Avoidance System）を装備して、衝突回避を図る事例もある。ちなみに、TCASを初めとする民間航空機用の保安システムは、有人の軍用輸送機や空中給油機などについても装備を求められる場合が多い。そうしたシステムを備えていないと、民間機が利用する空域を飛行できず、効率的な飛行経路をとれないからだ。

この衝突回避の問題を初めとして、UAVと有人機が混在することによる問題の洗い出しと解決策についての研究が、欧米の当局を中心にして進められているところだ。空が混雑している日本でも、UAVを本格的に活用していこうとしたときには、同様の研究が必要になるのではないだろうか。

第 6 章

軍用ITを支える通信技術

　俗に「情報通信技術」というが、「情報」を扱うコンピュータの方は注目されやすいものの、それと比べると「通信」に対する注目度は高くないように見受けられる。これは軍事の世界も同じで、プラットフォームや兵装に対する注目度は高いが、通信に対する注目度は低い。
　ところが軍隊組織では、その通信に関する「秘」の度合は極めて高い。無論、重要性が高いから秘密にするのだ。そこで、差し障りがない範囲で、通信技術の基本について解説してみようと思う。

❶ 通信は軍事作戦の基本

通信手段の進歩

　軍隊と軍事作戦の根幹は何か。それは、「指揮・統制」である。最高司令官のレベルから現場のレベルまで指揮・統制が行き渡り、「○○へ向かえ」と指令を出したらその通りに動く、「撃ち方始め」と指令を出したら射撃を開始する、「撃ち方止め」と指令を出したら射撃を止める。それがちゃんとできなければ、意図した通りの作戦は実行できないし、ひいては国家の命運にも関わる。

　また、その作戦行動を実施する上での基本となる情報を伝達する手段としても、通信は極めて重要な意味を持つ。せっかく重要な情報を掴んでも、それをタイムリーに、必要とされるところに伝えられなければ、その情報は役に立たない。だから、指令や情報を正しい相手に正しく伝達するための通信手段は、軍隊が正しく機能するための神経線といえる。

　狭いエリアの話であれば、指令や情報の伝達は口頭で用が足りる。しかし、作戦範囲が広がり、指揮下の部隊が大規模になると、そうはいかない。そこで、さまざまな伝達手段が考案された。

　古典的な手段としては、「狼煙」がある。遠方からでも把握できるが、狼煙を上げる・上げないといった程度の使い分けしかできないので、伝達できる情報の種類に限りがある。

　1794年にフランスで、シャウプという人物が、腕木を用いた情報伝達方法を考案した。16km程度の間隔で櫓を建てて、それぞれの櫓の頂部に、3本の材木を組み合わせて構成した「腕木」を取り付ける。腕木の取り付け角度は自由に変えることができるので、向きをいろいろ変えることで、92種類のメッセージを表現できた。そして、隣接する櫓同士で見張員が隣の櫓の腕木の状態を確認してから、

図 6.1：フランスのシャウプが考案した、腕木による情報伝達

自分の櫓でも同じ内容に設定する。これを繰り返せば、次々に情報が伝わっていく。1日で640km先まで情報が伝わったというから、案外と馬鹿にできない。

このほか、発光信号や手旗信号も、見通しが効く範囲内で通用する視覚的伝達手段という点で、狼煙や腕木と共通性がある。信号の内容を事前に決めておけば、表現できる情報の幅も広い。ただ、いずれの手段であっても、視覚に頼るが故の限界がある。つまり、夜間、あるいは悪天候の場合には伝達能力に問題が生じる難点がある。また、伝達速度は決して速くない。

その点、伝令、早馬、伝書鳩といった手段であれば、もっと込み入った内容の指令や情報を伝達できる。口頭で伝えてもよいが、記憶間違い、あるいは忘れる可能性があるので、文書を持たせればもっと確実性が高まる。ただし、確実に目的地に届くかというと不安がある上に、途中で敵に捕まったり、殺されたりするリスクもある。実際、戦場で伝令が敵に捕まって作戦が筒抜け、なんていう事例もある。また、(伝書鳩は比較的マシだが)伝達速度の面でも難点がある。

電気通信技術の登場で問題解決

こういった問題を一挙に解決したのが、電気通信といえる。伝達の手段としては有線と無線があり、伝達する情報の種類としては電信、電話、コンピュータ同士のデータ通信といったものがある。

技術的に簡便で、もっとも早く実現できたのは、有線通信と電信の組み合わせだ。アメリカの発明家、サミュエル・モース (Samuel Finley Breese Morse. 1791～1872) が電磁石の仕組みを利用して発明した「電信機」がそれだ。電信では信号のオンとオフしか表現できないので、モースは「・」と「－」、いわゆるトンツーの組み合わせでアルファベット26文字や数字などを表現する方法を考案した。いわゆるモールス符号だ。

さらに、同じアメリカでグラハム・ベルが電話機を発明して特許を申請 (1876年)、これでモールス符号を覚えなくても情報を伝達できることになった。2台の電話機を電話線で結ぶことで音声通話が可能になるから、取り扱いは易しくなる。

ただ、軍事通信の手段としてみると、電信でも電話でも、有線で通信すると具合の悪い点がある。通信のためには電線を引っ張らなければならないので、空や海では使えないし、電線が破壊されれば通信が不可能になってしまう。実戦では、前進する部隊に通信兵が随伴して、リールから電線を繰り出しつつ野戦電話の回線を架設するわけだが、敵の砲弾が直撃したり、戦車やトラックが踏みつけたりすれば、たちまち使用不能になってしまう。

その点、電磁波の伝播を利用する無線通信であれば物理的な伝送手段を必要としないので、具合がいい。初めて無線電信の実験が行なわれたのは1895年のことで、イタリアのマルコーニが1,700mの距離で通信を行なうことに成功した。その後、技術の進

歩によって通信可能な距離が伸びて、1901年にはイングランド西端とカナダのニューファウンドランド島・セントジョーンズ間（3,600km）を結ぶ無線電信の実験に成功している。

同じ1901年に日本海軍がマルコーニの無線電信に目をつけて、「三四式無線電信機」を開発した。日露戦争ではこの無線電信機を駆使して、見張りを担当する通報艦と艦隊司令部の間の迅速な情報伝達を可能にした。これも日本海海戦の勝利に貢献したことだろう。一方のロシア海軍は、手旗信号のように視覚に頼った情報伝達をやっていたので、その差は明白だ。

有線通信と同様、無線通信でも電信から電話へと進歩を遂げており、第二次世界大戦ではどこの軍隊でも、程度の差はあれ、無線電信や無線電話を使ったコミュニケーションを活用するようになった。その後、人工衛星が登場して見通し線圏外の通信が容易になったが、無線通信という本質の部分は変わらない。

データ通信の登場とデジタル通信

さらに、コンピュータを利用するようになったため、電信や音声通話に加えて、データ通信という新顔が加わった。コンピュータ同士が直接、有線、あるいは無線でデータをやりとりするというものだ。

音声通話にもいえることだが、やりとりしようとする情報を電気信号の変化に置き換えたり、そこから元の情報を取り出したりする、いわゆる変調（modulation）・復調（demodulation）の技術が重要になる。この技術ができないと、電気信号に載せることができる情報の種類が限られてしまうからだ。電話より先に電信が登場したのは、電信なら「・」と「－」の2種類だけで用が足りる分だけ難易度が低いという事情がある。

ここまでは、電気信号や電磁波の連続的な波形変化として情報を伝える、いわゆるアナログ通信の話だ。それとは別に、デジタル通信という考え方がある。情報をすべて「1」「0」の2進法で扱うデジタル・コンピュータが登場したため、そのデジタル・コンピュータ同士の通信でも「1」「0」の違いをやりとりする。それがデジタル通信だ。ただし後述するように、「1」と「0」しかないからといって、単純な波形変化で済むというものでもない。

軍用通信には高い秘匿性が求められる

軍事作戦における情報伝達では、秘匿性が求められるという特徴がある。実際には個人レベルでも他人に盗聴されればプライバシー侵害だし、企業のビジネスで用いる通信にも秘匿性は求められるのだが、国家の命運がかかっている軍事作戦の通信では「重み」が違う。（やりとりする情報が多くなると、高い伝送能力が求められるように

なるが、これは軍用通信に限った話ではない）

　裏を返せば、敵が行なう通信を傍受することで、敵が何を知っているのか（または、何を知らないのか）、何をしようとしているのか、何か問題を抱えているのか、といったことを、居ながらにして把握できるということになる。それによって対抗手段を講じたり、敵の裏をかいたりできる。

　有線通信であれば、信号が伝わるのはケーブルの内部だけだから、そのケーブルに手を出さない限り、通信を盗聴することはできない。もっとも、それだから安心できるかというと、そうでもない。ソ聯が設置していた海底ケーブルに、アメリカが盗聴器を仕掛けて通信内容に聞き耳を立てていた事例もある。

　もっと厄介なのが無線通信だ。無線通信は、空間を電磁波が伝搬することで通信が成り立っている上に、その電磁波は四方八方に広がっていく。特定の二地点間でだけ行なう通信であっても、電波はそれ以外の方向にまで出てしまう。しかも、遠距離の通信を実現しようとして出力を上げたり、あるいは短波通信のように電離層で反射させて遠距離伝達を実現したりということになると、ますます、用のないところまで電波が伝わるリスクが増える。しかも、電波は空中を伝わっていくものだから、電波に戸は立てられない。

　そこで、敵がやりとりする無線通信の内容を傍受して、やりとりしている内容を知ろうという考え方が登場した。第一次世界大戦でイギリスがドイツに対してやったように、わざと相手が使用している海底ケーブルをちょん切ってしまい、無線通信を使用せざるを得ないようにした（つまり盗聴しやすくした）、なんていう事例もある。また、民間の電信会社を使ってやりとりされる外国政府の公電を傍受して、他国の手の内を知ろうとする試みも一般化した。日本がワシントン軍縮会議や太平洋戦争前の日米交渉でアメリカに手の内を読まれた事例が有名だ。

無線通信と情報収集

　こうした、敵の通信を傍受する情報収集活動のことを、COMINTという。戦史をひもとくと、このCOMINTが大々的に活用された事例がたくさんあることは、本書の読者の皆さんなら御存知だろう。ただし、COMINTの活用が一般化すれば、通信を傍受されても内容が分からないようにしようということで、通信内容を暗号化するようになる。すると今度は暗号解読という話が出てくる。

　暗号解読ができないと、せっかく通信を傍受しても内容が分からない。そこで登場する代替手段として、通信トラフィック分析がある。これは、発信者や宛先のコールサイン（呼出符号）、通信が発生する時間帯や頻度、といった情報を蓄積して、誰がいつ、どの程度の通信を行なったのかを時系列順に解析する手法のことだ。通信の内容を直接知ることができなくても、トラフィックの状況から敵の意図を推測できるのではないか、という考えによる。

図 6.2：米海軍が運用している電子情報収集機、EP-3EアリーズII。機体の表面には、受信用のアンテナが大量に取り付けられている（US Navy）

図 6.3：青森県三沢市にある「象のオリ」ことAN/FLR-9。これは短波通信を傍受するための施設で、衛星通信の傍受には別の施設を用いる。なお、この施設の取り壊しを計画しているとする情報がある（筆者撮影）

この統計分析によってトラフィックのパターンと敵の作戦行動の関連性が分かると、「そろそろ敵が大規模作戦を予定しているのではないか」ぐらいの推測はできる。ただし通信トラフィック分析には、「何が起きそうか」は推測できても、「どこで起きるか」の推測が難しいという問題がある。

また、無線方向探知（DF：Direction Finding）という手法もある。無線通信に用いられる電波の発信源がどちらの方向にあるのかを調べて、発信源の位置を確かめる手法のことだ。方向探知器が1ヵ所では、その位置からの相対的な向きしか分からないが、離れた場所に2ヵ所の方向探知機を設置すれば、同じ発信源に対してそれぞれ異なる方位が得られる。その線を延ばしていくと、線が交差する場所が発信源の所在地ということになる（ただしこのとき、使用する地図の種類を間違えると、とんでもない結果が出てしまう）。

通信傍受への対抗手段としては、「通信をやらない」のがもっとも効果的だ。実際、部隊の行動や存在を秘匿するために無線の発信を止める、いわゆる無線封止を行なった作戦はたくさんある。

近年では衛星通信の利用が多くなっており、これは電波のビーム幅が狭く直進性が強いことから傍受可能な範囲が狭くなっているが、だからといってまったく傍受されないわけではない。陸上に設置するマイクロ波通信網にも同じことがいえる。

「○○INT」のいろいろ

　こうした、無線に関わるさまざまな情報収集手段の総称が、SIGINTだ。SIGINTの一種としてCOMINTがあると考えれば、そんなに間違いはないだろう。COMINT以外では、レーダーや、そのレーダーを妨害する電波妨害装置なども情報収集の対象になる。こうした電子機器に関する情報収集は、ELINTという。

　電波を傍受・解析する手段としては、地上に設置する傍受施設に加えて、車両、航空機、人工衛星、水上艦、潜水艦など、さまざまなプラットフォームが用いられる。この手の「○○INT」にはさまざまな種類があるので、これまで紹介してきたものも含めて、以下にまとめておこう。

- COMINT：Communication Intelligence　通信情報
- SIGINT：Signal Intelligence　信号情報
- ELINT：Electronic Intelligence　電子情報
- ACINT：Acoustic Intelligence　音響情報
- PHOTINT：Photographic Intelligence　写真情報（カメラを使った写真撮影）
- HUMINT：Human Intelligence　人的情報（いわゆるスパイ、諜報員）
- GEOINT：Geospatial Intelligence　地理的情報

❷ 有線・無線通信の基本と電波の周波数

波形変化と変調

　といったところで、軍用の話からはいったん離れて、電気通信の基本となる仕組み・考え方について、かいつまんで解説しておこう。

　電気通信とは、電流、あるいは電波を用いて何らかの情報を伝える行為のことだ。最近では光信号を使用する通信が増えており、これにも光ファイバーを使用する有線通信と、空間で光信号を伝搬させる無線通信があるが、光は電磁波の一種といえるので、まとめて取り上げることにする。

　伝えようとする情報は、何らかの変化を伴う。たとえば音声であれば、周波数（声や音程の高さ）が変わるし、音量も変化する。そういった情報を伝えるには、元の情報の変化を電気信号の変化に置き換える必要がある。そこで、基本となる電気信号として一定の周期で変化する信号（搬送波）を用意した上で、それを伝えたい情報の内容に応じて変化させる。何を変化させるかで、3種類の方法に分かれる。

　分かりやすいのは振幅、つまり電気信号の出力を変化させる方法だ。伝えようとする情報の波形変化に合わせて、搬送波の振幅を変化させる。これを振幅変調（AM：Amplitude Modulation）という。ラジオ放送でおなじみだ。

　また、伝えようとする情報の波形変化に合わせて、周波数を変化させる方法もある。この場合、内容の変化に応じて、出力する電気信号の周波数が変動することになる。周波数の変動幅が広いほど、キメの細かい表現が可能になるが、特に電波では利用可能な周波数の範囲に限りがあるため、その範囲内で変化させる必要がある。これを周波数変調（FM：Frequency Modulation）という。

　最後に、波形変化がスタートするタイミング、つまり位相を変化させる方法がある。これを位相変調（PM：Phase Modulation）という。

　送信側では、搬送波を生成した上で、電気回路を用いて入力（伝えようとする電気信号）から振幅・周波数・位相のいずれかを変化させて、出力信号を取り出す。受信側ではそれと逆の操作（検波）を行ない、元の情報を取り出す。無線機でも放送でも、基本的な考え方はこういう話になる。

アナログ通信とデジタル通信

ここまでは、伝送しようとする情報をどうやって電気信号にするか、という話だった。もうひとつ、その「元の情報」の違いにより、アナログ通信とデジタル通信という違いがある。アナログ通信とは、連続的な波形変化をともなう情報といえる。たとえば音声がそうだ。それに対してデジタル通信でやりとりする情報は、煎じ詰めると「1」「0」の2種類しかない。もっとも、連続的な波形変化をともなうアナログな情報でも、時間を単位にして細切れにして、個々にデータ量を数値化した上で「1」「0」で表わす形に変換すれば、デジタル通信ということになる。

たとえばコンパクトディスクの場合、周波数44.1kHz、つまり1秒間の信号を44,100個に区切っている。いいかえれば、区切られた個々の信号の長さは1/44,100秒≒0.0000226757秒だ。この周波数のことをサンプリング周波数といい、数字が大きいほど細切れにされるという意味になる。

その細切れにした個々のデータを、何桁の「1」「0」で表現するかで、どれだけキメの細かい表現ができるかが決まる。たとえば1桁しかなければ、使える値は「1」と「0」の種類しかないから、「音が出ている」「音が出ていない」の2種類しか表現できない。しかし、コンパクトディスクでは16ビット、つまり16桁の2進数を使っているから、使える値は2の16乗、つまり65,536段階あることになる。

ここではコンパクトディスクの話を引き合いに出したが、他の種類の情報でも考え方は同じだ。

デジタル・データの変調方法

デジタル・データを伝えるデジタル通信の場合でも、やはり振幅・周波数・位相のいずれかを変化させることで、「1」「0」の違いを伝えることができる。アナログ通信と異なり、極端なことをいえば「1」「0」の区別がつけばよいので、電波障害や妨害などによって通信の内容が影響を受けたときでも、元のデータを取り出しやすくなる利点がある。

なお、デジタル通信では変調（Modulation）という言葉を使わず、偏位変調（SK：Shift Keying）という。振幅変調に対応するのが振幅偏位変調（ASK：Amplitude Shift Keying）、その他も同様で周波数偏位変調（FSK：Frequency Shift Keying）、位相偏位変調（PSK：Phase Shift Keying）といった具合になる。細かいことを言い始めると、さらにいろいろなやり方に枝分かれするのだが、ゴチャゴチャ書き始めるとソッポを向かれそうなので、とりあえずこれだけにしておこう。

ちなみに光ファイバーの場合、レーザーで発生させる光信号のオン・オフによって「1」「0」の区別をつける。電気信号でも同じようにして「1」「0」の区別をつけ

るやり方があり、この方法によって出力する電気信号は（光信号のオン・オフと同様に）矩形の波形変化を生じることになる。そういう意味では電気信号でも光信号でも似ているのだが、光信号の方が安定性・確実性が高い。外部から電磁波を受けたときに影響されにくいからだ。

電波の周波数

話が前後するが、周波数についても簡単に解説しておこう。周波数とは早い話が、信号の変化が発生する周期のことだ。たとえば交流60Hzの電気であれば、波形変化が毎秒60回のペースで発生する。

第二次世界大戦中のレーダーに関する記述で、「メートル波」とか「センチメートル波」とかいった記述がよく出てくる。これは、レーダーが使用する電波の波長を意味する言葉で、波長を示す単位が細かくなるほど、周波数が高い電波を使っていると

周波数	波長	呼称	用途
3Hz〜30Hz	100,000km〜10,000km	ELF（Extremely Low Frequency）	潜水艦向け通信など
30Hz〜300Hz	10,000km〜1,000km	SLF（Super Low Freqnency）	
300Hz〜3,000Hz（3kHz）	1,000km〜100km	ULF（Ultra Low Frequency）	
3kHz〜30kHz	100km〜10km	VLF（Very Low Frequency）	潜水艦向け通信、オメガ双曲線航法
30kHz〜300kHz	10km〜1km	LF（Low Frequency）、長波	ロラン双曲線航法、計器着陸システム（ILS）
300kHz〜3,000kHz（3MHz）	1km〜100m	MF（Medium Frequency）、中波	ラジオ放送、無線航法支援設備（NDB, ADF）、計器着陸システム（ILS）
3MHz〜30MHz	100m〜10m	HF（High Frequency）短波	ラジオ放送、超水平線レーダー
30MHz〜300MHz	10m〜1m	VHF（Very High Frequency）、超短波	テレビ放送、ラジオ放送、無線通信
300MHz〜3,000MHz（3GHz）	1m〜0.1m	UHF（Ultra High Frequency）、極超短波（メートル波）	テレビ放送、無線通信、衛星通信、無線LAN
3GHz〜30GHz	0.1m〜10cm	SHF（Super High Frequency）、センチメートル波	衛星通信、無線LAN
30GHz〜300GHz	10cm〜1cm	EHF（Extremely High Frequency）、ミリメートル波	衛星通信、無線LAN

表 6.1：周波数による電波の分類

いう意味になる。「ミリメートル波」でも同じだ。電気信号の伝達速度は一定（約30万km/秒）だから、周波数が高くなるほど、1回の波形変化に要する距離、つまり波長は短くなる。30万kmを周波数で割れば、ひとつの周期あたりの波長を求められる。「表6.1」で、境界となる周波数がすべて「3」で始まる数字になっているのは、そのためだ。

電波を用いて通信する場合、あるいはレーダーなどの電波機器を実現する場合、利用可能な周波数がいろいろある。それらの違いについてまとめたのが、「表6.1」だ。3Hzをスタート点として、周波数が10倍刻みで分類される。

これでお分かりのとおり、「センチメートル波のレーダー」といえばSHF、「メートル波のレーダー」といえばUHFの電波を使っているという意味になる。そして、電波の送受信に使用するアンテナのサイズは電波の波長によって変化するから、VLFやELFを送信する潜水艦向けの送信所が、どでかいアンテナを収容するために広大な敷地を必要とする理由も理解できる。レーダーも同じで、周波数が低いレーダーほどアンテナが大きい。

レーダーが使用する電波の周波数分類

こうした周波数による分類とは別に、NATOが定めている「○○バンド」という分類もあるので、「表6.2」にまとめた。主として、レーダーや電子戦装置が使用する範囲について、範囲分けを行なったものだ。たとえば「Jバンドの戦闘機用レーダー」といえば、10～20GHzの範囲の電波を使っているという意味になる。

通信機器が使用する電波の周波数分類

同じように、通信機器が使用する電波の周波数についても別途、「○○バンド」と呼ばれる分類があるので「表6.3」にまとめた。前項で取り上げたレーダーの場合と重複するものがあるので、間違えないように注意する必要がある。この種の表現を多用するのは衛星通信で、主としてXバンド・Kuバンド・Kaバンドが用いられている。

名称	周波数の範囲
Aバンド	～250MHz
Bバンド	250～500MHz
Cバンド	500MHz～1.0GHz
Dバンド	1～2GHz
Eバンド	2～3GHz
Fバンド	3～4GHz
Gバンド	4～6GHz
Hバンド	6～8GHz
Iバンド	8～10GHz
Jバンド	10～20GHz
Kバンド	20～40GHz
Lバンド	40～60GHz
Mバンド	60～100GHz

表6.2：NATOで使用している、周波数のバンド分け

名称	周波数の範囲
Iバンド	～0.2GHz
Gバンド	0.2～0.25GHz
Pバンド	0.25～0.5GHz
Lバンド	0.5～1.5GHz*
Sバンド	2～4GHz
Cバンド	4～8GHz
Xバンド	8～12GHz
Kuバンド	12～18GHz
Kバンド	18～26GHz
Kaバンド	26～40GHz
Vバンド*	40～75GHz
Wバンド	75～111GHz

*Yバンドとする資料もあり
*1～2GHzとする資料もあり

表6.3：通信機器で使用する周波数のバンド分け

周波数とレーダーの能力の関係

　使用する電波の周波数が高い（＝波長が短い）ということは、それだけキメの細かい表現が可能になるということだと考えていただければ、それほど間違いはない。だから、メートル波レーダーよりもセンチメートル波レーダーの方が、さらにミリメートル波レーダーの方が精度が高い。

　その代わり、周波数が高くなると電波の出力が減衰しやすくなるため、遠距離の伝達性に問題が出てくる。これは通信でもレーダーでも同じで、たとえばレーダーの場合、「周波数が高い電波を使用するレーダーは、高精度だが短い距離でしか使えない」「周波数が低い電波を使用するレーダーは、精度では見劣りするが、遠距離まで届く」という傾向が生じる。

　だから艦載レーダーを見ていただければお分かりの通り、広域捜索能力を求められる対空捜索レーダーは周波数が低めで、反対に高い精度が求められる射撃管制レーダーは周波数が高めになる。他の分野でも同様の傾向になる。

　弾道ミサイル防衛では、小さな再突入体でも精確に追跡する能力が求められるため、洋上設置型のSBX（Sea Based X-band Radar）でも陸上設置のAN/TPY-2 FBX-T（Forward Based X-band radar-Transportable）でも、周波数が高いXバンドを使用している。ただしSBXの場合、遠距離捜索能力も求められることから、送信出力を高めて力任せに押し切っている。

通信と電離層の関係、通信中継

　さらに通信の場合、電離層という問題が関わってくる。電離層とは地球の周囲を取り巻くイオンと電子の層で、以下の種類がある。

・D層：高度80km。夜間は消滅する
・E層：高度100-120km
・F層：高度300-500km。これは夜間で、昼間はさらにF1層（170-230km）とF2層（200-500km）に分かれる

　そして、「表6.1」に挙げた電波のうち、長波・中波・短波は電離層で反射される。長波はD層かE層、中波はE層、短波はF層で反射される。超短波より上の周波数はすべての電離層を透過して直進する。

　だから、短波通信は地表と電離層の間で電波を反射させることで、（十分な送信出力があれば）水平線より先まで電波を届かせることができる。ただし、夜間と昼間とでF層が単一だったりF1・F2層に分かれたりするので、電波の届き方に違いが生じる。

超水平線レーダーも考え方は同じだ。

　逆に、衛星通信では超短波、ないしはそれ以上の電波を使わなければならない。そうしないと、電離層より上にいる衛星に電波が届かない。弾道ミサイルに対する警戒や要撃で使用するレーダーも同じで、宇宙空間から突っ込んでくるミサイル本体や再突入体を追跡しなければならないから、電離層を透過できる周波数帯の電波を使わないと成り立たない。

　こうした事情により、高い周波数の電波を使う「見通し線圏内の通信」（比較的短かい距離で用いる）と、低い周波数の電波を使う「見通し線圏外の通信」（比較的長い距離で用いる）、さらに通信衛星を使って中継させることで実現する見通し線圏外への通信、といった種類ができる。通信衛星の代わりに、中継器を搭載したUAVなどを使って、通信を水平線の向こう側まで中継させることもできる。

③ 衛星通信をめぐる あれこれ

　有線通信であれば、ケーブルを接続して途中に増幅装置を組み込むことで、遠距離の通信が可能になる。太平洋戦争よりも前の時代から、海底ケーブルによる国際通信が可能になっていた。ところが無線通信の場合、遠距離通信にはいろいろと問題がある。

　短波通信であれば、電離層で電波を反射させることで遠距離通信が可能になるが、周波数が比較的低いこともあり、伝送能力には制約がある。また、反射によって遠距離伝送を実現することから、電波が届かない地域（スキップゾーン）ができる等の難点もある。そうした事情もあり、現在では見通し線圏外の遠距離通信というと衛星通信が中心になっている。その衛星通信について解説していこう。

通信衛星の種類

　現代的な意味でいうところの世界初の通信衛星は、1962年7月10日に打ち上げられたAT&Tのテルスターで、遠地点が約5,600km、近地点が約950km、軌道傾斜角45度の楕円軌道を周回した。静止型の通信衛星では、NASA（National Aeronautics and Space Administration）が1964年8月に打ち上げたシンコム3が最初になる。翌1965年には、国際電気通信衛星機構がインテルサットを打ち上げた。その後、さまざまな国が通信衛星を打ち上げるようになり、国家で、あるいは民間企業の手で、多数の通信衛星が稼働するようになっている。

　通信衛星に限ったことではないが、人工衛星にはさまざまな種類がある。まずは、その話から始めよう。

　地球上から見た場合の位置の違いにより、「周回衛星」と「静止衛星」という区分がある。よく誤解されるが、静止衛星は赤道の真上にしか占位することができない。赤道上空・高度が約35,786kmの位置で地球の自転と同期して移動しているため、地上からは静止しているように見えるという話だ。だから、地球上の任意の地点を静止衛星で常時見張る、なんていうことはできない。

　静止衛星には、「軌道位置」という言葉がつきものだ。東経○度、あるいは西経○度という形で表わし、たとえば東経135度の静止軌道上であれば「135E」（EはEastの頭文字）、西経50度の静止軌道上であれば「50W」（WはWestの頭文字）といった表記を行なう。場所が限られている以上、同じ軌道位置に多数の衛星が同居することは

できず、必然的に場所の奪い合いと調整が発生する。

また、軌道位置をどこに取るかで、衛星がカバーできる範囲が決まってくる。太平洋上にいる衛星が大西洋やヨーロッパに向けた通信を取り扱うことはできないし、逆の場合も同様だ。これは通信衛星に限らず、DSPやSBIRS（Space Based Infrared System）などといった、弾道ミサイル警戒用の早期警戒衛星でも同じだ。したがって、全世界をカバーする衛星通信網を静止衛星で構成しようとすると、複数の衛星を配備する必要がある。

一方、周回衛星はその名の通り、地球の周囲をグルグル回っている。その際に取る軌道の高度、軌道傾斜角（南北方向に対する角度）、離心率（軌道が真円か楕円か）といった項目の違いにより、さまざまな種類の軌道がある。

まず高度については、以下の分類がある。

- LEO（Low Earth Orbit）：高度500～2,000km、周期が数十分から2時間程度
- MEO（Medium Earth Orbit）：高度2,000～35,786km（8,000～20,000kmとする場合もある）、周期が数時間から10時間程度
- HEO（High Earth Orbit）：高度35,786kmを超えるもの
- GEO（Geosynchronous Earth Orbit）：先に述べた静止衛星のこと。GSO（Geostationary Orbit）ともいう

いうまでもないことだが、高度が低いほど周期は短くなり、カバー可能な範囲も狭くなる。その代わり、地表からの距離が近くなる分だけ通信する際の伝送遅延は少なくなる。テレビ番組の衛星中継で遅延が入るのは、軌道高度が高い静止衛星を使用しており、その分だけ遅延が大きいためだが、そうした問題はLEOなら緩和できる。

軌道傾斜角については、以下の分類がある。軌道傾斜角によって、打ち上げの難易度やカバー範囲が違ってくる。

- 傾斜軌道：軌道傾斜角が赤道に対して傾いている軌道。
- 極軌道：惑星の極、または極近傍の上空を通過する軌道（軌道傾斜角は90度に近い）
- 極太陽同期軌道：極軌道に近く、赤道を常に同じ現地時間で通過する軌道
- 巡行軌道：惑星の自転と同方向に周回する、軌道傾斜角90度以下の軌道
- 逆行軌道：軌道傾斜角が90度を超える軌道のこと。つまり、惑星の自転方向とは逆向きに周回することになる。これを使用することは、まずない

離心率については、常に同じ高度で周回する円軌道と、高度が変化する楕円軌道に大別できる。

衛星の種類の選択

　通信衛星を打ち上げる場合、用途やカバーすべき範囲、求められる能力を勘案して、こうした要素の中から最適なものを選択する。

　静止衛星を使用する場合、軌道高度が高い分だけカバー範囲は広いが、それでも世界全体をカバーするには最低3基は必要になる。また、衛星の位置が赤道上空なので、北極や南極をカバーするのが難しくなる。極地をカバーするには周回衛星の方が有利だ。

　通信衛星の話ではないが、弾道ミサイル早期警戒衛星は常に同じ範囲を見張り続ける方が都合がいいため、DSP衛星では静止衛星を使用している。その後継となるSBIRSでは、周回衛星と静止衛星の組み合わせになった。

　一方、周回衛星を使用する場合には極地でもカバーしやすいほか、軌道高度が低いことから出力を低くできるメリットがある。衛星携帯電話では、通信に必要な送信出力が少なくて済むためにLEOを使用する。静止軌道上の衛星に届くほどの出力を持つ携帯電話機を作ると、大きくなり過ぎる。

　その代わり、衛星の数はたくさん必要になる。イリジウム衛星携帯電話では高度780kmのLEOを使用しており、当初は77基の衛星を配備する計画だった（原子番号77はイリジウムのことで、これがサービス名称の由来。実際は66基になっている）。また、LEOを使用する通信衛星では、複数衛星が連携して通信サービスを提供する必要があるため、異なる衛星の間で通信を引き継いだり中継したりする仕組みも必要になる。

　通信衛星に限らず、ひとつの用途のために複数の衛星群を用いる場合、それらを総称して星座（constellation）と呼ぶ。衛星がらみのニュースや報道発表では、よく見かける言葉だ。

　ついでに余談をひとつ。通信衛星と似た機能を持つ衛星として、放送衛星がある。さらに、通信衛星を使用して放送を行なう、いわゆるCS放送もある。どちらも地表に向けて電波を送信するものなのに何が違うのかと疑問に思われそうだが、実は放送衛星と通信衛星ではビームの形状に違いがある。放送衛星は広い範囲の不特定多数を対象とするため、ビームのカバー範囲が広い。それに対して、通信衛星は特定のユーザーを対象とするため、ビームのカバー範囲が狭い。

衛星通信に使用する周波数帯

　通信衛星とは煎じ詰めると、通信を中継する機材（トランスポンダー）を人工衛星に積み込んだもののことだ。流れとしては、送信元の地上局から衛星に向かって通信を送り（アップリンク）、それを衛星のトランスポンダーが増幅して、受信側の地上

局に送る（ダウンリンク）という流れになる。いずれにしても地球の上空にある電離層を突破して通信するため、電離層で反射される低周波数帯の電波は使用できない。

そうした事情から、衛星通信で使用する主な周波数帯は、「表 6.3」で示した周波数一覧のうち、Cバンド・Xバンド・Kuバンド・Kaバンドの4種類となっている。周波数帯が高いほど伝送能力も高いが、信号が減衰しやすくなるので、遠距離の伝送は難しくなる（レーダーにも同じことがいえる）。なお、Xバンド（8〜12GHz）は軍用の通信衛星専用で、民間の通信衛星では使用しない。

軍用の通信衛星では、秘匿性だけでなく、データ通信能力の強化が求められている。その背景には、衛星を介する通信量が劇的に増大しており、まさに「いくらあっても足りない」状況になっている。イラク戦争（2003年3〜4月）の時点ですでに3.2GB/secの通信量が発生していたが、動画による「実況中継」が多用されている現在では、はるかに多くのデータが行き交っているはずだ。2003年の時点ですでに「2010年頃には通信量が14GB/secに増大する」と予想されていたが、実際にはこの数字を上回っているのではないだろうか。

バスとペイロード

人工衛星は、「バス」と呼ばれる衛星の入れ物に、用途ごとに必要となる各種の機材（ペイロード）を組み合わせて構成する。

衛星メーカーはたいてい、さまざまな用途に対応できる汎用品の「バス」を用意しており、そこにさまざまなペイロードを組み合わせることで、軍用の通信衛星を作ったり、民間向けの放送衛星を作ったり、あるいは偵察衛星を作ったりしている。ロケットを噴射して軌道位置を保持したり、ペイロードに電力を供給したりする機能はバスの担当になる。こうした事情から、バスのメーカーとペイロードのメーカーが異なる場合もある。

通信衛星のペイロードは、トランスポンダーを初めとする通信用の機材をバスに組み込む形になる。ちなみに、トランスポンダーは「本」という単位で数えるので、「○バンドのトランスポンダーを△本」という形で表記する。

❹ 主な軍用通信衛星

主な米軍の通信衛星

といったところで、主な軍用通信衛星について紹介しよう。実際には軍が民間用の通信衛星を借り受けて利用している事例も多いのだが、そこまで取り上げると本が一冊できてしまいそうなので、軍用衛星に限定して話を進めることにする。

米軍の場合、国防総省が統括する形で四軍が共用する通信衛星と、海軍が独自に運用している通信衛星に大別できる。ただし、前者の打ち上げと管制は米空軍宇宙軍団（AFSPC：Air Force Space Command）が担当しており、ユーザーが全軍にまたがるという意味になる。なお、以下に示す衛星は、特記がなければすべて静止衛星だ。

・IDCSP（Initial Defense Communications Satellite Program）：1966年から1968年にかけて、合計19基を打ち上げた。パッシブ式で重量45kg、増幅機能は持たない。

・DSCS（Defense Satellite Communications System）：アクティブ式で重量560kg、SHFを使用する。さらにDSCSⅡ、DSCSⅢと発展した。

・MILSTAR（Military Strategic/Tactical Relay System）：重量10,500ポンド、1994年2月にMILSTAR-1が打ち上げられた。伝送能力75～2,400bps・192チャンネルのLDR（Low Data Rate）ペイロードを搭載、EHFを使用する。ロッキード・マーティン・スペース・システムズ製。

・MILSTARⅡ：MILSTARの改良型で、伝送能力4,800～1,544kbps・32チャンネルの通信を可能にしたMDR（Medium Data Rate）ペイロードを搭載するとともに、小型化と高性能化を図った改良型。MDRはLDRとの互換性もある。ボーイング製。

・WGS（Wideband Global SATCOM）：当初の名称はWideband Gapfiller Satellite。2004年から2009年9月にかけて、ブロックⅠとして3基を打ち上げた。ボーイング702バスにXバンドとKaバンドのトランスポンダーを装備する構成で、Xバンドで同時に8本、Kaバンドで同時に10本の異なるビームを送信できる。全部で19ヵ所の異なる範囲と通信できる設計で、伝送能力は衛星1基で2.1Gbps～3.6Gbps。これはDSCSⅢ（Defense Satellite Communications SystemⅢ）と比べると10～12倍の能力とされる。さらにブロックⅡとして3基の追加打ち上げを予定しているほか、その後の改良計画も動き始めている。ブロックⅡのうち1基については、オーストラリ

アが相乗りする形で費用負担している。

・AEHF（Advanced EHF）：旧称MILSTAR-3。担当メーカーは米ロッキード・マーティン社で、2007年から打ち上げを開始する予定だったが、計画は遅延中。2010年8月に1号機（SV-1）の持ち上げを実施、続いて2011年に2号機（SV-2）と3号機（SV-3）の打ち上げを予定している。衛星自体の処理能力はMILSTARの5〜10倍、伝送速度は8.2Mbps、同時に50チャンネルの通信を処理できる。さらに、能力向上のためのスタディ契約を2010年8月に発注している。そのAEHFに対応する端末機としては、ボーイング社製のFAB-T（Family of Advanced Beyond-line-of-sight Terminals）や、レイセオン社製のSMART-T（Secure Mobile Anti-jam Reliable Tactical Terminal）などがある。

このほか、TSAT（Transformational SATCOM）の計画があった。1Gbps級の伝送能力を持つ衛星通信網を整備する構想で、静止軌道上に配置した衛星同士の通信にはレーザー通信を用いることになっていた。しかし、開発に難航して経費が高騰したことから、2009年に中止が決まり、代わりとしてAEHFを増勢することになった。

米海軍の通信衛星

一方、米海軍は全世界に艦隊を展開していることから、もともと通信衛星に対する需要が多く、そうした事情もあってか、独自の通信衛星を打ち上げて運用している。高い伝送能力が求められる衛星は全軍で共用して、低速でもいいので独自に通信能力を確保したい部分については自前の衛星を使う構図になっている。

・FLTSATCOM：1号機（FLTSATCOM-1）が1978年2月に打ち上げられた後、合計5基（そのうち、FLTSATCOM-5は予備）が1981年までに打ち上げられた。衛星の寿命が7年しかないので、その後も代わりの衛星を打ち上げて通信網を維持していた。

・UFO（UHF Follow-On）：FLTSATCOMの後継機で、能力と寿命を倍増している。担当メーカーは米ヒューズ社（現在は米ボーイング社）で、1993年3月から打ち上げを開始、これまでに11基が打ち上げられている。ブロックⅠ（F1〜F3）は重量2,600ポンド、UHF/SHF対応。ブロックⅡ（F4〜F7）は重量3,000ポンド、UHF/SHF/EHF対応。ブロックⅢ（F8〜F10）は重量3,400ポンド、UHF/EHF/GBS（後述）対応、ブロックⅣ（F11）は重量3,000ポンド、UHF/EHF対応となっている。このうち初期の衛星については、すでに運用を離脱している。

・MUOS（Mobile User Objective System）：UFOに代わる次世代ナローバンド通信衛星で、ロッキード・マーティン・スペース・システムズ社が2004年9月に最初の2基と地上側機材を受注。A2100バスにKaバンドのトランスポンダーを搭載、携帯

国別	名称	トランスポンダー	打ち上げ
NATO	NATO IV A/IV B	Xバンド×3, UHF×2	1991, 1993
イギリス	Skynet 4A/4B/4C	Xバンド×3, UHF×2	1988–1990
イギリス	Skynet 4D/4E/4F	Xバンド×3, UHF×2	1998, 1999, 2001
イギリス	Skynet 5A/5B/5C	Xバンド, UHF（合計15本）	2007/3, 2007/11, 2008/6
イギリス	Skynet 5D	Xバンド, UHF	2013年打ち上げ予定
ドイツ	COMSATBw-1, COMSATBw-2	UHF×5, SHF×4	2009/10, 2010/5
イタリア	Sicral 1	UHF, SHF, EHF	2001/2
イタリア	Sicral 1B	UHF×3, SHF×5, EHF×1	2009/4
イタリア・フランス	Sicral 2	UHF, SHF	2013年打ち上げ予定
フランス	Syracuse 3A	SHF, EHF	2005/10
フランス	Syracuse 3B	SHF×9, EHF×6	2006/8
フランス	Syracuse 3C	SHF, EHF	2010年打ち上げ予定

表 6.4：欧州諸国が運用する軍用通信衛星の例

電話でもおなじみのW-CDMA（Wideband Code Division Multiple Access）を用いて通信する。使用する周波数帯は240〜320MHz、伝送能力は2.4kbps・9.6kbps・16kbps・32kbps・64kbpsのいずれか。計画は予定より遅れているが、2011年に初号機を打ち上げる見込みとなっている。最終的には衛星5基で総額32億6,000万ドルの案件に発展する見込み。従来型の端末機器に加えて、JTRS（後述）でMUOSを使用するためのソフトウェア・MUOS User Entry Terminal Waveformを、ゼネラル・ダイナミクスC4システムズ社が開発している。

他国の通信衛星

アメリカ以外の国では財政的な理由もあり、特定の軍種が専用の通信衛星を持つような贅沢な事例は滅多に存在せず、国ごとに、あるいは複数の国が相乗りする形で、軍用の通信衛星を保有・運用している場合が多い。そうした衛星の例を「表 6.4」に示す。

なお、イギリスのSkynetシリーズは、軍用といってもいささか特殊な存在だ。PFI（Private Finance Initiative）の仕組みを使い、民間企業（パラダイム・セキュア・コミュニケーションズ社）が資金を調達して製造・打ち上げた衛星を、軍が借り上げて利用する形を取っている。衛星の能力に余裕があれば、その余力を使って民間向けのアルバイトを行なえるという構図だが、軍の衛星通信需要は増える一方なので、アルバイトどころではないかもしれない。

イギリス以外のカスタマーとしては、オーストラリア、カナダ、フランス、ドイツ、オランダ、ポルトガル、アメリカがある。

民間の衛星を借りる事例も多い

　軍隊であっても、民間の商用通信衛星を借り上げて利用する事例は多い。衛星通信技術そのものに軍民の差はないから、秘匿性さえ確保できれば、民間の衛星を借りても支障はないわけだ。

　ちょうど本書の執筆中に、オーストラリア国防省がインテルサット22号機（IS-22, 2012年第一四半期に打ち上げ予定）の借り上げ契約を締結したというニュースがあった。もともと部分的に借り上げる契約を締結していたが、それを拡大して、22号機が提供する通信機能をまるごと、総額4億7,510万豪ドルで借り上げることにしたものだ。

　日本でも、海上自衛隊がスカパーJSAT（旧・宇宙通信）のスーパーバード衛星を利用している事例がある。軍用衛星があるアメリカやフランスでも民間の衛星を追加で借り上げており、たとえばフランスではEADSアストリウムの商用衛星を使って、民生用のKuバンド・Kaバンド・Cバンドと、軍用のUHF・Xバンドの通信サービスを提供している。

　韓国では2006年にムグンファ5衛星を打ち上げたが、これは民間の商用衛星に軍が相乗りして資金を出す、軍民共用になっている。軍民のどちらにとっても、費用の負担を軽減できるのでメリットがある。

　また、イリジウムを初めとする衛星携帯電話サービスも、軍の利用が多い分野だ。料金の問題、あるいは他の代替手段があるといった理由から、民間向けにはあまり普及していない衛星携帯電話だが、インフラが整っていない場所でも通信を確保したい軍隊にとっては有用な存在となる。

イラク国内で衛星通信ターミナルを使用している米空軍兵士（USAF）

⑤ スペクトラム拡散通信とは

　有線・無線を問わず、電気通信では特定の範囲の周波数で振動する信号を用いる。有線の場合、同じケーブルを共用しない限り、盗聴や混信といった事態は発生しにくい。ところが、電波を用いる無線通信では話が異なる。電波は広い範囲に広がるものだから、それを誰かが傍受する可能性は常に存在するし、同じ周波数を使用している他の通信と混信する可能性もある。

　そこで、スペクトラム拡散通信という手法が考え出された。通常は比較的狭い周波数の幅しか用いていないのに対して、スペクトラム拡散通信では広い範囲の周波数を用いることから、「拡散」という言葉を用いる。

直接拡散

　まず、直接拡散という方式がある。実は、IEEE802.11無線LANで使用していることから、日常生活でもおなじみのスペクトラム拡散通信だ。

　直接拡散の基本的な考え方は、通信を広い範囲に「薄める」というものだ。乱暴な例えをすれば、インクを上流側から薄めた状態で川に流し、それを下流側で回収して元のインクだけを取り出す、といった感じになる。

　ただし電気通信の場合、薄めた形で伝わってきたシグナルの中から本当に必要なものだけを取り出さなければならない。そこで、拡散符号という「1」と「0」の集合体を用いる。送信しようとするデータに対して拡散符号を乗じることで、データが広

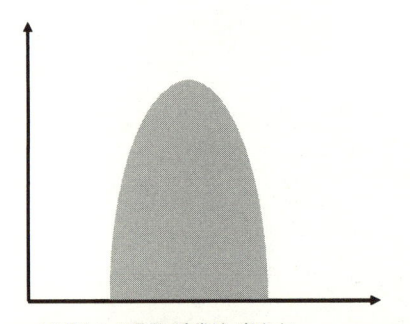

オリジナルの通信（狭帯域・高出力）　　　　擬似乱数コード付加後の通信（広帯域・低出力）

図6.4：直接拡散では拡散符号を使って「薄める」ため、常に広い範囲の周波数を使用する

い周波数帯に拡散して「薄まった」状態になるので、それを発信する。受信した側では、送信側で使用したものと同じ拡散符号を使用して、受信したシグナルの中から元のデータを取り出す。

　双方の当事者が正しい拡散符号を知らなければ、元のデータを復元することはできない。また、広い範囲の周波数に薄めた状態でデータを送信するから、その中の一部だけを傍受しても、全体像を知ることはできない。こうして、混信や盗聴を防ぐようになっている。ただし実際の運用では、さらに秘匿性を高めるために暗号化を併用するのが普通だ。無線LANでも暗号化は必須である。

周波数ホッピング

　一方、周波数ホッピングとはその名の通り、通信に使用する周波数を次々に変動させる方法のことだ。一部の瞬間だけを取り出すと、特定の範囲の周波数帯しか使用していないのだが、次々に周波数が変動することから、全体で見ると広い範囲の周波数帯に拡散しているのと同じことになる。

　ホッピング、つまり周波数跳飛のパターンは、疑似乱数ジェネレータという計算式によって決定する。乱数を次々に出力する計算式なのだが、最初に与える初期値によって、発生する乱数のパターンを決められる点に特徴がある。その乱数に合わせて周波数を変化させる仕組みだ。

　同じ種類の疑似乱数ジェネレータを使用していて、かつ、最初に与える初期値が同じなら、発生する乱数のパターンも同じになる。ということは、通信しようとする双方の当事者同士が、疑似乱数ジェネレータに同じ初期値を設定しておけばよい。

　双方の当事者が同じ初期値をセットすることで同じ周波数跳飛のパターンを作り出すことができれば、周波数の変化が同調するために通信が可能になり、「線がつながった」状態になる。ただし実際には、通信を開始するタイミングを揃えなければ周波数跳飛のタイミングが揃わないのだが、その辺の話については割愛しておこう。

　周波数ホッピングは、軍用通信機では後述するLink 16データリンクやHave Quick無線機、民生用ではBluetoothなどで使われている。

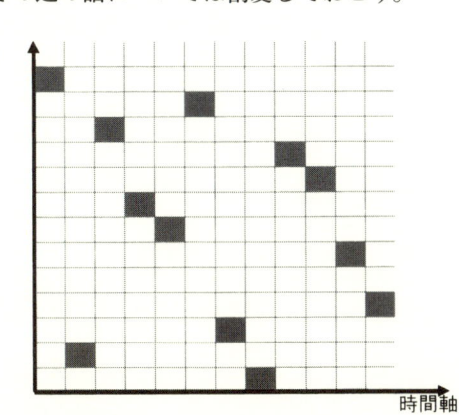

図6.5：周波数ホッピングでは周波数が次々に変化するため、結果として広い範囲の周波数に拡散しているのと同じことになる

❻ マルチバンド無線機と ソフトウェア無線機

　最近、「ソフトウェア無線機」（SDR：Software Defined Radio）という言葉を耳にする機会が増えている。米軍が開発を進めている三軍統合プロジェクトのJTRS（Joint Tactical Radio System、「ジッター」と読む）が有名だが、日本の防衛省でも開発を行なっており、すでに海上自衛隊のヘリコプター護衛艦「ひゅうが」で部分的に導入している。

　しかし、「ソフトウェア」といえばコンピュータを動作させるためのもの。それが無線機とどう結びつくのか、いまひとつピンと来ないかも知れない。しかも、英文を直訳すると「ソフトウェアで定義する無線機」？　ますます意味不明だ。

　ところが、これは今後の軍用通信技術と切り離せない重要な話なので、ちょっと突っ込んで解説してみよう。

無線通信と変調と電気回路

　すでに本章②「有線・無線通信の基本」で解説したように、音声通話でもデータ通信でも、送信しようとする情報は、電波を含む電気信号の変化という形に置き換えた上でやりとりする。この操作を変調と呼ぶことは、すでに解説した。また、変化させることができる要素には周波数・振幅・位相の3種類があり、そのいずれか、あるいは複数を組み合わせて変化させることができるという話もした。

　こうした、どういった形で変調を行なうかという手法、あるいは変調した結果のことを、waveformと呼ぶ。通常、変調、あるいは変調した電気信号から元のデータを取り出す復調といった操作は、電気回路によって実現する。

　このことは、ラジオ受信機の組み立てキットを作った経験がある方なら理解しやすいと思う。ラジオ放送にはAM放送（振幅変調を行なう）とFM放送（周波数変調を行なう）があるから、ラジオ受信機はAMラジオとFMラジオで、それぞれ異なる電気回路を持つ。世の中にはAM/FM兼用のラジオ受信機が多く出回っているが、これは両方の電気回路を持っている。

　ところが、電気回路によって変調や復調を行なうということは、変調や復調の方法を変えようとすると、電気回路を変えなければならないということでもある。ラジオ放送みたいにAM・FM・短波の3種類（デジタル放送は除く）しかなければ話は簡単だが、軍用通信でははるかに種類が多い。パッと思いつく範囲で書いてみると、周

波数の違いだけでもこんな調子だ。

- VLF/ELF：潜航中の潜水艦に対する情報送信
- HF：遠距離無線通信
- VHF：見通し線範囲内の近距離無線通信
- UHF：見通し線範囲内の近距離無線通信、衛星通信
- SHF/EHF：衛星通信

さらに、音声通話やデータ通信など用途がいろいろあり、デジタル通信とアナログ通信という違いもある。もちろん、それぞれ変調方式が異なる。

マルチバンド無線機

通信手段が多様化すると、その分だけ使用する通信機材の種類も増える。これが歩兵部隊だと、用途ごとに別々の無線機を持って歩くのは大変だ。車両・航空機・艦艇であれば問題は緩和されるが、実は大出力が要求される分だけ機材が大型化するし、場所を取らない方が嬉しいことに変わりはない。

ひとつの無線機で複数の通信に対応できれば、この問題を緩和できる。AMラジオとFMラジオを別々に持つ代わりに、1台のAM/FM兼用ラジオで済ませるようなものだ。ちなみに、英語では無線機のこともラジオという。ラジオと書かれているからラジオ放送受信機のことだと思うと大間違いなので、御用心。

閑話休題。ひとつの機材に複数の機能を詰め込もうとすると、その分だけ回路が大型化・複雑化するので、ひとつの無線機で複数の通信に対応するには、エレクトロニクスの進歩が必要だ。だから、昔と比べると現在の方が無線機が小型・高性能化しているし、マルチバンド化も進んでいる。

たとえば、アメリカのハリス社が製造している携帯通信機・AN/PRC-117FファルコンIIIは、30～512MHzの周波数帯に対応している。つまり、VHFとUHFにまたがった範囲だ。音声通話とデータ通信が可能なので、コンピュータを接続してデータ通信を行なうこともできる。さらにIW（Integrated Waveform）という機能が加わり、UHF衛星通信も利用できることになった。通常のVHF/UHF通信は見通し線の範囲内にいる相手と、衛星通信は見通し線の範囲外にいる相手と通信する際に使用する。このように、ひとつの無線機でさまざまな通信手段に対応できれば、用途に合わせて別々の通信機を持ち歩く必要がなくなり、その分だけ荷物を軽量化できる。

もしもマルチバンド無線機がない状態で複数の種類の通信に対応しようとすれば、複数の無線機を持ち歩く必要がある。それでは無線機だけで大荷物になって大変だ。実際、イラク戦争ではそんな状態になってしまった兵士がいたと聞く。

さらに、AN/PRC-117Fには車載用のアダプタが用意されていて、これと組み合わ

せると車載用通信機に化ける。車載用アダプタにはアンプ（増幅器）が組み込まれているので、携帯しているときよりも高い送信出力を確保できる。こうすることで、車載用と携帯用に別々の無線機を用意する必要がなくなり、開発・製造・調達が楽になる。

陸上で使用する無線通信だけでなく、衛星通信でもマルチバンド化した機材が必要になる。というのも、すでに本章③「衛星通信をめぐるあれこれ」で解説しているように、衛星通信といっても一種類ではないからだ。使用している周波数帯も衛星の種類もいろいろあり、個別に端末機を用意していたら機材が増えすぎてたまらない。

そこでボーイング社が開発したのが、FAB-Tと呼ばれるマルチバンド衛星通信端末機だ。陸上施設や艦上だけでなく、RQ-4グローバルホークのように航空機に積み込んだ事例もある。

ソフトウェア無線機のハードはひとつ

機材を別々にする場合でも、あるいはマルチバンド化する場合でも、周波数や変調方式が異なると、いちいち電気回路の違いによって作り込む必要がある点に違いはない。対応する通信の種類が増えるほど、開発・製造が大変になり、コストも上がってしまう。マルチバンド化しても、その分だけ機材が大きく、高くなってしまうのでは困る。

その問題を解決するにはどうすればよいかというと、ひとつの電気回路であらゆる周波数帯、あらゆる変調方式に対応すればよい。といっても、変調方式や周波数の違いが電気回路の違いに結びつくのでは、それは夢物語で終わってしまう。そこで、ソフトウェア無線機が登場する。いったい、何がソフトウェアなのか。

ソフトウェア無線機では、変調を行なう部分をDSP（Digital Signal Processor）というプロセッサによって行なう。このプロセッサはソフトウェアによって制御するようになっており、ソフトウェアの内容次第でさまざまな種類の電気信号を送り出すことができる。考え方は、一般的なPC用のCPUがソフトウェア次第でさまざまな計算処理を行なえるのと似ており、用途が絞られている点が違う。

実際、市販されたノートPCで、ひとつのDSPを使ってサウンド・モデム・音声通話の機能を一度に実現したものがあった。ソフトウェアの内容次第で、音を鳴らしたり、デジタル・データを電話回線でやりとりできる音声信号に変換したり、マイクに向かって喋った内容を電話回線に載せたりするわけだ。この場合、DSPは「音」の信号を処理していることになる。

この考え方で行くと、DSPと組み合わせるソフトウェアの内容を変えれば、変調方式を変えることも、出力する電気信号の周波数を変えることもできるという考えが成り立つ（もちろん、DSPが備える機能の範囲内でのことだが）。これが、ソフトウェア無線機の基本となる考え方だ。

たとえば、UHFを使った衛星通信と無線通信、それとデータリンクを、ひとつの機器で実現したいと考えた場合、それらの通信に合わせた変調・復調処理を行なうプログラムを書いて、DSPに与える。DSPはそれを受けて、衛星通信を行なうようにという指示があれば衛星通信用の、データリンクを行ないたいという指示があればデータリンク用の、それぞれ変調や復調を行なう。DSPを複数用意するか、ひとつのDSPで複数の処理を同時に行なえるようにすれば、異なる種類の通信を同時に行なうこともできる。

　これが、JTRSを初めとするソフトウェア無線機の動作だ。こうしたソフトウェア無線機のいいところは、新方式の通信規格と従来方式の通信規格の両方に対応して、段階的な移行を図れる点にある。しかも、その際にハードウェアの数は増えない。たとえば、次の第7章ではデータリンクの種類や動作についていろいろ取り上げているが、データリンクをソフトウェア無線機で実現すれば、既存の古いデータリンク機器と新型の高速データリンク機器の両方を相手にできる機器を実現できる。

　と、これだけ書くと簡単そうだが、例によって例のごとく、そのソフトウェアを書いて、実際に動作させながらテストして、問題点をつぶしていく作業は時間がかかる。電気回路であれば、生の信号をオシロスコープでみる方法を使えるだろうが、ソフトウェア無線機では検証のやり方から違ってくるだろう。そうした事情もあり、JTRSの開発は難航してスケジュールは遅延、経費も当初の予定より上昇するというお約束のパターンを辿っている。それでも、徐々に対応システムの配備が始められているところだ。

第7章

データリンクと情報共有をめぐるあれこれ

　通信技術の発達とウェポン・システムのコンピュータ化は、ウェポン・システム同士が通信しながら機能するという使い方につながる。そこで必要になるのが、ウェポン・システム同士を結んでデータをやりとりする手段、すなわちデータリンクだ。
　そこでこの章では、データリンクの基本、データリンクの種類、導入状況、といった情報についてまとめてみた。

① ネットワークは階層構造で考える

階層構造って？

　この章では、さまざまな軍用通信システムのうち、特にデータリンクについて取り上げるのだが、その前に、ネットワークの階層構造について、かいつまんで説明しておこう。

　このデータリンクも含めて「ネットワーク」について取り上げようとすると、さまざまなシステム名称や頭文字略語の氾濫になって、分かりにくいことおびただしい。それを理解するには、ネットワークの階層構造について知り、個々の技術やシステムが、どこの階層に当てはまるのかを知るのが手っ取り早い。

　コンピュータ・ネットワークの世界には「階層モデル」という考え方があり、全部で7つの階層に分けることになっている。しかし、本書の読者の皆さんがそこまでする必要はなく、「通信線をつなぐ機能」「その上でデータを運ぶ機能」「運ばれたデータによって実現する何らかの機能」と、3段階に分けて考えればよいだろう。

　この仕組みは、陸上の輸送サービスになぞらえると分かりやすい。陸上でモノを運ぶためのルートには、鉄道・自動車・自転車・バイク・徒歩といったものがあるが、このうち鉄道は専用の線路を、それ以外は道路を使う。つまり、「通信線」にあたる部分が2種類あることになる。

　道路を使って移動する場合、その道路の配置や、交差点につけられた名称を参考にして、目的地まで移動する。その移動手段には、自動車・自転車・バイク・徒歩など、多様な種類がある。つまり、「運ぶ機能」がいろいろあることになる。人間を運ぶ場合と貨物を運ぶ場合で、使用する手段が異なる。

　そして、人やモノを移動することで実現する機能にも、いろいろある。人の移動なら、通勤・通学・レジャーなど、モノの移動なら郵便・宅配便・その他の各種貨物輸送など、といった具合だ。

　これらの組み合わせによって、「人が通勤のためにバスで移動する」とか「荷物を宅配便のトラックで運ぶ」とかいった具合に、いろいろな組み合わせができる。実はコンピュータ・ネットワークの世界も同じなのだ。

コンピュータ・ネットワークと階層構造

　コンピュータ・ネットワークの場合、通信線にあたる部分には、有線と無線があり、前者は銅線と光ファイバーに大別して、さらに細かい規格がいろいろ分かれる。後者も同じで、使用する電波の周波数や変調方式、空間波無線か衛星通信か、といった違いが生じる。しかし、双方の当事者が同じ方式を使用していれば、「線をつなぐ」ことはできる。

　移動手段にあたるのは、いわゆるプロトコルだ。実は、プロトコルというと通信規約すべてを意味してしまうので、移動手段にあたる部分については特に「トランスポート・プロトコル」と呼んで区別する。インターネットで用いられているTCP/IPが典型例だ。

　インターネットに接続するには、アナログ電話回線とモデムの組み合わせに始まり、ISDN、ADSL、光ファイバー、無線LAN、携帯電話やPHS、とさまざまな種類があるが、どれをとっても、その上でTCP/IPがデータを運んでいることに変わりはない。それと似ている。

　実現する機能にあたるのは、さまざまな通信用のアプリケーションだ。インターネットでいえば、電子メールやWWW（World Wide Web）がそれだ。

　これを軍用ネットワークの話に置き換えてみよう。通信手段がいろいろあるのは、民間のコンピュータ・ネットワークと同じだ。移動手段にあたるトランスポート・プロトコルは、かつては軍用の独自仕様を用いることが多かったが、最近ではTCP/IPの利用が増えている。そして、実現する機能としては、位置情報のやりとり、動画や静止画のやりとり、指揮管制とそのための指令伝達、などといったものが該当する。

　というわけで、これから出てくるさまざまな用語やテクノロジーが、この3つの階層のうち、どの部分に当てはまるのかを理解できれば、軍用ネットワークの全体像を理解するのも容易になる。

❷ データリンクとは？

データリンクが必要になる理由

　通信というと、電信、あるいは音声による交話が主体という時代が長く続いたが、最近ではデータ通信の需要が急増している。特に、異なるプラットフォームの間で行なわれるデータ通信のことをデータリンクというが、そのデータリンクが必要になった理由や、データリンクのメリットについて解説していこう。

　そもそもデータリンクの普及は、ウェポン・システムのコンピュータ化と深い関係がある。もちろん、音声で情報をやりとりして、それを手作業でコンピュータに入力したり、ディスプレイに表示するデータを読み取って口頭で伝達したり、といった方法でも、コンピュータ同士の情報交換は成立する。しかし、作業に時間がかかる上に、入力や読み取りを人間の操作に依存することから、ミスが入り込む可能性もある。

　その点、コンピュータ同士が直接、データをやりとりすることができれば、処理の迅速化を図れるだけでなく、ミスの可能性を減らして確実性を高める効果も期待できる。

　こうした事情から、特に時間的な余裕がない防空戦の分野で、データリンクの導入が先行した。飛行機の速度は艦艇や車両と比べて桁違いに速いから、迅速に対応行動を取らないと致命的な事態になる、という事情による。

　たとえば、アメリカで1950年代に開発された半自動式防空管制組織（SAGE：Semi Automatic Ground Environment）や、米海軍が艦隊防空のために導入したNTDS（Naval Tactical Data System）がそれだ。最初にNTDSの評価試験が行なわれたのは、1961〜1962年のことだから、ずいぶんと昔の話になる。

　対空捜索レーダーが脅威の飛来を探知したときに、直ちにその情報を指揮所に伝達して要撃の指示を出し、戦闘機や地対空/艦対空ミサイルによる迎撃を行なうという一連の流れでは、複数のシステムが関わっている。そのため、異なるシステム同士で迅速かつ確実に情報の受け渡しを行なうために、データリンクの仕組みが取り入れられた。

　実際、NTDSでは、目標情報を音声で伝達して手作業でプロットしていたものを機械化する狙いがあった。こうすることで、艦艇と早期警戒機と戦闘機がデータリンクを通じて情報を共有しながら、防空戦を展開する。SAGEシステムの場合、脅威の方

位や高度に関する情報をデータリンク経由で戦闘機に送信すると、戦闘機が搭載するコンピュータはそれに合わせて自動的に、機体を指示された地点まで飛ばして行く。

日本で防空指揮のために導入した自動警戒管制組織（BADGE：Base Air Defense Ground Environment）、あるいはその後継として2009年7月から完全にBADGEを置き換えた自動警戒管制システム（JADGE：Japan Aerospace Defense Ground Environment）も、考え方は同じだ。これらのシステムと戦闘機を結ぶ情報伝達手段としては、F-4EJならJ/ARR-670、F-15JならJ/ASW-10、F-2ならJ/ASW-20といったデータリンク機器を使用している。

NATO諸国では、NADGE（NATO's Air Defence Ground Environment）システムなどで使用するデータリンクとしてLink 1を導入した。NADGEと同種のシステム（GEADGE・UKADGEなど）でも同じLink 1を使用する。CRC（Control and Reporting Center）とCAOC（Combined Air Operation Center）/SOC（Sector Operation Center）でデータ交換を行なうもので、伝送速度は1,200bpsまたは2,400bps。使用するSシリーズ・メッセージはSTANAG 5501で規定しており、用途は対空監視データとリンク管制用メッセージに限定される。

これらの防空用データリンクは用途が限定的だが、最近の戦闘機は当初から、地上の指揮所・艦艇・他の航空機など、さまざまなプラットフォームとデータをやりとりできるデータリンク機材を装備するのが普通になっている。既存の機体でも、能力向上のためにデータリンク機材を後付けする場合がある。これは、各種のデータリンクを導入することで戦闘を有利に、かつ効率的に運ぶことができるという考えによる。

なお、いきなり大規模なデータリンク網を構成するのは現実的ではなかったため、データリンクはボトムアップ式に発達した事例が大半を占める。つまり、個別の小部隊の中で使用する戦術情報交換用のデータリンクからスタートして、それが段階的に、規模の大きな部隊の中で使われるようになってきた。最終的に行き着くところは、本国から全世界をカバーする大規模ネットワークということになる。

データリンクに求められる条件

初期のデータリンクは伝送能力に限りがあったことから、文字情報などを利用して、方位・距離・高度などといった、必要最低限の限定的な情報だけをやりとりしていた。しかし、通信技術の進歩とデータリンクの利用拡大により、データリンクを通じてやりとりされる情報の種類は多様化している。

ただし注意しなければならないのは、単に伝送速度が高ければえらい、という単純な話ではないということだろう。要は必要な情報をやりとりできればよいので、速さだけでは決まらない。

たとえば、敵情に関する情報をやりとりするためのデータリンクであれば、方位・距離・高度・識別情報など、文字情報が主体になる場合が多いと考えられるため、む

やみに高い伝送能力は求められない。一方、偵察機が備えるカメラから動画をライブ配信するのであれば、高い伝送能力が求められる。

　もちろん、作戦情報をやりとりするわけだから、秘匿性も重要になる。承認されたノード（ネットワークに接続する個別の機器のこと）以外はネットワークに接続できないようにするとか、やりとりするデータを暗号化するとか、データの改竄や送信元のなりすましに対処するための仕組みを用意するとかいった話が重要になる。

　面白いことに、近年ではデータ通信網のTCP/IP化が進んだことで、インターネットと同じ電子メールやチャットといった機能を用いる場面が増えてきている。そのため、以前と比べると音声で会話する場面が減って、指揮所が静かになったともいわれている。その代わり、キーボードのタイピングが遅いと困ったことになりそうだ。

データリンクと相互運用性

　最近では、複数の国の部隊が一緒になって国際共同作戦を実施する場面が多い。たとえばアフガニスタンでは、多くのNATO加盟国がISAF（International Security Assistance Force）に部隊を派出しているため、ひとつの作戦に異なる国の部隊が参加する場面が多く発生している。同じ国の中でも、異なる軍種が共同で作戦を行なうことも多い。

　そこで問題になるのが、相互運用性だ。国ごと、あるいは軍種ごとに互換性のないデータリンクを使用していると、データの交換が不可能になる。それでは円滑な作戦行動を阻害するため、国が異なっても（正規の相手であれば）接続して情報をやりとりできるように、最初からシステムや体制を整備する必要がある。

　具体的にいうと、まず使用するハードウェアや通信規格を共通化する必要がある。後述するLink 16はNATO加盟国などの標準データリンクになっているから、Link 16用のターミナルを備えていれば、異なる国の部隊同士でも互いに接続してデータをやりとりできる。

　しかし、そうやって確保した通信路を使ってデータをやりとりするには、どの種類の情報をどういう形で記述するかという約束事、つまりデータ・フォーマットも決めておかなければならない。同じように敵情について通知するのでも、あるシステムが「方位・距離・高度」の順にデータを記述しているのに対して、別のシステムが「距離・高度・方位」の順に記述していたら、互換性がない。それをそのままやりとりすると、データの勘違いが生じて厄介なことになる。

　そのほか、秘匿性に対する配慮も必要になる。軍隊では"need to know"という言葉がよく出てくるが、情報を知っていなければならない立場の人とそうでない人を完全に区別して、前者には完全な情報を渡し、後者には一切の情報を渡さないようにしなければならない。

　これが、国際共同作戦で話をややこしくする原因になる場合がある。ときには、も

ともと同盟関係にない国同士が共同作戦を行なう場面があるからだ。そこで秘匿性の高いデータリンクを使用するのは、機密漏洩につながるのでよろしくない。

だから、ソマリア沖で海賊対策任務に就いている各国の艦隊は、情報共有の手段としてCENTRIXS（Combined Enterprise Regional Information Exchange System）を使用している。Link 16でも用は足りるが、これは「同盟国限り」のシステムで機密性が高いから、それを使うのは具合が悪い。CENTRIXSは当初から多国籍での共同作戦で使用することを目的としており、その分だけ「誰に使わせても安心」という性質を持つ。それによって情報共有の体制を整えたわけだ。

こうした多国籍の共同作戦を想定して、米軍ではMNIS（Multinational Information Sharing System）というシステムを整備している[25]。多国籍の合同作戦において、参加している各国の部隊同士が情報を共有して、足並みを揃えて行動できるようにするのが目的だ。そして、現場の指揮統制網のレベルで機密情報を安全に共有するCENTRIXS、国家レベルでの情報共有を図るGriffin、同盟国同士での相互運用性・協議・手順・規約の開発をサポートするCFBLNetといった機能を用意している。

海賊対策事案と相互運用性

最近、ソマリア近海で問題になっている海賊問題に対処するため、NATOやEU、あるいはその他の諸国が独立して、海賊対策のために軍艦を派遣する事態になっている。これに対して日本国内で海上自衛隊の派遣を求める声が出たときに、「海上保安庁の巡視船を派遣すればよい」という主張が出た。

法的な話や、そもそも斯様な任務に対応できる巡視船がどれだけあるかという問題は本書のテーマから外れるので措いておくが、実は相互接続性・相互運用性の問題を考慮しただけでも、他国が軍艦を派遣しているところに日本だけが巡視船を出すのは難しいという結論にならざるを得ない。

というのは、海賊対策任務に従事している各国の艦艇は、速やかな情報交換と状況認識を実現するために、データリンクを用いた情報交換のシステムを運用している。これについては前項で述べた。

もちろん、各国海軍の艦艇が装備しているのは海軍向けのシステムであるから、そこに海上保安庁の巡視船を派遣すると、巡視船だけが機材の不備によって情報を受け取れない事態になりかねない。逆に、巡視船が何かを発見した際に、その情報を速やかに他国の艦艇と共有することもできない。

また、そうやって得られた情報を処理・分析・表示するための機材、あるいは情報処理の能力についても、軍艦と巡視船では大きな差があるといわざるを得ない。巡視船の中にはOICと呼ばれる指揮所を設けたものもあるが、写真を見る限り、椅子とテーブルと電話が設置してある程度であり、軍艦のCICとはレベルが違う。

海賊対策任務に限らず、人やプラットフォームを派遣すれば任務を担当できると安

易に考えてしまいがちだが、情報通信技術への依存度が格段に高まっている現在では、そちらの問題を無視して考えることはできない。

異種ネットワークの相互接続

ときには、異なる種類のネットワーク同士を相互接続しなければならない場面も考えられる。最初から相互接続性・相互運用性を備えたシステムを実現しているのであれば話は簡単だが、昨今では「かつての敵国同士」あるいは「同盟関係にない国同士」が共同作戦をとる場面も考えられるからだ。そのような場面で、異なる種類のネットワーク、あるいはネットワーク上で何らかの機能を提供するシステムを仲介して相互接続する機材のことを、ネットワークの世界ではゲートウェイという。

そうしたゲートウェイの一例として、米レイセオン社が2010年に、米陸軍TRADOC（Army Training and Doctrine Command）が実施した実験イベント・AEWE（Army Expeditionary Warrior Experiment）に持ち込んだMAINGATE（Mobile Ad-Hoc Interoperable Network GATEway）がある。同社がDARPAと組んで開発した。

MAINGATEは、さまざまなメーカーの製品を持ち込んで相互接続を実現することで、本来は互換性がない製品を組み合わせてひとつのネットワークで接続する機能を実現するものだ。これにより、既存の装備を互いにネットワーク化して相互接続性・相互運用性を実現するのが、デモンストレーションの眼目だった。最終的な目的は、そのネットワークを通じて、静止画・動画の伝送、音声通話の中継、分隊レベルまでの状況認識と指揮統制網の実現、といった機能を実現することだ。

❸ 西側諸国の標準・Link 16

といったところで、西側諸国でもっともポピュラーな戦術データリンクである、Link 16について解説しよう。

実のところ、Link 16についてはさまざまな用語が入り乱れていて、意味や位置付けがよく分からなくなっている場合がある。そこで、最初にその辺について整理してから、具体的な動作内容についての話に移りたい。

Link 16とは機能の総称

前述したように、データリンクとは航空機・艦船・車両・ミサイル発射器・指揮管制システムなど、さまざまな機器やプラットフォームが相互にデータをやりとりする仕組みのことだ。特に、戦術情報の交換に使用するデータリンクのことを、TDL（Tactical Data Link）と呼ぶ。

そのTDLの一種で、西側諸国でもっともポピュラーなのがLink 16だ。米軍ではMIL-STD 6016、NATOではSTANAG 5516に、Link 16に関する規定がある。なお、Link 16とは米海軍における呼称で、米空軍ではTADIL-J（Tactical Digital Information Link-J）という。後者のうち最後の「J」は、三軍の統合ネットワークを意味する"Joint"の頭文字をとったもの。ただ、いちいち「Link 16/TADIL-J」と表記すると長いので、本書ではLink 16で通す。

Link 16の前には、Link 11やLink 14といったデータリンクが、艦艇や、その艦艇と組んで行動する航空機で使われていた。しかし、これらのデータリンクは開発した時期が古いせいもあり、文字情報など限られた種類のデータを、低速でやりとりできるだけだった。それと比較すると、Link 16は伝送能力が向上しているだけでなく、堅牢性や耐妨害性も向上している。

Link 16のターミナル（JTIDSとMIDS）

そのLink 16を実現するには、通信してデータをやりとりするための機材、つまりターミナル（端末機）が必要になる。Link 16のターミナルとして用いられるのが、JTIDS（Joint Tactical Information Distribution System）やMIDS（Multifunctional Information Distribution System）といった機器だ。

たとえていえば、「相手の番号をダイヤルすると回線がつながって、話ができる仕組み」として「電話」があり、その「電話」を実現するための機器として「電話機」があるようなものだ。電話サービスに相当するのがLink 16、その電話サービスを利用するための電話機に相当するのがJTIDSやMIDSということになる。

といったところで余談をひとつ。米軍ではJTIDSのことを「ジェイティーアイディーエス」ではなくて「ジェイチーズ」と発音するそうだ。その調子だと、MIDSも「ミッズ」と発音しそうだが、こちらについては未確認。

閑話休題。Link 16は三軍統合、陸・海・空にまたがって機能するデータリンクだから、ターミナルについても車両・航空機・艦艇・指揮所など、さまざまな場所に設置される。そのため、設置する場所や求められる機能に応じて、さまざまな種類のターミナルがある。求められる機能が限られているのにフル仕様の大型で高価なターミナルを設置するのは無駄だし、逆に、フル機能が必要なのに限定された機能しか持たないターミナルを設置するのでは困る。

最初に登場したLink 16用ターミナルがJTIDSで、備える機能の違いによって複数の「クラス」がある。ただ、JTIDSターミナルは大型かつ高価で、搭載可能なプラットフォームが限られた。たとえば、艦艇、あるいはE-3セントリーやE-2ホークアイといった航空機はJTIDSターミナルを搭載したが、戦闘機でJTIDSターミナルを搭載したものは限られる。

しかし、ネットワーク中心戦の時代になると、すべての戦闘機にLink 16を行き渡らせたい。そのことと、電子技術の進歩によって小型・高機能化が進んだことで、JTIDSターミナルがMIDSに代替わりして現在に至っている。もちろん、同じLink 16用の機器だから、JTIDSとMIDSは相互に通信できる。そのMIDSには、以下に示すように複数のバリエーションがある。

・AN/USQ-140（V）MIDS-LVT（MIDS Low Volume Terminal）：その名の通りに小型化を図ったターミナルで、陸上の指揮所だけでなく、航空機でも搭載事例がある。

・MIDS-VT（2/11）：MIDS-LVTを、パトリオット地対空ミサイルなどに最適化させたもの。NSAの認証を受けた暗号機能を備えるMIDS-LVT（2）が、2010年3月からデリバリーを開始している。対象システムがMIDS-LVT（2/11）と同じなので、MIDS-LVT（2/11）とMIDS-LVT（2）は基本的には同じもののようだ。伝送能力は50kbpsとされる。

・MIDS-FDL（MIDS Fighter Data Link）：その名の通り、戦闘機搭載用。音声伝達機能などを省いた機能限定版で、その分だけ小型軽量・安価になっている。別名MIDS-LVT（3）。

・AN/URC-138（V）1（C）：スペースの余裕が少ない、戦闘機やヘリコプターに搭載する小型ターミナル。別名SHAR Link 16 low-volume datalink terminal。

・MIDS-JTRS（MIDS-Joint Tactical Radio System）：次世代の三軍統合ソフトウェア無線機・JTRSに対応したモデル。2009年現在、アメリカ以外の国への輸出は許可されていない。
・MOS（MIDS on Ship）：MIDS-LVTを艦載化したもので、艦の指揮管制装置と接続するためのソフトウェアを追加する等の変更が加わっている。

なお、Link 16はNATOを初めとする西側諸国の共通データリンクだから、そこで使用するJTIDSターミナルやMIDSも、同盟国に輸出されている。ただし、すべての同盟国が同じものを手に入れているわけではないようだ。いいかえれば、JTIDSターミナルやMIDSの輸出が許可されているかどうかは、その国とアメリカ、あるいはNATOとの関係を推し量るバロメーターになるだろう。

Link 16が通信を行なう仕組み

Link 16では、通信に参加するプラットフォームのことをJU（JTIDS Unit）と呼ぶ。指揮・統制機能を持つJU（C2 JU）と、指揮・統制機能を持たないJU（Non-C2 JU）の2種類があり、プラットフォームによって、どちらになるかを決める。たとえば、AWACS機や早期警戒機なら指揮・統制機能が必要だろうし、そこから指示を受けて動く戦闘機であれば指揮・統制機能は不要だ。

Link 16の伝送速度は、音声通話では2.4〜16kbps、データ通信では31.6kbps・57.6kbps・115.2kbps・238kbpsのいずれかとなっている（1.137Mbpsのモードも加わっているようだ）。

いずれにしても、いまどきのインターネット接続回線と比較すると低速に感じられるが、1970年代の後半から技術開発を進めてきていたことと、軍用として求められる秘匿性・耐妨害性を実現した上でこれだけの性能を出していることを考えると、そう馬鹿にしたものでもない。要は、必要なデータをやりとりできるだけの性能が出ていればよいのである。それに、動画や静止画をやりとりするのであればいざ知らず、戦術情報の交換であれば文字情報が主体になると考えられるので、データ量はむやみに多くならないだろう。

周波数帯はUHF（Lバンド）で、範囲は960〜1,215MHz（969〜1,206MHzとする資料もある）、ただし1,008〜1,053MHzと1,065〜1,130MHzについては、IFFと干渉するために使わないことになっている。この周波数範囲を51分割して、1秒間に77,000回（77,800回とする資料もある）の周波数跳飛を行なっている。前述したように、周波数ホッピングのパターンは疑似乱数ジェネレータに与える初期値で決まるから、通信しようとするJU同士は同じ初期値を設定しなければならない。

Link 16ではUHFを使用するため、見通し線範囲内の通信しか行なえない。その問題を解決するため、衛星通信を使用するS-TADIL-Jや、転送機能付きのターミナル

を組み合わせるようにしている。

とりあえず、これで「線がつながった」状態にはなるが、そこで同じネットワークに参加している複数のJUが同時に送信を開始すると、会議で多くの人が一斉に喋り始めたときと同様に、収拾がつかない。そこで、Link 16では時分割多元接続（TDMA：Time Division Multiple Access）を利用して、順番に喋らせるようにしている。

具体的にいうと、JUごとにタイム・スロットを割り当てる方法をとっている。会議で事前に決めた順番通りに発言させて、それ以外のときは黙って待つものだと考えればよい。ひとつのタイム・スロットは12秒のフレームを1,536分割した0.0078125秒の長さを持つ。

そして、JU同士がLink 16を介してやりとりする情報については、情報の種類ごとにフォーマットを決めたJシリーズ・メッセージに加えて、不定形のテキスト・メッセージや音声の送受信も可能になっている。ただし、使用するターミナルによっては、一部の機能が省かれている。

メッセージの暗号化については、機器本体とは独立したSDU（Secure Data Unit）を用意しており、これをLink 16ターミナルに取り付けて暗号化機能を持たせる形をとっている。

衛星を用いるS-TADIL-J

前述したように、Link 16/TADIL-JはUHFを使用する関係で、見通し線圏内の通信しか行なえない。これでは大規模なネットワークを構成することができないため、それを補う手段としてS-TADIL-J（Satellite-TADIL-J。旧称SATLINK-16）が開発された。1994年に米海軍のSPAWAR（Space and Naval Warfare Systems Command）が開発に着手、1996年に運用試験を開始したものだ。ネットワークに参加できるユニット数は最大16、伝送速度は2,400bps、あるいは4,800bpsとなっている。

S-TADIL-Jは、Link 16の通信を衛星通信に載せることで、通信可能な範囲を見通し線の圏外まで拡張する。大規模なネットワークを構築できるため、弾道ミサイル防衛では不可欠な構成要素となっている。その際には、通信可能距離の延伸と統合作戦能力強化を実現するJREAP-Cを導入して能力向上を図っている。

S-TADIL-Jが使用する通信衛星は、FLTSATCOMなど、UHFを使用する衛星となっている。衛星と通信する手段としては、AN/WSC-3やAN/USC-42ミニDAMAといった端末機を用いる。そして、衛星と複数の端末機が同時に通信する際に必要となる多元接続方式については、要求時割付多元接続（DAMA：Demand Assignment Multiple Access）を使用している。これは、必要に応じて端末機が通信の開始を要求して、それを受けて帯域を割り当てて通信可能にする方式だ。

また、英海軍では独自に、見通し線通信しか行なえないLink 16の難点を解消する

目的でSTDL（Satellite Tactical Data Link）を開発した[26]。英海軍の空母、42型ミサイル駆逐艦、さらに2003年から23型フリゲート、2005年から攻撃型原潜がSTDLを装備している。新型の45型ミサイル駆逐艦もSTDLを装備する。ただし、23型については若干の機能制限が存在する。動作モードは、ネットワーク・モード（通常の双方向データリンク）、グループ・リンク・モード（同じエリアにいる複数のグループ同士をSTDLでつなぐモード）、ブロードキャスト・モード（一方通行）の3種類。

STDLはLink 16メッセージをやりとりするものの、S-TADIL-Jとの互換性はない、英海軍の独自仕様。SHF帯の衛星通信を使い、TDMA方式によって多元接続を行なう。伝送速度が低くなるとフレームあたりの時間が増すが、両者の組み合わせは19.2kbps/640ms・9.6kbps/1.28s・4.8kbps/2.56s・それ以下/5.12s、のいずれか。もっとも速い192.kbpsの場合で、1フレームあたりのタイム・スロットは32、同時に16のユニット（SatU）がネットワークに参加できる。

メッセージの種類	内容
STM 01	ネットワーク構成
STM 02	搬送状況の要求
STM 03	過負荷
STM 04	搬送状況の通知（STM 02に対する応答）
STM 05	ネットワーク構成に関する要求（SatUの追加/削除）
STM 06	インターリーブと遅延時間
STM 08	BCTE（Baseband Control and Traffic Exchange）の制御

表 7.1：STDLでやりとりするメッセージの種類

データリンクの統合とC2P・NGC2P

後述するように、米海軍ではLink 11やLink 4など、複数の種類のデータリンクを併用していた。これらをLink 16ベースのシステムに一本化するプログラムがC2P（Command & Control Processor）で、1982年に計画がスタートしている。さらに接続性やスループットを高める目的で米海軍が開発したのが、C2Pの後継となるNGC2P（Next Generation Command and Control Processor）だ。2008年夏に全規模量産の承認が降りて、2012年には艦隊すべてに行き渡る予定となっている[27]。

NGC2Pでは、同じLink 16の通信でも、相手によって通信手段を使い分けることになる。見通し線圏内の通信であれば通常のJTIDSターミナルやMIDSターミナルを、見通し線圏外の通信であれば衛星経由のS-TADIL-Jを、といった具合だ。そのS-TADIL-Jは、通信範囲拡大計画・JRE（Joint-Range Extension）の一環としてスタートしている。

そのNGC2Pと組み合わせて使用するプロトコルがJREAP（Joint Range Extension

Application Protocol) で、Link 16のデータを、デジタル・メディアや、もともと戦術情報交換を想定していないネットワークに流す機能を実現する。これはイージスBMDでも情報交換用として利用しているもの。

続いて、Link 16以外の戦術データリンクについても触れておこう。ただし、すべてのデータリンクを網羅するには紙数が足りないので、メジャーなものに限定して話を進める。時系列でいうと順番が反対になるが、まずは米海軍が導入した各種データリンクから取り上げていくことにしよう。

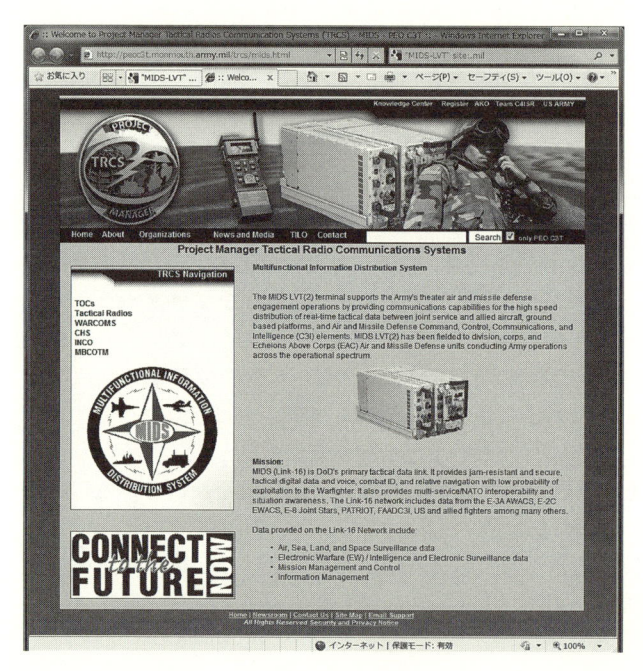

米陸軍でMIDSを担当している部門のWebサイト。ロゴの内容がMIDSの機能を象徴している（US Army）

❹ Link 16以外の
データリンク

Link 11 (TADIL-A/B)

　1961年に登場したデータリンク装置で、NTDSやATDS（Airborne Tactical Data System）で使用する。Link 11に関する規定は、米軍のMIL-STD-188-203-1Aと、NATOのSTANAG5511にある。Link 11 (TADIL-A) に加えて、改良型のLink 11B (TADIL-B) もある。フランス軍が導入したリンクWも、基本的には同じもの。また、Link 11のメッセージを衛星経由でやりとりする、S-TADIL-Aもある。

　Link 11の通信には、短波（2～30MHz）、あるいは超短波～極超短波（225～400MHz）を使用している。Link 11Aの伝送能力は、HF/UHF使用時で1,364bps、UHF使用時で2,250bps。Link 11Bの伝送能力は1,200kbpsで、オプション仕様で600kbpsと2,400kbpsを用意している。ただし、多重通信時には1,200bpsの倍数となる。Link 11のターミナルには、送信と受信の両方に対応するものと受信専用のものがあり、後者をROLE（Receive-Only Link-Eleven）という。

　Link 11のネットワークに参加するプラットフォームはPU（Participating Unit）と呼ばれる。双方向通信に参加できるPUの数は、通常は20程度、最大でも62と少ない。ロール・コールと呼ばれるモードでは、PUのうちひとつが統制艦（NCS：Net Control Station）となって、他のPU（NPS：Net Picket Station）を順番に呼び出してデータを送信させる。

　もうひとつ、EMCON（Emission Control、電波放射管制）状況下で使用するブロードキャスト・モードでは、特定のPUが他のPUに対して一方通行でデータを送りつけるだけで、送信元のPU以外は電波を発しない。

　Link 11の接続性・信頼性向上を図り、次世代のLink 22につなげる改良プログラムがATDL（Advanced Tactical Data Link）で、1990年代の末に、以下のシステムを対象として実施した[28]。Link 16を装備しない艦艇ではLink 11の運用を継続するため、改良が必要になった事情が背景にある。

・NILE（NATO Improved Link-11）
・CSDTS（Common Shipboard Data Terminal Set）
・CDLMS（Common Data Link Management System）

・MULTS（Mobile Universal Link Translator System）
・MULTOTS（Multiple Unit Link-11 Test and Operational Training System）

Link 11でやりとりする情報は、Mシリーズ・メッセージとしてSTANAG 5511（US MIL-STD 6011）で規定している。その分類を以下に示す。

M.1	参照点（DLRP：Data Link Reference Point）の座標
M.2	空中目標の座標
M.3	水上目標の座標
M.4	ASW目標の座標
M.5	ESM探知の座標
M.6	ECM目標の座標
M.7	戦域ミサイル防衛
M.9	情報源を伝達
M.10	航空管制
M.11B	航空機の状況伝達
M.11C	対潜哨戒機の状況伝達
M.11D	敵味方識別装置の情報伝達
M.11M	諜報状況の伝達
M.13	国籍情報の伝達
M.14	武器・交戦状況の伝達
M.15	指揮統制についての伝達

表7.2：Link 11がやりとりする、Mシリーズ・メッセージの種類

Link 22

Link 22は、NATO向けのLink 11後継データリンクで、STANAG 5522とSTANAG 4539 Annex Dに規定がある。

Link 22が使用する周波数はLink 11と同じで、短波（3〜30MHz）または超短波〜極超短波（225-400MHz）。伝送能力はHF使用時で3.6kbps、UHF使用時で10kbps。Link 16と同様にTDMA方式を使用している。HFでは一般的な短波通信と同様に見通し線圏外の通信も可能だが、伝送能力は超短波/極超短波よりも低くなる。Link 16との互換性を持たせるために、Link 16と同じメッセージ・フォーマットを使用する。

Link 22は二段構えの構成をとっており、まずスーパー・ネットワーク（SN：Super Network）を構築、これは500浬の範囲内で最大125ユニットの参加が可能。そのスーパー・ネットワークを、300浬の範囲をカバーする最大8個のサブネットワークに分割して運用する。個々のサブネットワークの範囲内では、同じ周波数帯で固定周波数、あるいは例の周波数ホッピングによる通信を行なう。

Link 14

　NTDSのような戦術情報処理機能とLink 11を持たない艦に対して、NTDS装備艦からデータを送り出すためのデータリンク。短波、超短波、極超短波のいずれかを使い、テレタイプを使った文字列データの形で情報を送信する。その際に使用するメッセージ・フォーマットは、STANAG 5514で規定している。伝送速度は75bpsと低い[29]。

Link 10とSTDL

　イギリスでは、Link 11と同等の位置付けとなるデータリンクとして、フェランティ社が独自にLink 10を開発した。使用する周波数帯もLink 11と同様にHF、あるいはVHF/UHFの組み合わせがあるが、処理能力や情報量はLink 11よりも見劣りする。伝送速度300～1200bps、PUの数は24程度。Link 10 Mk.2では伝送速度を4,800bpsに高めている。
　ただし、同じなのは位置付けだけで、Link 11との互換性はない。そのため、Link 10を装備したNATO加盟国の艦艇では、Link 11用のターミナルを別に設置している場合がある。なお、フェランティ社での社内名称はLink X、輸出向けの名称はLink Yとなっている。

Link 4（TADIL-C）

　1950年代末に登場した航空機管制用のデータリンクで、MIL-STD-188-203-3に規定がある。また、メッセージ・フォーマットについてはSTANAG 5504で規定している。超短波（225～400MHz）の電波で時分割多重（TDM：Time Division Multiplex）方式を使って通信を行ない、伝送速度は5,000bps。
　Link 4Aは、艦艇や航空機が相互にデジタル・データの伝送を行なうもので、音声通信の代替用と位置付けられる。戦闘任務だけでなく、空母に着艦する際の自動着艦用指示送信にも用いる。Link 4Aは最大で100機の航空機を管制できる。
　メッセージひとつあたりの長さは、艦艇から航空機に送信する管制メッセージ（Vシリーズ・メッセージ）が14ms（ミリ秒）、航空機から艦艇に応答する応答メッセージ（Rシリーズ・メッセージ）が18msとなっており、これらをタイム・スロットに分割して割り当てる。
　艦艇から航空機に対して管制メッセージを送信する際には、70個のタイム・スロットに分割して、そのうち56個のタイム・スロットを使って管制メッセージを送る。それに対する応答メッセージは、90個のタイム・スロットに分割、そのうち56個のタイム・スロットを使って送る。残りの34個は伝送遅延の吸収などに用いる。

そのLink 4Aを補完するのが戦闘機同士のデータ通信に使用するLink 4Cだが、Link 4AとLink 4Cは独立しており、この２種類を相互に接続することはできない。Link 4CはFシリーズのメッセージ・フォーマットを使用するとともに、若干のECCM性を持たせている。Link 4Cのネットワークには、最大で4機の戦闘機が参加できる。導入事例としてはF-14トムキャットがある[30]。

IVIS

米陸軍では1990年代の前半に、M1エイブラムズ戦車とM2ブラッドレー歩兵戦闘車に装備する、IVIS（Interveniclar Information System。車両間情報システムともいう）を登場させた。このIVISは、トム・クランシーの小説「合衆国崩壊」や「大戦勃発」の最後の方で登場しているので、名前を聞いたことがある方は少なくないだろう。M1A2以降と、M2A2 ODS（Operation Desert Storm）・M2A3以降がIVISを備えている。

IVISは、個々の戦車が互いに、自車の位置や敵情をSINCGARS（Single Channel Ground and Airborne Radio System）無線機経由でやりとりして、車内に設置したディスプレイに表示するものだ。こうすることで、状況の認識や同士撃ちの回避を可能にする狙いがある。さらに、このIVISのデータを利用して戦闘を指揮する"神の車"ことM4指揮車の構想があったが、途中で流産してしまった。

IVISは戦車大隊（58両で構成）を対象として動作するのだが、このことでお分かりの通り、旅団以下のレベルで使用するFBCB2と比較すると、カバーする範囲が狭い。それでも、こうしたシステムがなければ、伝達ミス、あるいは判断ミスによって状況認識を誤るリスクが付きまとう。指揮官は部下が無線機で報告してくる情報を基にして、頭の中で状況を組み立てなければならないからだ。

実際、湾岸戦争では多国籍軍が同士討ちで少なからぬ被害を出しているが、これは夜間に赤外線センサーの不鮮明な映像に頼って敵味方識別を行なうことの難しさを示しているといえる。そう考えると、たとえ限られた範囲であってもIVISのようなシステムには有用性があるといえる。

IDM

同じように、空の上で限定的なデータリンク機能を実現したのが、IDM（Improved Data Modem）だ。IVISと同様、音声通話用の無線機を利用してデータ通信を行なっている。IDMはもともと、AGM-88 HARM（High-speed Anti Radiation Missile）を使って敵防空網制圧（SEAD：Supression of Enemy Air Defence）を行なうために開発された機器で、センサーとなる航空機とシューターとなる航空機がデータ交換を実現する手段と位置付けられた。

モデムと聞くと、アナログ電話回線と組み合わせてデータ通信を可能にする機器を思い出す方が多いだろう。考え方はそれと同じだ。伝送能力こそ限られるが、既存の音声交話用通信機を活用して、安上がりにデータ通信機能を実現できる利点がある。たとえば、米サイメトリクス社製のIDM・MD-1295/Aでは、以下のようなスペックが示されている。

・接続可能な通信機：AN/ARC-164 SINCGARS、AN/ARC-182、AN/ARC-186、AN/ARC-210、AN/ARC-222。HF・VHF・UHF・SATCOMと、最大4基の通信機と接続可能
・伝送能力：75/150/300/600/1,200/2,400bps（アナログ・ポート）、75/150/300/600/1,200/2,400/4,800/8,000/9,600/16,000bps（デジタル・ポート）
・チャンネルの帯域幅：20kHz
・暗号化：KY-58暗号機用のポートを装備。暗号化したときの伝送能力はデジタル・ポートと同様
・インターフェイス：ミッション・コンピュータとは、業界標準のMIL-STD-1553データバスを介して接続する

　これで重量14ポンド、つまり6.4kgほどだ。機器は標準仕様のSEM-E（Standard Electronic Module format-E）に合わせた基盤×4枚で構成、データの変調はDSP×2個、送受信はGIP（Generic Interface Processor）を使用する。静止画データのやりとりも可能で、圧縮した静止画データ×20枚を40秒ほどで、地上と航空機の間でやりとりできる。

　これが導入してみたら役に立つということで利用が拡大、AH-64Dアパッチ・ロングボウ、F-16ファイティングファルコン（ブロック40/42以降）、EA-6Bプラウラー、英空軍のトーネードGR.4、OH-58Dカイオワ、E-2Cホークアイ、E-8ジョイントスターズなどに導入事例がある。

CDLとTCDL

　米軍では1979年に、IDL（Interoperable Data Link）の計画を立ち上げた。これはU-2偵察機に装備するデータリンクだが、それを基にしてさまざまなISR資産で共通して利用できるデータリンクの開発を企図したのが、CDL（Common Data Link）という関係になる[31]。
　個別の機種ごとに別々のデータリンクを開発すると、相互接続性・相互運用性を損ねる上にコストもかかるので、共通化できればその方が望ましい。そのCDLでは全二重通信、つまり送受信を同時に行なうことができる。地上と航空機の間で使用するデータリンクで、伝送能力は以下の通り。アップリンクとは地上から航空機に向かう

通信、ダウンリンクはその逆となる。

- アップリンク：200kbps〜45Mbps
- ダウンリンク：10.71〜45Mbps、137Mbps、234Mbps、548Mbps（追加予定）、1.096Gbps（追加予定）

通信対象となる航空機の速度や高度によって、当然ながら、必要とされる通信能力に違いが生じる。そこで、CDLでは5種類の「クラス」を規定している。

- クラスⅠ：速度マッハ2.3・高度80,000フィートまでの航空機に対応
- クラスⅡ：速度マッハ5・高度150,000フィートまでの航空機に対応
- クラスⅢ：速度マッハ5・高度500,000フィートまでの航空機に対応
- クラスⅣ：高度750nmまでの衛星に対応
- クラスⅤ：さらに高い軌道高度の衛星と通信するための中継用

一方、比較的簡素な機器を使い、かつ既存のCDLとの互換性を備えるデータリンクとして、TCDL（Tactical Common Data Link）が開発された。具体的な用途としては、UAVの管制やデータ受信、RC–12ガードレール・RC–135V/Wリベットジョイント・E–8ジョイントスターズといったISR資産からのデータ送信といったものがある。

TCDLはKuバンドの電波を用いて通信しており、これも全二重通信を使用する。通信の向きによって周波数を分けており、それぞれ「15.15〜15.35GHzで200kbps」「14.40〜14.83GHzで1.544Mbps〜10.71Mbps」、通信可能な距離は最大200kmとなっている。インターネット接続サービスと同様、通信量が多いと思われるダウンリンクを高速に、アップリンクを低速にするのが自然だろう。将来は、CDL並みの45Mbps・137Mbps・274Mbpsを実現する予定。

なお、使用する電波の周波数が高いため、TCDLでは見通し線圏内の通信しか行なえない。そこで、WGS通信衛星と組み合わせて見通し線圏外でも高速なデータ通信を行なえるようにする、MR–TCDL（Multi Role TCDL）の開発が進められている。

SADL

SADL（Situation Awareness Data Link）は近接航空支援（CAS：Close Air Support）で用いるデータリンクで、近接航空支援任務を担当する戦闘機や攻撃機と、地上にいて指示を出すFAC（Forward Air Controller）やJTAC（Joint Terminal Attack Controller）を結ぶデータリンクだ。狙いは、近接航空支援の際に地上の友軍を誤射・誤爆しないようにする点にある。

なお、この手の管制官は、かつてはFACという名称だったが、現在の米空軍では

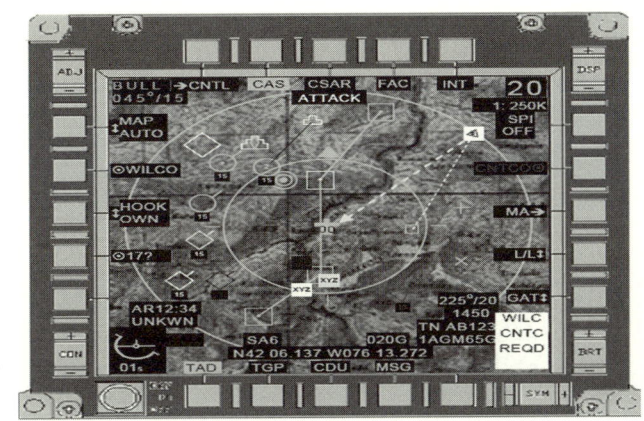

図 7.1：SADLの画面表示イメージ。上空の戦闘機が、地上にいる敵と味方の位置関係を把握するために用いる。(USAF)

JTACという（2003/9/3付で名称変更）。JTACの人数が足りない場合には、JTACの眼や耳となる補佐役として、JFO（Joint Fires Observer）を指揮下につける場合もあるようだ。

　話を元に戻す。そもそも、高速で飛行する航空機から地上にいる敵と味方を見分けるのは、簡単なことではない。特に近接航空支援では、なおのことだ。敵と味方が接近した状態で撃ち合っていることが多いから、その分だけ敵と味方の識別を間違えて誤爆する可能性が高いし、実際、近接航空支援に起因する誤爆・誤射の事例は多い。

　そこで、地上にいるFACやJTACから上空の友軍機に対して、迅速に最新の状況を送れるようにしようということで、SADLが開発された。このSADLの装備を含むPE（Precision Engagement）改修を施したA-10はA-10Cと呼ばれ、2028年まで運用を続ける予定になっている。

　地上にいる個々の兵士、あるいは車両は、GPS受信機を使って自己の位置を確認・送信する。そうやって得られた位置情報をSADL経由で上空の友軍機に送信すると、データはコックピットのディスプレイに現われる。その情報を参照しながら目標指示を行なうことで、友軍を誤爆しないようにしようというわけだ。

　このSADLとLink 16の相互接続を可能にする中継機器や、上位の指揮所から衛星通信経由で送られてきた情報・指令をLink 16やSADLに再送信する中継機器もある。

❺ 最新世代のデータリンク

 前節では、すでに配備が始まっている、あるいは配備が近付いているデータリンクについて取り上げた。ここではさらに話を先に進めて、開発中、あるいは構想が進められている段階の新世代データリンクについて取り上げよう。
 従来のデータリンクと比較すると、これから登場するであろう新世代のデータリンクには、以下のような特徴がある。

・伝送能力の向上：静止画や動画といった大容量データの配信に対応できるように、Mbps級の伝送速度を実現する
・IPネットワーク化：インターネットで用いられているのと同じIPネットワークの導入。ネットワークに接続する機器やプラットフォームの数がどんどん増えると見込まれることから、IPv6を利用する可能性が高い

 暗号化を初めとする秘匿性や、耐妨害性については従来から求められていることなので、新世代だから改めて暗号化機能や耐妨害機能が加わる、ということはないだろう。これらは軍用の通信機能では「あって当然」の機能だからだ。

IFDLとMADL

 まず、F-35用に開発が進められているMADL（Multifunction Advanced Data Link）と、その先祖筋にあたるF-22用のIFDL（Intra Flight Data Link）から話を始めることにしよう。
 F-22はIFDLを備えることで、同一編隊を構成する機体同士の情報交換が可能になった（IFDLでいうところのFlightとは「編隊」のこと）。ある機体が捕捉した情報を自動的に他の機体に転送・共有したり、複数の機体同士で目標の割り当てを行なって二重撃ちを防いだりできる。効率の良い交戦が可能というだけでなく、レーダー電波の放射を抑制できることから、ステルス状態の維持にも役立つ。
 F-35では、ノースロップ・グラマン社が開発するCNI（Communication, Navigation and Identification）機能、つまり通信・航法・敵味方識別の機能を一体化した機器を搭載する。これはソフトウェア無線機を利用して他のプラットフォームと通信する機能を持ち、その一環として戦術情報交換用データリンクの機能も実現する。

そのデータリンクとして開発が進められているのがMADLで、2008年11月に導入が決定、米空軍のESC（Electronic Systems Center）が窓口となって開発を進めている。Link 16と同様に周波数ホッピングを使用する通信システムで、LPI（Low Probability-of-Intercept）とLPD（Low Probability-of-Detection）、つまり、敵による傍受も困難にする仕組みを取り入れる。

　敵に傍受される確率を下げるには、四方八方に電波を放射しないで、通信する相手がいる方向にだけ集中的に電波を送信する方法が考えられる。もちろん、その方向に敵の傍受ステーションがあるかもしれないから、これだけでは不十分だが、傍受の確率を下げることはできる。スペクトラム拡散通信を併用することで、さらに傍受の確率は低くなる。ちなみに、MADL用のアンテナを手掛けているのはEMSテクノロジーズという会社で、F-22が装備するIFDL用のアンテナもこの会社が作っている。

　だからというわけではないが、MADLはF-35だけでなく、将来的にはF-22やB-2にも搭載する予定だ。自ら電波を放射することを避けたいステルス機だからこそ、傍受されにくく、かつ高性能のデータリンクを必要とする。自機のレーダーを使わなくても、外部から情報を受け取れる方が有利だからだ。

TTNT/FAST/RCDL

　そのMADL以外で開発構想が進められている高速データリンクとしては、以下のものがある。

・TTNT（Tactical Targeting Network Technology）
・FAST（Flexible Access Secure Transfer）
・RCDL（Radar Common Data Link）

　TTNTは、ロックウェル・コリンズ社が主体となって開発を進めているデータリンクで、2009年1月に最終設計審査（CDR）を済ませた。伝送能力は2Mbps～数十Mbpsといったところだ。搭載機としては、F-22やF/A-18E/Fの名前が挙がっている。実際に、演習の際にTTNTを使って情報を伝送するデモンストレーションを行なえるところまで開発が進んでおり、米空軍ではANW（Airborne Networking Waveform）としてTTNTの採用を決定済み。米海軍でも、F/A-18E/FにTTNTを追加する構想を明らかにしたことがある[32]。

　米空軍は2010年2月にロックウェル・コリンズ社に対して、TTNTターミナル×10セットを650万ドルで発注した[33]。ただし、TTNTのために専用の機材を必要とするのでは面倒なので、ソフトウェア無線機を使用するデータリンク機材・MIDS JTRSにTTNTを組み込む作業についても、DLS（Data Link Solutions）社に発注している[34]。

ところが、TTNTは高性能な分だけ機器が高価になる問題がある。そこで、スペックを抑えて安価に実現する狙いからBAEシステムズが開発しているのがFASTで、Link 16ターミナルのコンポーネントを交換する方法で高速化を図る。そのため、Link 16との互換性を維持しながら高速化するアプローチをとることができる。伝送能力は1.1Mbps[35]。

このほか、Link 16自体の改良計画（Project 17439）があったが、これは2007会計年度で終了している。

変わり種は、米空軍がAESA（Active Electronically Scanned Array）レーダーをデータリンクに応用しようとして研究を進めているRCDLだ。AESAレーダーはアンテナ・アレイの操作次第で、特定の方向にだけ集中的にビームを出すことができるから、それを使って電波妨害やデータリンクを実現できるのではないか、という考え方がある。

すでにRCDLについてはデモンストレーションを実施しており、伝送速度10Mbpsを達成している。将来的には、数百Mbpsまで高速化できるとみられているが、実際に開発を進めるのか、開発した場合にどの機体に搭載するのか（といっても、AESAレーダーを搭載した機体でなければ実現不可能だが）については、まだハッキリしない。

JDCS（F）

防衛省では、自衛隊デジタル通信システム（戦闘機用）〔JDCS（F）：Japan self defense Digital Communication System（Fighter）〕の開発構想を進めている。F-15Jの近代化改修機（形態2型）については、MIDS-FDLを導入することになっているが、形態1型、あるいは近代化改修を行なわない機体との能力差が開いてしまう問題がある。

そこで、搭載に際してMIDSほどには機体に手を入れずに済むシステムとして、平成22年度予算で約29億円の予算をつけて、JDCS（F）の開発を本格的に進めることになった。最初にこれを搭載するF-2についても同時に、機体システムの設計契約を約3億4,000万円で発注している。F-2以外に、F-15Jにも搭載する計画になっている。

JDCS（F）の導入によって戦術情報の交換能力が向上するため、空対空戦闘・空対地戦闘のいずれにおいても、効率と精確さの向上を期待できるだろう。特にF-2支援戦闘機では、地上における最新の状況を受け取ることができるかどうかは重要だ。

これから開発する製品ということもあり、具体的な性能や動作内容については明らかにされていないが、他国の戦術データリンクと比べてひけを取らないものとなるよう期待したい。

❻ データリンクを利用した情報の共有と連携

データリンクのメリット

このように、データリンクにはさまざまな種類がある。しかし、データリンクは「機能」に過ぎないから、それを実戦で役立てるには、どういった場面でデータリンクを利用するかを考えなければならない。そこで、データリンクを導入することで得られるメリットについて考えてみよう。

基本的なメリットは、異なるプラットフォーム同士で情報を共有できる点にある。あるプラットフォームがセンサーを使って得た情報を、データリンク経由で他のプラットフォームに転送することで、同じ状況（COP：Common Operational Picture）を共有できる。また、センサー能力に劣るプラットフォームが、優れたセンサーを持つプラットフォームから情報を受け取ることで能力不足を補う、という使い方もある。

また、広い範囲に散在するセンサーやプラットフォームを互いにデータリンクでつないで情報を共有することで、単一のセンサーやプラットフォームではカバーできないほど広い範囲について、まとめて状況を把握できる。その極めつけが弾道ミサイル防衛システムで、早期警戒衛星、地上設置のレーダー、イージス艦のレーダー、迎撃ミサイルのレーダーなど、数千kmも離れた場所に散在する各種構成要素からのデータをネットワーク経由で収集・融合しながら戦闘指揮を行なわなければならない。

ただし、データリンクによって実現できるのは情報の共有だけだから、その情報に基づいてどういった戦闘指揮を行なうかは、また別の問題になる。そちらは人間、あるいは指揮管制装置の仕事だ。たとえば、複数の艦が同時に、同じ目標に対してミサイルを指向して"二重撃ち"になってしまう事態を避けるには、共有している情報に基づいて、個々のプラットフォーム、あるいは武器に目標を割り当てる機能が必要になる。

もうひとつ、データリンクを通じて最新の情報を引き出す、あるいは送り込むことができるというメリットもある。データリンクがない場合、ミサイルや航空機は発射、あるいは発進の時点で送り込んでおいたデータに頼らざるを得ないが、データリンクがあれば、発射/発進後でも最新の情報を送り込むことができる。

艦隊防空とデータリンク

情報共有のメリットが活きる事例としては、艦隊防空戦がある。戦闘機・早期警戒機・防空艦と艦対空ミサイルといった具合に、さまざまなシステムを組み合わせてひとつの任務を遂行するため、それらが同一の情報に基づいて連携することが必要になるからだ。

特に早期警戒機をデータリンク網に加えることができると、艦のレーダーを停止させたままでも早期警戒機のレーダーによって敵情を把握できる。うかつにレーダー電波を出すとESMで逆探知される怖れがあるから、艦側でレーダーの使用を封止したままでも情報を受け取ることができれば、メリットが大きい。

そのほか、遠方に進出した航空機からデータリンク経由で情報を受け取ることができれば、居ながらにしてセンサーの能力範囲を超える場所まで状況認識の対象範囲を拡大できる。前述した早期警戒機だけでなく、水上戦闘艦と対潜ヘリコプターにも同じ関係が成り立つ。

CECによる共同交戦

複数のプラットフォーム同士をデータリンクで結ぶことで、情報の共有が可能になる。しかし、効率よく交戦を行なうという観点からすると、情報の共有だけでは十分とはいえない。というのは、個々の艦や航空機が自己の判断で目標を選択する限り、「二重撃ち」や「撃ち漏らし」の可能性が残るからだ。

したがって、情報の共有から一歩進めて、ネットワーク化した艦や航空機の連携を図る必要がある。全体で共有した情報に基づいて目標の割り当てを行なうわけだ。たとえば、さまざまな方向から航空機や対艦ミサイルが飛来した場合、要撃するのにもっとも都合がいい位置にいる味方の艦、あるいは航空機を選び出して「この目標を要撃せよ」と指示する。こうすることで、効率の良い交戦が可能になるだけでなく、「二重撃ち」や「撃ち漏らし」の可能性を減らすことができる。

つまり、ネットワーク化された複数のプラットフォームが、あたかも単一のシステムであるかのように機能するわけだ。こうした考え方を具現化したのが、米海軍のCECといえる。艦載用の共同交戦プロセッサ・AN/USG-2と、航空機搭載用の共同交戦プロセッサ・AN/USG-3が主な構成要素で、レイセオン社が開発・製造を担当している。

高度な機能を実現するだけに、CECはおいそれとは輸出されていない。これまでに確認できた輸出事例はイギリスとオーストラリアだけだ。

空対空戦闘とデータリンク

ミサイル防衛と比べると、関与するプラットフォームやシステムの種類は少ないが、空対空戦闘でもデータリンクのメリットがある。戦闘機が自らレーダーを使って捜索しなくても、地上の対空監視レーダー、あるいは早期警戒機などのレーダーで得られたデータを利用できるからだ。

その情報をデータリンク経由で受け取って利用すれば、自らの存在を暴露せずに先回りして、敵の裏をかくことができる（かもしれない）。特に、自らレーダー電波を出して存在を暴露する事態を避けたいステルス機では、このメリットが大きいと考えられる。

ソ聯でMiG-31フォックスハウンドを開発した際に、Spetztekhnika Vympel NPOが開発したR-33（NATOコードネームAA-9エイモス）空対空ミサイルとセットで、ZBI-16ザスロン・レーダーを導入しているが、これも考え方は似ている。

すでによく知られているように、MiG-31の射撃管制システムにはデータリンク機能がある。複数のMiG-31が共同で要撃任務を実施する際には、その中の1機が任務全体を指揮する役割を受け持ち、データリンクを通じて他のMiG-31に対して要撃の指示を出す仕組みだ。

ソ聯空軍にもツポレフTu-126モス、あるいはイリューシンA-50メインステイといった機体はあるが、能力や数の面でハンデがある。しかも、ソ聯は東西に長い国土をカバーする防空網を構築しなければならないため、そのすべてをカバーできるほどにAWACS機を配備するのは難しい。そこで、MiG-31が自ら管制役を買って出たわけだ。

このほか、前述したようにF-22AラプターはIFDLを備えているので、同一編隊を構成するF-22A同士で情報交換を行ないながら、効率よく共同交戦を行なえるし、F-35では、さらに能力を向上させたMADLを装備することになっている。米空軍の戦闘機はAWACS機の支援を受けられることが前提になっているが、さらに編隊内で情報交換を行なう仕組みを付け加えることで、目標割り当てを効率化する等の効果を期待できる。

実際、フロリダ州のティンダル空軍基地に駐留するF-22Aの訓練部隊が2005年4月に、テキサス州ルーク空軍基地に駐留するF-16の訓練部隊と模擬空戦を行なった際に、F-22Aの飛行隊に所属するマックス・マロスコ少佐は、こんなコメントをしている。

「F-22Aは大幅に自動化が進んでおり、パイロットの負荷を減らして全体状況の把握に集中させてくれる」「データリンク技術によって、無線機で会話しなくても、ウィングマンが何をしようとしているのかを把握できるし、皆が何をしようとしているのかをコックピットにいながらにして掌握できる。だから、少ない手間で大成功を収めることができる」「F-22が備える先進的なアビオニクスは、パイロットのミスを減ら

し、少ない手間で物事を順調に運ぶのに役立っている」

バイスタティック探知とセルダー

　アクティブ方式の探知を行なうセンサーは通常、単独で機能することを前提に設計されている。たとえばレーダーなら、送信機と受信機は一体であり、同じプラットフォームに載せた状態で機能する。そして、自分が出した電波の反射波を自分で受信、方位や到達時間情報を基にして敵の位置を把握する。これはアクティブ・ソナーでも同じだ。

　ところが、ステルス性を備えた相手を探知しようとすると、このことが仇になる。対レーダー・ステルスであれば電波を、対ソナー・ステルスであれば音波を、発信源に向けて返さないようにすることが、ステルス技術の基本となる考え方だ。それを実現する方法として、電波や音波を吸収する素材を使う方法と、形状に工夫をして明後日の方向に反射させてしまう方法がある。いずれにしても、電波や音波が発信源に向けて返らなければ、アクティブ探知は成立しない。

　そこで、バイスタティック、あるいはマルチスタティックといった探知手法が登場する。これは、送信機と受信機を別々の場所に設置して、両者をネットワーク経由で連携動作させる手法のことだ。こうすれば、送信側から見て明後日の方向に逸らされた電波や音波を、別の場所に設置した受信機で探知できる可能性が出てくる。

　ただし、実際にこの方法で探知できるかどうかは、電波や音波を逸らす方向と、送信機・受信機の相対的な位置関係に依存する。そのため、反射する方向と受信機の位置関係によっては、探知できないこともある。それを補うには、受信機の数を増やしてマルチスタティック探知を行なう必要があるだろう。

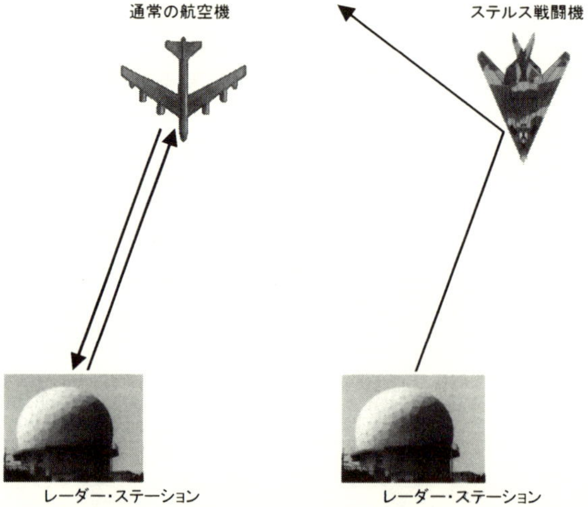

　また、送信機と受信機が別々になるので、「受信機が受信したシグナルが、どの送信機がいつ送信したシグナルか」という情報を考慮に入れなければ、精確な探知ができないと考えられる。それだけ、目標の位置を割り出す際の計算が複雑になる。

　対ステルス・レーダーを実現する方法として、携帯電話の基地局を利用する構想が打ち出

図7.2：ステルス技術のポイントは、レーダー電波を発信源に送り返さないこと。その手法として、「吸収」と「逸らし」がある

れたことがある。BAEシステムズ社が2002年に発表した「セルダー」（celldar。携帯電話を意味するcellularとradarを組み合わせた造語）がそれだ。

携帯電話は、電波を発信する基地局を各地に設置してネットワーク化することで機能している。だから、その基地局から出した電波が何かに当たって反射したときに、それを発信元、あるいは別の基地局で受信することで、「何かがいる」ことが分かる。

すると、その電波を発信した基地局に関する情報と、どこの基地局でどちらの方向から来た電波を受信したかという情報を突き合わせることで、バイスタティック探知と同じことができる。組み合わせる基地局の数を増やせば、マルチスタティック探知も可能だ。

携帯電話の基地局はもともとネットワーク化されているし、広い範囲に散らばって設置されているから、マルチスタティック捜索にはおあつらえ向きといえる[36]。

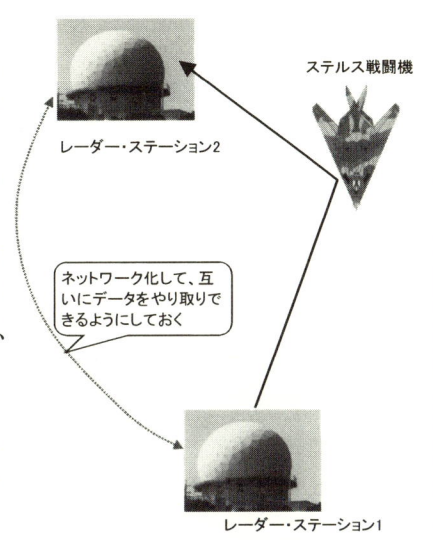

図 7.3：発信機と受信機を異なる場所に配置してネットワーク化することで、ステルス技術を打ち破れる可能性が出てくる。いわゆるバイスタティック探知、あるいはマルチスタティック探知のことだ

なお、電波吸収材や音波吸収剤を使用している相手の場合、そもそも絶対的な反射波の強度が小さくなるため、受信機の数を増やしてもあまり関係ないと考えられる。ただし、電波吸収材でも音波吸収剤でも、あらゆる周波数の電波や音波を吸収できるわけではないから、これだけでステルス性を実現できるわけではない。

対潜戦とデータリンク

対潜戦を行なう駆逐艦やフリゲートが、自艦装備のセンサーだけでなく、対潜ヘリコプターを装備する形は一般的なものとなっている。ヘリコプターを搭載することで、艦載兵装のカバー範囲よりも遠方まで迅速に進出して捜索・攻撃を行なう手段を実現できる利点があるが、その際には艦側との連携が必須のものとなる。

そのため、艦載用の対潜ヘリはデータリンク機能を備えて、乗艦している駆逐艦やフリゲートと情報交換できるようにするのが普通だ。こうすることで、ヘリが搭載するセンサーで得たデータを艦側に送信したり、艦側から最新の戦術情報を受け取ったりできる。

もっとも、やりとりする情報が少なければ、データリンクの能力ばかり高めても意味がない。無指向性ソノブイなら「〇番のソノブイがシグナルを感知した」という程

度になるだろうし、指向性ソノブイならさらに方位の情報が、アクティブ式ソノブイなら距離の情報も加わる。しかし、文字情報のやりとりで済むレベルだ。

　米海軍の艦載型対潜ヘリ（LAMPS：Light Airborne Multi-purpose System）には、LAMPS Mk.I（SH-2シースプライト）、LAMPS Mk.III（SH-60Bシーホーク）、LAMPS Mk.IIIブロックII（MH-60Rオーシャンホーク）があり、この順番でヘリコプター側の処理能力強化と、データリンク機能の強化が図られている。

　LAMPS Mk.Iでは、ヘリが装備するソノブイなどのセンサーで得られた情報は、そのままAN/AKT-22送信機で艦側に送信するだけだった。言い方は悪いが、猿回しの猿みたいなもので、ヘリは艦からの指令を受けて、データを集めて送ったり、指示された場所に移動して攻撃したりするわけだ。

　LAMPS Mk.IIIでは二重通信を可能にするとともにデジタル化して、艦側のAN/SRQ-4とヘリコプター側のAN/ARQ-44を組み合わせるCバンドのデータリンクとなった。ソノブイに加えてレーダーやESMの情報も送れるようになったが、同時送信は不可能で、順番に送る必要がある。

　最新の艦載多用途ヘリ・MH-60Rオーシャンホークでは、ハリス社がHawklinkというCDLを開発した。HawklinkはKuバンドを使用するネットワークで、艦側にはAN/SRQ-4ターミナルを、ヘリにはAN/ARQ-58ターミナルを搭載する。HawklinkのブロックIアップグレードでは、伝送速度は21Mbps、伝送距離は100浬となっている。

　こうした考え方は、海上自衛隊の対潜ヘリが使用するデータリンクでも変わらない。機種が米海軍と異なる（HSS-2→SH-60J→SH-60K）ほか、搭載するセンサーの内容にも違いがあるため、基本的な規格は米海軍のLAMPS Mk.IIIに準拠しているものの、内容には違いがあるだろう。

7 データリンクを利用した情報・指令の伝達

ミサイル誘導におけるデータリンクの利用

　ミサイル攻撃でも、データリンクの有用性が発揮される場面がある。
　位置が決まっている地上目標を攻撃するのであれば、昨今ではGPS誘導の兵装が当たり前になっているので、目標の座標を入力して兵装を送り出せばよい。トマホーク巡航ミサイルのように低空を地形に紛れて飛行するミサイルでは、さらに経路に関する設定を行なう必要もあるが。
　ところが、目標が移動する場合はどうか。捕捉した時点で座標を把握してミサイルに入力しておいても、ミサイルがそこに到達する頃には、目標は別の場所に移動してしまっているだろう。これでは具合が悪い。また、ミサイル発射後に状況が変わり、もっと優先度が高い目標が現われた、あるいは狙っていた目標が消えてしまった、ということになれば、任務割り当ての変更や中止が必要になる。
　そこでデータリンクが登場する。ミサイルを発射した後も射撃指揮装置との間でデータリンクをつないでおけば、最新の情報を送り込むことができる。この種の製品として、ボーイング社が開発したWDLN（Weapons Data Link Network）やWDLA（Weapon Data Link Architecture）などがある。すでに、WDLNはSDBと組み合わせたデモンストレーションを2006年に実施している[37]。
　BGM-109トマホークでは1993年にIOCを達成したブロックIIIからGPS誘導を導入しているが、これは固定目標の攻撃しかできない。2004年にIOCを達成したブロックIV（いわゆるTACTOM：Tactical Tomahawk）から双方向データリンクを追加装備したため、発射後の目標再設定が可能になった。データリンクを活用する用途のひとつが、この目標再設定だ。副次的メリットとして、目標に突入する瞬間までミサイルとのコンタクトを維持できるため、ミサイルから送ってきたデータを爆撃損害評価（BDA：Bombing Damage Assessment）に利用することもできる。これをWIA（Weapons Impact Assessment）という。
　このほか、AGM-154 JSOWでも、AGM-154C-1からデータリンク機能を追加する作業が進められている。こちらの狙いは主として移動目標攻撃能力の実現にある。目標を追跡しながら最新の座標情報を把握して、それをデータリンク経由で兵装に送り込むことで、「チョイ右、チョイ左、そのまま真っ直ぐ……」といった具合にミサイル

図7.4：SLAMを右主翼下に搭載して旋回するF/A-18（US Navy）

を移動目標に送り込むことができる。

　この種の実験としては、ノースロップ・グラマン社が開発してデモンストレーションを行なった、AMSTE（Affordable Moving Surface Target Engagement）もある。AMSTEのデモンストレーションでは、JDAMとE-8ジョイントスターズ（Joint STARS：Joint Surveillance and Target Attack Radar System）の組み合わせを用いた。E-8が目標を追跡しながら、落下中のJDAMに対して針路修正の指示を出す仕組みだ。目標が移動している場合、データリンクだけでなく、目標と兵装の両方を継続的に追跡する仕掛けが必要になる点に注意したい。

　JSOWやJDAMは無動力の滑空式だから不可能だが、トマホークのように動力付きのミサイルで、かつ燃料に余裕があれば、とりあえず目標地域の上空にミサイルを飛ばしておいて、後から攻撃目標を指示する使い方も可能になるだろう。移動式ミサイル発射器みたいに、突発的に出現する上に緊急度が高い目標、いわゆる"time critical target"を攻撃する際には便利だ。

　比較的古くからデータリンク機能を備えているミサイルとしては、湾岸戦争で使用されたAGM-84E SLAM（Stand-off Land Attack Missile）の一族がある。型式でお分かりの通り、ベースモデルはAGM-84ハープーン空対艦ミサイルだが、長射程の対地攻撃ミサイルに転用する際にミサイルの先端にカメラを、さらにAGM-62ウォールアイ滑空爆弾から転用したデータリンク機器を追加した。

　このデータリンクは、カメラの映像を送信させるのが目的で、ミサイルから送られてくる映像を見ながら誘導の指示を出す仕組みだ。湾岸戦争のときには、1発目のSLAMが命中して開いた穴に2発目のSLAMが飛び込んで、パイロットが目を丸くした、なんていうこともあった。

　余談だが、トマホークはブロックIIIから、SLAMは当初からGPS誘導を導入したため、軍用GPSの精度をもってすれば、かなり高い精度で命中させられるはずだ。つまり、デジタル・マップや目標映像への依存度を下げられる。データリンク経由で目標を再設定したときに、そちらの映像やデジタル・マップをミサイルが持っていなかったとしても、GPSがあれば、迷子になることもない。

リアルタイム情報に基づく整備・補給

　航空機などの整備は一般的に、一定の時間、あるいは使用回数が経過したところで点検やパーツの交換を行なうという形を取る。しかし、実際の疲労・故障状況に関係なく機械的にパーツの交換を行なうのは、ときには不経済な結果につながることもある。逆に、まだ余裕があるからといって交換せずにおいたものが、トラブルの原因につながることもある。

　そこで最近では、機械的に時間、あるいは回数を基準にして整備・補修・交換を行なうのではなく、コンディション・ベース、つまり個々の機材の状況に合わせた整備を行なう方法が主流になってきた。兵器の運用やメンテナンス（O&M：Operation and Maintenance）に要するコストは馬鹿にならないので、こうした分野でコストを低減できれば、それだけ経済的な軍事行動が可能になる。

　そうなると、判断基準となる「状況」を把握するための手段が必要になる。そこで、自己診断機材、あるいはヘルス・モニタリング・システムといった仕掛けを用意して、運用状況や不具合の発生に関するデータを記録して、後から取り出せるようにする事例が増えている。ただし、この方法ではリアルタイムの状況把握ができない。

　そこで、F-35ライトニングIIではネットワーク化を兵站支援に取り入れる。それが第2章①の「リアルタイムの情報収集と整備・補給」の項で取り上げたALISだ。

　効率的な整備作業が可能になると、経費節減になるだけでなく、整備のために使えなくなる機材が減るため、稼働率の向上にもつながる。整備作業の効率化はプラットフォームの所要数削減につながり、これも結果として経費節減につながる。通常、航空機のような主要ウェポン・システムでは、ライフサイクルコストの2/3をO&Mコストが占めている。ところがF-35では、O&Mコストが占める比率をライフサイクルコスト全体の1/2にまで引き下げるという目標を掲げている。それを実現するにはALISが必須の存在だ。

　似たような発想で、米海軍の研究部門・ONR（Office of Naval Research）では、海兵隊向けの自動化兵站システム構築プログラム・Sense and Respond Logisticsを推進している。担当メーカーはロッキード・マーティン社で、現在は開発作業を進めている段階。これは、リアルタイムのデータに基づいて兵站任務の計画・再評価を行なうためのシステムで、車両などに取り付けたセンサーがネットワーク経由で送ってくるデータに基づいて、計画と意志決定を支援する。

　たとえばの話、どの戦車がどの種類の弾をどれだけ撃ったのかが分かれば、後方では、指揮下の部隊全体で射耗した弾の種類と数を把握できる。それが分かれば、使った分だけ補充するという、コンビニの商品配送みたいなことが可能になるわけだ。余分な物資を輸送しないで済めば、それだけ兵站支援の負担を軽減できる。

頓挫したアーセナル・シップ

　米海軍で1995年9月に、アーセナル・シップという構想が披瀝された。アーセナルといってもサッカーのチームではなくて「武器庫」のこと。つまり、センサーや射撃指揮装置を省略して「武器庫」に徹した軍艦のことだ。その代わり、垂直発射システムを装備して、艦対空ミサイルや巡航ミサイルを合計500発搭載する構想だった。
　では、それらのミサイルを撃つために必要な情報はどうするのかというと、センサーや指揮管制装置を備えた他の艦、たとえばイージス艦から、Link 16データリンク経由で受け取る仕組み。つまり、アーセナル・シップではデータリンクが情報・指令の伝達手段として機能するという考え方。そして、ミサイル発射器とデータリンク機能だけあれば機能できるため、その分だけ乗組員の数は少なくて済むし、艦の建造コストも安く、それでいて火力は確保できるという触れ込みだった。
　もっとも、特定の艦に大量のミサイルを集中搭載するということは、その艦が損傷、あるいは沈没したときに失われる火力も大きくなるため、冗長性に欠けるという指摘があった。その他あれこれの事情もあり、結果としてアーセナル・シップの構想は流産したが、データリンク機能の充実によって、こうした考え方が生まれたということは記憶しておきたい。

⑧ データリンクを利用した静止画・動画などのデータ伝達

近接航空支援を安全・確実なものにするROVER

　興味深い事例として、近接航空支援に用いられるROVER（Remotely Operated Video Enhanced Receiver）がある。

　これは、近接航空支援を担当する航空機のターゲティング・ポッドに組み込まれた電子光学センサーの映像を、Cバンドのデータリンクを使って、地上にいるJTACに実況中継するものだ。ROVERが登場したのは2005年秋のことで、イラクに派遣された米海軍のF-14トムキャットが最初に装備した。スナイパーやライトニングといったターゲティング・ポッドにROVERを追加装備すると、戦闘機が狙っている目標の映像を地上のJTACがその場で確認できる。

　受信用のターミナルは、L-3コミュニケーションズ社が開発・製造している。また、2009年6月にはハリス社も、ROVER用のターミナル・RF-7800Tについて発表している。こちらはデータリンクの周波数帯として、Lバンド（1.71 - 1.81GHz）、Sバンド（2.2 - 2.5GHz）、Cバンド（4.4 - 5.8GHz）の3種類を使用できる。

　もちろん、近接航空支援では攻撃を開始する前にJTACが「○○を狙ってくれ」と指示するのだが、勘違いや伝達ミスなどによって、違った目標を狙ってしまう可能性は残る。へたをすると、友軍を狙って同士撃ちを引き起こす可能性もある。そこでROVERがあれば、正しい目標を狙ってくれているかどうか、JTACはその場で確認できる。ひょっとすると「ちょっと待て、そちらで狙っているのは俺だ！」とかいうことも起きるかもしれない。

　その便利なROVERターミナル、2009年10月にL-3コミュニケーションズ社がROVER 4ターミナル×100セットとROVER 6ターミナル×309セットを総額$20,653,200で受注している。1台あたり、約5万ドルという計算だ。これで誤射・同士撃ちを避けられるのであれば、安いものだろうか？

TCDLとVUIT-2

　一方、UAVなどが搭載するカメラ、あるいは赤外線センサーの映像を地上に送信する機能のことをVDL（Video Data Link）、それを実現するための伝送手段をTCDL

（Tactical Common Data Link）と呼ぶ場合がある。おそらく、戦術UAV（TUAV）に装備するものなので、冒頭にTacticalと付くのではないかと思われるが、定かではない。MQ-5ハンター、RQ-7シャドー、MQ-8ファイアスカウトといった機体に導入事例がある。

動画の伝送を行なうには高い伝送能力が求められるため、必然的に周波数帯は高くなり、RQ-7用のTCDLを例にとるとKuバンドを使用している。伝送能力は10.7Mbpsで、額面上の数字はIEEE802.11b無線LANに近い。

また、攻撃ヘリにおいて同じことを行なうのが、ロッキード・マーティン社がAH-64D攻撃ヘリ向けに開発しているVUIT-2（Video from UAS for Interoperability Teaming Level II）だ。VUIT-2はUAVだけでなく、ROVERと同様に戦闘機のターゲティング・ポッドからデータを受け取ることもできる。

VUIT-2の狙いは、AH-64DからUAVを管制したり、UAVから動画の配信を受けたりする点にある。それにより、攻撃ヘリの搭乗員が安全なところから、UAVを使って目標の情報を得られる。自分で見に行くと撃たれる可能性があるが、UAVなら撃たれても死傷者が出ない。しかも、UAVに指示を出したりデータを受け取ったりするのは攻撃ヘリ自身だから、誰かに中継してもらう必要はなく、センサーとシューターを直結した状態になる。つまり、リアクション・タイムを最小限にとどめることができる。

すでにTCDLによる動画データ受信についてはAH-64Dで実戦配備を実現しており、引き続き、UAV管制機能の開発が進められている。こちらもTCDL経由でデータをやりとりするが、指令を送るための機材としてUTA（UAS Tactical Common Data Link Assembly）を追加する必要がある。UAVの機体だけでなく、UAVが搭載するセンサーに指令を出すこともできるので、たとえばセンサー・ターレットの向きなどを指示できるだろう。これができなければ困ってしまうが、開発中のAH-64DブロックIIIでは、VUIT-2のフル機能を実装することになるだろう。

なお、AH-64Dでは、VUIT-2による動画データの受信を「レベル2・UASコントロール」、さらにUAVの管制機能を追加した状態を「レベル4・UASコントロール」と呼んでいるようだ。

❾ データリンク導入の事例

米空軍のデータリンク導入事例

　まずF-15については当初、F-15C/Dの一部（第366航空団など）にJTIDSクラス2ターミナルを搭載した。しかし、このターミナルは高価で広く普及するには至らなかったため、安価なMIDS-FDLを開発してF-15C/D/Eへの導入を進めている。F-15Eは2000年、F-15C/Dは2002年にIOCを達成済み。

　F-16は対地攻撃の機会が多いことから、近接航空支援任務に就くブロック30/32については、SADLの導入を完了している。さらにブロック40/42/50/52についてはCCIP（Common Configuration Implementation Program）改修に際してMIDS-LVTの導入を進めており、2006年にIOCを達成済み。このほか、IDMも装備している。

　A-10も近接航空支援が主な任務になるため、SADLの導入を進めており、すでに現役部隊の機体には行き渡った。A-10A+とA-10CがSADLを装備している。

　もっともネットワーク化機能が充実した戦闘機といえるのはF-35だ。Link 16に加えて、編隊内やストライク・パッケージ内で情報を共有する手段として、ブロック3.0でMADLをフル装備する予定。B-2Aにも、このMADLを後日装備する計画がある。

　F-22は前述のように、編隊内でIFDLを利用でき、将来的にはMADLを導入する予定。さらに統合CNIアビオニクスにLink 16ターミナルの機能を取り込んでおり、当初は受信専用だったが、その後のブロック3aアップグレードによって送信も可能になる。

　E-3のうち、ブロック20/25はJTIDSクラス1Hターミナルを搭載していたが、ブロック30/35はJTIDSクラス2ターミナルに更新した。

　EC-130E ABCCC（Airborne Battlefield Command and Control Center）はJTIDSクラス2ターミナルとSADLを搭載する。

　RC-135とE-8は、JTIDSクラス2ターミナルを搭載するほか、UAV用CDLとの互換性を持つ、TCDLの装備計画がある。

　B-1Bは以前からJREAPによって、衛星経由で見通し線圏外のデータリンクを可能にしていたが、現在、FIDL（Fully Integrated Data Link）という計画名称でLink 16ターミナルの導入計画を進めている。最終的には66機がFIDL改修を受ける計画[38]。

　B-52Hでは、デジタル通信機材を搭載してNCW環境に対応させる、CONECT（Combat Network Communications Technology）の開発が進められている。すでに改

修初号機がテストを始めており、最終的には76機を改修する計画。

さらに、B-1BとB-52Hについてはノースロップ・グラマン社がCLIP（Common Link Integration Processing）の開発を進めており、これを導入することでGIG（第9章④にある「米軍の情報網を統括するGIG」を参照）へのアクセスが可能になる。

このほか、これらの航空機を指揮するAOC（Air Operations Center）、さらにCRC/CRE（Control and Reporting Center/Control and Reporting Element）にも、JTIDSクラス2ターミナル、あるいはMIDSを備える。

米空軍以外のデータリンク導入事例

といったところで、先に取り上げた米空軍以外の航空機における、データリンク導入・ネットワーク化の状況について見てみよう。

比較的ネットワーク化が早かった事例としては、米海軍のF-14とE-2がある。E-2とF-14DがJTIDSクラス2Hターミナルを搭載したほか、F/A-18C/D/E/FはMIDS-LVTを搭載した。E-2についてはホークアイ2000（HE2K）から、AN/USG-2（A）の導入によってCECにも対応している。

艦側では、空母搭載の指揮管制装置・ACDS（Advanced Combat Direction System）・イージス艦・強襲揚陸艦（LHA/LHD）・潜水艦がJTIDSクラス2Hターミナルを搭載する。

米陸軍では、AH-64DがIDMを装備しているほか、開発中のAH-64DブロックⅢでは、VUIT-2とUTAを装備する。これについては前述した。

また、防空任務を担当するADSI（Air Defense Systems Integrator）、FAAD（Forward Area Air Defense）、パトリオット地対空ミサイル用のPatriot Information Coordination Centerが、JTIDSクラス2Mターミナルを装備する。パトリオットについては、形式がAN/MSQ-116と判明している。このほか、パトリオットを装備する高射隊の内輪で指揮・統制、情報報告、目標情報のやりとり、追跡情報の更新、メンテナンス用の監視に使用する目的でPADIL（Patriot Digital Information Link）を使用している。こちらはHF・UHF・衛星・有線のいずれかを使用して、伝送速度は32kbps[39]。

パトリオットやHAWKといった地対空ミサイルと、防空用レーダーの間で情報をやりとりするために使用する、ATDL-1（Army Tactical Data Link 1）もある。これはHF・UHF・衛星・有線のいずれかを使用して、Link 11用のメッセージをやりとりするもの。ただし、同じHAWKでも海兵隊では、GBDL（Ground Based Data Link）、IBDL（Inter Battery Data Link）、PPDL（Point to Point Data Link）を使用している。また、ナイキについては別途、伝送速度750bpsのMBDL（Missile Battery Data Link）を使用していた。

その海兵隊では、TACC（Marine Tactical Air Command Center）とTAOC

（Tactical Air Operations Center）にJTIDSクラス２Hターミナルを導入しており、後者の形式はAN/TYQ-23（V）1。さらにTAOM（Tactical Air Operations Module）ことAN/TYQ-23（V4）や、AN/TYQ-82 Tactical Data Communications Platformの導入事例もある。

　ヨーロッパに目を転じると、タイフーンは米軍機と同様にMIDS–LVTを装備しており、トーネードのうちECR型についても、ASSTA 3（Avionics Software System Tornado Ada 3）仕様でLink 16を追加導入する。英空軍では、セントリーAEW.1（E-3D）やハリアーに、英海軍ではシーキングや42型ミサイル駆逐艦などにLink 16ターミナルを搭載している。プラットフォームによって、JTIDSターミナル・MIDS-LVT・AN/URC-138を使い分けている。

　JAS39グリペンは、もともと独自仕様の戦術データリンク・TIDLS（Tactical Information Datalink System）を装備していたが、C/D型からMIDS–LVTを搭載してLink 16を利用できるようになった。これは、相互運用性に配慮してNATO規格の機体にする必要があったためだ。さらに、現在提案中のグリペンNGでは、双方向データリンク・衛星通信・動画リンクといった機能を備える計画になっている。

　また、輸出向けだけでなく本家のスウェーデンでも、グリペンに加えて、サーブ340Bにエリアイ・レーダーを搭載したAEW&C機にMIDS–LVTを導入することになっている。所要の通信機材は2012年末までに完納の予定なので、実戦化はその後になるだろう。

　ラファールのうちフランス空軍向けの機体はすべて、Link 16ターミナルを装備している。時期的にいってMIDS–LVTだろうか。

　また、Link 16を使用していない同盟国との間でミサイル防衛関連などのデータ交換を行なうため、TIBS（Tactical Information Broadcast System）が用意されている。その他のデータリンク手段として、F-16、F/A-18、AH-64などで使用している以下のデータリンクがあるが、これらはLink 16に取って代わられることになっている[40]。

　・AFAPD（Air Force Application Program and Development）
　・MTS（Marine Tactical System）
　・IDL（Intra-flight Data Link）
　・TACFIRE（Tactical Fire）
　・ATHS（Automatic Target Handover System）

自衛隊におけるデータリンクの導入動向

　それでは日本はどうだろうか。まず、航空自衛隊について見てみよう。
　航空自衛隊ではもともと、要撃管制のためにBADGEシステムを導入していることから、地上のBADGEシステムと戦闘機を結ぶデータリンクは、以前から用いられて

いる。また、戦闘機同士のデータリンクについては、F-15J近代化改修のうち形態2型で、MIDS-FDLを装備する計画になっている。

F-15J（非近代化改修機）とF-2については、機体側の制約によってMIDSの搭載が不可能なので、MIDSほど大規模な改修を必要としない、JDCS（F）を導入する計画になっている。これが実現すると、F-2が対地攻撃を行なう際に、地上の友軍とデータをやり取りする使い方も可能になる。

海上自衛隊では以前から、Link 11・Link 14・Link 16といったデータリンクを用いて艦同士、あるいは艦と艦載ヘリを結んでおり、これもそれなりの歴史と運用経験がある。SFシステムとC2Tの導入により、陸上の指揮施設と艦隊を結ぶ指揮統制網を構築している（第9章の「情報通信網と軍種別のシステム（自衛隊編）」の項を参照）。

このほか、海自と空自にまたがる話として、弾道ミサイル防衛システムの導入に伴い、JADGEシステムや米軍のBMDSと結ぶネットワークの構築が図られている。

陸上自衛隊の場合、指揮統制のためのシステムは導入が進んでいるが、最前線レベルでの車両同士を結ぶネットワークについては、10式戦車の配備に伴って本格化する段階といえる。また、いわゆる将来個人用戦闘装備についても、技術研究本部で開発を進めているのは御存知の通りだ。

もっとも、どんな装備品にも共通することだが、ハードウェアを導入すれば実戦でフル活用できるわけではない。それを任務の中でどのように活用するかを検討してドクトリンの中に組み込み、さらに装備を使いこなせるように訓練を実施する必要がある。

陸上自衛隊初の「C4I戦車」となる、10式戦車（雑誌「丸」）

第 8 章

コンピュータと C4ISRと ネットワーク

近年、軍事の世界でよく聞く言葉のひとつに「状況認識」がある。よく聞く言葉だが、その割には一般向けにきちんと解説されていないように見受けられるので、章をひとつ割いて、関連する用語としてのC4ISRと併せて解説することにしよう。

❶ 状況認識(SA)・ISR・C4ISR

状況が見えていないとどうなるか

　状況認識を英語でいうと、Situation Awarenessとなる。ひらたくいえば、クラウゼウィッツがいうところの「戦場の霧」を解消しようということだ。それには、さまざまなセンサーや情報源を活用して、敵や味方の位置関係に関する最新の情報を、リアルタイムで把握し続けることが必要になる。また、得られた情報を分かりやすい形で提示することも必要だ。いくら重要な情報でも、見辛くて把握が難しいのでは困ってしまう。

　こうした問題を解決するには、さまざまな種類のセンサーと、そのセンサーを結ぶネットワーク、センサーから入ってきた情報を処理して提示するためのコンピュータ、といった機材が不可欠になる。

　戦史をひもといてみると、いないと思っていた敵がいきなり襲ってきた、という事例がたくさん出てくる。分かりやすい例としては、ミッドウェイ海戦における日本海軍がある。「米海軍の艦隊は出てきていない模様」といっていたら、ミッドウェイ島とは別の方向に米海軍の機動部隊が潜んでいた。また、低空に舞い降りてきた雷撃機の迎撃に注力していたら、いきなり上空から急降下爆撃機が突っ込んできて惨劇になった。いずれも、状況が見えていなかったわけだ。

　このほか、戦闘機同士の空中戦で敵機が背後に忍び寄ってきていた、なんていう話はたくさんある。1991年の湾岸戦争で、多国籍軍司令官のノーマン・シュワルツコフ大将が「第Ⅶ軍団の進撃が遅い！」と癇癪を起こしたのも、敵と味方の位置関係に関する情報の伝達が遅く、古い情報に頼っていたことに一因がある。

　敵の所在に関する状況が見えていなければ、不意打ちを食らう危険性がある。逆に、味方の所在に関する状況が見えていなければ、適切なタイミングで適切な場所に適切な部隊を差し向けられない。どちらにしても、戦闘や戦争を勝利に導くのが難しくなる。

　ただし、逆に情報が多すぎても、大量の情報に埋もれた状態になってしまい、せっかく集めたデータを有効活用できない状態に陥ってしまう危険性がある。米空軍のAFISRA（Air Force Intelligence, Surveillance and Reconnaissance Agency）では隔年で「センサー・ラリー」と題するISR関連イベントを開催しているが、2010年5月に

開催したときには、ノートン・シュワルツ空軍参謀総長がこの問題に言及、「人力に拠らない解決手段、データを分析するシステムの整備が必要」と発言している。センサーやISR資産はどんどん増えている一方で、それを処理・分析する側の能力が追いついていない現状に危機感を示したものだ[41]。

状況を知るための手段（ISR）

そこで、ISRという用語が登場する。情報収集・監視・偵察といった手段を用いて、敵や味方の動向・位置関係などの状況を把握する行為のことだ。昔であれば、人間が斥候に出たり見張りを行なったりする、偵察機を飛ばす、哨戒のために船を浮かべておく、等の方法を用いたが、センサー技術の進化により、最近では手段が大幅に多様化している。

また、敵軍の動向だけでなく、味方の動向についても把握しておかなければならない。そうしないと、「ここには味方がいるはずだから、敵が来ても安心」と思っていたら、実は意思の疎通に問題があったせいで現場がガラ空きになっていて、慌てて「第34任務部隊はいずこにありや、全世界は知らんと欲す」などと電報を打つ羽目になる。

以前であれば、監視要員を送り込んでいたものだが、最近では第5章で取り上げた無人ヴィークルの活用など、ISR資産の無人化が進んでいる。

米陸軍では、FCS用の無人センサーとして、T-UGS（Tactical-Unattended Ground Sensor）とU-UGS（Urban-Unattended Ground Sensor）をテクストロン社に開発させた。FCSそのものは中止が決まったが、T-UGSとU-UGSの開発は続いており、2009年12月にマイルストーンCを通過、2010年5月に低率初期生産開始、という状況になっている。この後は2011年から第1機甲師団・第3旅団戦闘団に配備して、評価試験を行なう計画だ。

状況を利用するための手段（C4I）

ISRとは、状況を把握するための手段だ。それは戦闘を行なうための前段階であって、把握した状況を味方に有利な形で活用して、戦闘を有利に運ぶことが目的となる。

そこで問題になるのは、司令部で状況を把握した後、それを利用して指揮下の部隊を動かすことだ。いくら敵情を正しく把握して適切な作戦を立てても、その通りに指揮下の部隊を動かすことができなければ、作戦は台無しになる。

そこで問題になるのが、いわゆる指揮・統制とそれに関連する諸事項ということになる。複数の用語があるので列挙すると、以下のようになる。

・C2（Command and Control）：指揮・統制

- C3（Command, Control and Communications）：指揮・統制・通信
- C4（Command, Control, Communications and Computers）：指揮・統制・通信・コンピュータ
- C4I（Command, Control, Communications, Computers and Intelligence）：指揮・統制・通信・コンピュータ・情報

　現在では、コンピュータや情報通信技術なくして軍事作戦が成り立たないので、C4Iという言葉を用いることが多い。しばらく前はC3Iだったが、「コンピュータ」が加わってC4Iになった。つまり、適切な情報を入手して、それに基づいてコンピュータや通信網を駆使しながら指揮下の部隊に対して指揮・統制を行ない、作戦を遂行する、という話の流れになる。

　このC4Iと、前述のISRは不可分の関係にあるため、両者を連結したC4ISR（Command, Control, Communications, Computers, Intelligence, Surveillance and Reconnaissance）という言葉も多用される。では、そのC4ISRの分野において、コンピュータや情報通信技術がどういった形で関わってくるのか、それがこの章の中心となるテーマだ。順を追って解説していくことにしよう。

センサーの探知手段いろいろ

　本書では頻繁にセンサーという言葉を用いているが、これは字義通り、何かを探知する手段という意味になる。探知の手段としては、可視光線・赤外線・電波・音波が挙げられる。

　たとえば、最古のセンサー・Mk. Iアイボール（つまり人間の眼）やTVカメラは、可視光線を使って探知するセンサーといえる。しかし、暗闇になると可視光線が使えないので、光増管を介して強引に光を増幅するか、あるいは赤外線や電波といった手段を用いる。

　よく知られているように、どの方式にも長所と短所があるので、どれかひとつだけあれば問題が解決するわけではない。さまざまな方法を適切に使い分けて、ときには複数の探知手段を併用して、状況を認識しようと努める必要がある。複数の探知手段を併用するとデータ融合という問題が出てくるので、それについても、後で取り上げることとしたい。

　といったところで余談をひとつ。米軍ではIED対策のひとつとして、真剣に第六感について研究している。たとえば、街をパトロールしているときに「あのゴミの山の状態は、昨日パトロールしたときとはなんだか違うぞ？」と気付いたとする。単にゴミが増えただけかも知れないが、ひょっとするとゴミの中にIEDが仕掛けられたのかも知れない。そういった「カン」が当たれば、コンピュータや各種センサーでは足りない部分をフォローできる可能性がある。

同じことは、道路の下、あるいは道端に路傍爆弾（roadside bomb）が埋められていた場面にもいえる。地面に穴を掘って爆弾を埋めれば、いかに器用に埋め戻したとしても、何らかの状態の変化が発生する可能性がある。それに感付けば、センサーが見つけられなかった路傍爆弾を発見・回避できるかも知れない。

実際にこの研究が実を結ぶかどうかは分からないが、笑い飛ばさずに研究してみようという姿勢には、学ぶべきものがあると思う。コンピュータには、カンを働かせることはできないのだから。

C4ISR資産に対する攻撃と防禦

自軍がC4ISR資産を駆使して戦闘を有利に進めようとする、ということは、相手に同じことをされると困るということでもある。したがって、C4ISRにも「攻撃」と「防禦」が存在する。つまり、センサーに対する欺瞞や隠蔽、通信手段に対する妨害や破壊、といった作戦行動が生じる。GPSのような測位システムも妨害の対象になる。これらは、情報戦（IW：Information Warfare）の一分野といえる。

実際、軍事作戦において敵の指揮統制関連施設や通信施設を攻撃対象にした事例は、いくつも存在している。たとえば1991年の湾岸戦争では、電話などの施設に加えて、特殊作戦部隊を投入して光ファイバー・ケーブルの破壊作戦を実施した。

通信を妨害する手段としては、EA-6Bプラウラー、あるいはEC-130Hコンパス・コールといった、無線通信妨害機能を備えた電子戦機を使用することが多い。陸上で車載式の電子戦装置を運用することもあるが、機動力と覆域の広さを考えると、航空機の方が有利だ。EA-6Bプ

図 8.1：EA-6Bプラウラー電子戦機は、敵のレーダーだけでなく、無線通信も妨害する機能を備えている。妨害装置をポッド式として、必要に応じて付け替えられるようにしている点が特徴（US Navy）

図 8.2：その後継機がF/A-18Fをベースとするとか EA-18Gグラウラーで、当初はEA-6Bから流用した電子戦機器を搭載する。今後、新型の電子戦機器に換装していく計画（US Navy）

ラウラーを例にとると、AN/ALQ–149・TJS（Tactical Jamming System）、あるいはその後継システムのAN/ALQ–218・TJSR（Tactical Jamming System Receiver）を使用する。EA–6Bの後継機となるEA–18Gグラウラーも、当初はEA–6B用の電子戦システムを引き継ぐので、基本的な内容は同じだろう。

また、衛星通信を妨害するシステムの事例としては、ノースロップ・グラマン社が開発したCCS（Counter Communication System）があり、2004年9月に3システムを実働可能とした。これは、移動式の衛星通信端末機能に妨害機能を追加したもので、2005–2007年度にかけてアップグレードを実施している。さらに、2010年代の配備を目指して、第二世代のCCSとなる、CCSブロック20の開発が進められている。既存のCCSで発見された問題点を改善するだけでなく、対応可能な周波数帯を拡大して、同時に多数の通信を妨害できる機能を備える予定だ。

乱暴な方法としては、敵の通信衛星をミサイルで破壊してしまう方法も考えられる。ただし、この方法が通用するのは軌道高度が低いLEOだけで、静止衛星は軌道高度が高すぎるために、（妨害はできるかもしれないが）物理的な攻撃は難しいだろう。

なお、いわゆるサイバー戦も指揮・統制網への攻撃に応用される可能性があるが、サイバー戦については一括して第10章で取り上げることとしたい。

プラットフォームへの影響

現代のウェポン・システムにとって、さまざまなC4ISR手段は必要不可欠なものとなっているが、センサーや通信手段が多様化・高性能化することで、それを搭載するプラットフォームの設計にもいろいろ影響が生じるようになった。

たとえば、さまざまな種類のレーダーを搭載すると、電波同士の干渉が問題になる可能性がある。アンテナの向きや構造物の配置によっては、障害物ができて視界を妨げる可能性もある。こうした問題に配慮しながら配置を決めなければならないし、さらに航空機であれば空力的な配慮、艦艇であれば重心低下のための配慮も必要になる。

さらに最近ではステルス性まで求められるようになってきたため、外形や素材にも留意する必要が生じた。そうした問題に対する解決策のひとつが、艦艇分野で導入が始まっている統合マストだ。つまり、アンテナを平面状の固定式にして、塔型構造物の表面に埋め込む形にするわけだ。

米海軍が建造を進めているズムウォルト級駆逐艦みたいに、上部構造物そのものがアンテナ設置用の構造物を兼ねてしまった事例もある。一方、タレス・ネーデルランド社が提案しているI-Mastのように、アンテナを取り付ける統合マストの部分だけを単品で売り出している事例もある。ステルス性を考慮すれば前者の方が有利だが、コストを考慮すれば既製品を使える後者の方が有利だ。

また、レーダー、コンピュータ、通信機器など、電力を消費する機器が増える一方なので、プラットフォーム側では高い発電能力を求められるようになった。艦艇で統

合電気推進を導入したり、車両でハイブリッド車を導入する事例が出てきた一因には、こうした電力需要の増大がある。そして、電力を消費するメカが増えれば、冷却についても配慮しなければならない。もっとも、真空管やトランジスタを使用していた時代に比べればマシかもしれないが、それでも艦載コンピュータでは水冷化している事例がある。

電波は限りある資源である

あまり知られていないが、日本では「電波法」という法律があり、総務省が所轄官庁となって、電波の利用について管理・監督している。用途ごとに周波数帯を割り当てて重複や干渉を防いだり、電波の不正利用がないかどうかを監視したり、電波を発する機器の認定制度を運用してトラブルを防止したり、といった活動を行なっている。

軍用といえども、この枠から逃れることはできない。実際、アメリカでは連邦通信委員会（FCC：Federal Communications Commission）が周波数割り当ての変更を行なったトバッチリで、B-2爆撃機のAN/APQ-181レーダーが使えなくなるという影響が生じた。そのついでに（？）RMP（Radar Modernization Program）を実施して、レーダーのAESA化を図る計画が進められている。

また、国によって周波数帯の割り当て状況が異なることから、ある国では問題なく使えるレーダーやデータリンクが、別の国に行くと周波数割り当てにひっかかって使えなくなる、といった問題が生じることもある。ときには、あるウェポン・システムが使用する電波の周波数帯が、別の国の携帯電話と重複していた、なんていうことも起きている。

② コンピュータと ISR（EO/IR編）

可視光線と電子光学センサー

　最古の光学センサーといえば、先にも言及したMk. Iアイボール、すなわち人間の眼だ。それを補強する手段として、双眼鏡や望遠鏡といったものがある。隠れた場所から視界を確保する手段である潜望鏡や砲隊鏡も、一種の視覚増強手段といえるだろう。

　これらはいずれも、レンズで構成する光学系によって倍率を高める等の処理を行なっているが、入射した映像をそのまま素通しで表示している点に違いはない。したがって、暗闇で使えないというMk. Iアイボールの難点も、そのまま引き継いでいる。だからといって、昔の艦隊夜戦みたいに照明弾や探照燈を使用すると、相手の存在は見えるようになるが、こちらの存在もさらけ出してしまう。

　また、暗視装置に用いられるような光増管を併用すれば、暗いところでも使えるセンサーになる。ただし、完全な真っ暗闇では使えないという光増管の制約は、そのまままだ。ちなみに、光増管を妨害するには、照明弾（フレア）を発射して過負荷にする方法がある。電子回路を組み込んであれば、こうした場面に遭遇したときに自動的に動作を止めて、機器が損傷する事態を避けることができそうだ。

　現在でも、可視光線を使用するセンサーは健在だが、一般に電子光学センサー（EO：Electro-Optical）と呼ばれることが多い。つまり、映像を素通しで表示するのではなく、何らかの電子回路を通しているという意味になる。それはどういう意味だろうか。

　一般的な電子光学センサーは、CCD（Charge Coupled Device, 電荷結合素子）を使って、可視光線の映像を電気信号に変換する。なんのことはない、市販されているデジタルカメラと同じだ。映像を電気信号に変換することで、デジタルカメラやフォトレタッチソフトで行なうのと同様に、映像の加工・処理・保存・分析などが可能になる。

暗闇でも使える赤外線センサー

　そのため、電子光学センサーを単独で用いることは少なく、夜間用に赤外線センサ

種類	波長	解説
近赤外線	0.7～2.5μm	赤色の可視光線に近い性質を持ち、CCDで検知可能
短波長赤外線	1.0～4.0μm	高温物体からの放射検出に適している
中波長赤外線	4.0～8.0μm	常温物体からの放射検出に適している
長波長赤外線	8.0～14.0μm	常温物体からの放射検出に適している
遠赤外線	14.0μm～	低温物体からの放射検出に適している。天体観測に使用するが、地球上の観測では用いない

表 8.1：赤外線の分類

ーを併用することが多い。これであれば、真っ暗闇でもなんでも、赤外線を発している限りは探知可能になる。だから、両者の組み合わせのことをEO/IR（Electro-Optical/Infrared）と呼ぶ。

といっても、初期の空対空ミサイルのように赤外線を「点」で捕捉するのでは、赤外線の発信源が「ある」「ない」の区別しかつかず、電子光学センサーの補完にならない。そこで、小さな赤外線検出デバイスを並べた、アレイ型の構成をとる。個々のデバイスが検出した赤外線信号の情報を並べることで、点の集合体による赤外線映像を得られる。

話が前後するが、赤外線にもいろいろな種類がある。赤外線とは、可視光線と電波の中間に属する電磁波のことだが、これらはさらに「表 8.1」にあるように分類される。

したがって、赤外線センサーについて調べるときには、どの種類の赤外線に対応しているかに注目する必要がある。赤外線センサーを妨害するときも話は同じで、相手のセンサーが対応している種類の赤外線を放射しなければ妨害にならない。

赤外線センサーは、可視光線をそのまま検知する電子光学センサーとは異なり、対象を赤外線放射レベルの違いとして認識する。人でも機械でも、案外と部位によって赤外線の放射量が異なっているため、それなりに使い物になる映像が得られることが多い。ただし、可視光線よりも波長が長いため、その分だけ分解能が落ちる（すなわち、映像が不鮮明になる）。その赤外線の

図 8.3：74式戦車が装備している赤外線サーチライト（陸上自衛隊広報センターにて。筆者撮影）

図 8.4：90式戦車が装備しているパッシブ式赤外線センサー（陸上自衛隊広報センターにて。筆者撮影）

中でも、さらに波長の違いによって分解能に違いが生じる。

かつては赤外線暗視装置というと、アクティブ式、つまり赤外線サーチライトで照らした結果を受信するものが多かった。日本では、74式戦車が砲塔前面に大きな赤外線サーチライトを取り付けた事例が知られている。一方、赤外線を受信するだけのパッシブ式もあり、現在はこちらが主流になっている。レーダーやソナーと同じで、赤外線でもアクティブ式は自らの存在を"広告"してしまう欠点があるからだ。

この赤外線センサーと、可視光線用の電子光学センサーを一体化することで、昼夜を問わずに利用できるセンサーができる。

戦車を初めとする装甲戦闘車両や航空機ではパッシブ式赤外線センサーが夜の主役になっているが、小銃手や狙撃手が使用する夜間用照準器は、光増式の方が多い。これは、前述した分解能の違いによるのかも知れない。もっとも最近では、英陸軍が2009年からアフガニスタン派遣部隊向けに配備を開始したSTIC（Sniper Thermal Imaging Capability）のように、赤外線センサーを使用するタイプのものも出てきている。

なお、地対空ミサイルの接近を感知するために用いられるミサイル接近警報装置（MAWS：Missile Approach Warning System）では、ミサイルの排気炎（排気煙）から発する紫外線、あるいは赤外線を検出する方法を用いている。ひとつのセンサーでカバーできる範囲には限りがあるため、全周をカバーできるように複数のセンサーを設置するのが一般的だ。

近年、FIM-92スティンガーのような携帯式地対空ミサイル（MANPADS：Man Portable Air Defence System）がテロリストの手に渡り、航空機やヘリコプターの脅威になる可能性が高まってきていることから、戦地に派遣する航空機やヘリコプターには、ミサイル接近警報装置と、対になる妨害用の機材を搭載するのが一般的になった。MANPADSは赤外線誘導なので、妨害装置もそれに対応する内容になっている。

探知手段としてのレーザー

光学的手段を用いるセンサーとしては、レーザーもある。

レーザーとは、LASER（Light Amplification by Stimulated Emission of Radiation）、日本語に訳すと「輻射の誘導放出による光増幅」という意味になる。光信号を増幅して生成する、高い指向性・収束性を発揮するコヒーレント光のことだ。コヒーレントとは、同一の周波数を持つ2つの光信号について、両者の振幅と位相に一定の関係があり、干渉縞を作る性質を意味する。

レーザー光を発生させる手段としては、ルビーやYAG（Yttrium Aluminum Garnet）を利用する固体レーザー、炭酸ガスやヘリウムネオンを利用するガスレーザー、半導体を利用する半導体レーザー、自由電子に磁界を加えたときに発生する放射光を利用する自由電子レーザー（FEL：Free Electron Laser）、化学反応を利用する

化学レーザーなどがある。

　レーダーと同様、パルス状のレーザー光を発振するパルスレーザーと、連続したレーザー光を発振する連続波レーザーがあるが、測距・目標指示ではパルスレーザーを用いる。複数のレーザー誘導兵器を同時に使用しても混信しないように、個々の兵器ごとに周波数が異なるパルスを発するようにする。

　レーザーというと、空想科学小説によく見られるように、強力なエネルギーを発するビーム兵器という連想をしやすい。実際、アメリカでは2010年2月に弾道ミサイル要撃試験を成功させたABL（Airborne Laser）を初めとして、さまざまなレーザー兵器を開発している。

　しかし、モノを破壊できるほど強力なエネルギーを発生できるレーザーの開発には時間がかかる。そのため、破壊手段としての利用よりも先に、レーザー光の特性を活かした測距・目標指示としての用途が先行しているのが実情だ。ただし、光学的な手段であることから、天候によっては利用に制約が生じる場合がある。

　レーザー光を発振して、それが何かに当たると反射波が戻ってくる。その際の所要時間によって距離を測定できるし、誘導兵器のシーカーが反射波をたどるようにすれば目標指示に利用できる。

　レーザー光は細くて直進性が高いビームになるため、精確な測距や目標捕捉が可能だ。ただし、照射の対象となる範囲が狭いため、地形や障害物の走査に用いるレーザー・レーダー（LADAR：Laser Detection and Ranging、あるいはLIDAR：Laser Imaging Detection and Ranging）では、発振するビームの向きを変えながら、広い範囲を走査するようにしている。

　走査対象範囲を細かく区切り、それぞれについてレーザー測距と同じ要領で距離を測れば、凸凹の集合体という形で映像を得られる。細かく走査するほど精度が上がるが、その分だけ時間がかかり、高い処理能力が求められる。

　その他のレーザーの用途として、赤外線誘導ミサイルの妨害がある。ミサイル先端に取り付けられた赤外線シーカーに対してレーザー光を照射することで、赤外線発信源の探知を妨害する仕組みだ。これはすでに、輸送機やヘリコプターなどに取り付けるIRCM（Infrared Countermeasures）手段として実用化されている。

　なお、レーザーのうち波長が1.4～2.6μmのものを、アイセーフ・レーザーと呼ぶ。アイセーフとは、人間の網膜を傷めないという意味だ。レーザー測距・目標指示といった用途では地上に友軍の兵士がいる可能性が高いことから、こうしたレーザーを使用して安全性に配慮する必要がある。

　余談だが、いわゆるレーザー兵器の例としては、以下のものがある。

・ABL（Airborne Laser）：弾道ミサイルのブースト段階要撃（ボーイング）
・THEL（Tactical High Energy Laser）：防空用（ノースロップ・グラマン）

- HEL TD（High Energy Laser Technology Demonstrator）：防空用（ノースロップ・グラマン）
- MIRACL（Mid-Infrared Advanced Chemical Laser）：艦載防空用（ノースロップ・グラマン）
- ATL（Advanced Tactical Laser）：対地攻撃用（ボーイング）
- PHaSR（Personnel Halting and Stimulation Response）：携帯式目潰し兵器

このうち、高い出力を要求されるABLやATLでは、巨大な化学レーザー・COIL（Chemical-Oxygen Iodine Laser）を使用している。

電子光学センサー・ターレット

この、電子光学センサーと赤外線センサーを一体化して、さらに旋回・俯仰が可能なターレットに収めた製品が、いろいろと開発・販売されている。たいていの場合、半球型のターレットにセンサーを収めて、それを2軸のジンバルで支持して旋回・俯仰を行なえるようにしている。センサーを粉塵などから保護するため、使わないときはクルリと回転させてセンサーを裏側に隠してしまうことが多い。

この種の製品を手掛けるメーカーとしては、FLIRシステムズ、L-3ウェスカム、レイセオン、エルビット・システムズ傘下のEl-Op、IAI（Israel Aerospace Industries Ltd.）などが知られている。El-Opのごときは、製品名がそのまま社名になっている。

旋回・俯仰を可能にするのは、ターレットを装備するプラットフォームの動きとは無関係に、任意の方向を指向できるようにするためだ。たとえば航空機の機首や胴体下面にセンサー・ターレットを取り付けて旋回・俯仰可能にしておけば、前方でも側方でも後方でも、好きな方角を見ることができる。

ターゲティング・ポッドと航法ポッド

このセンサー・ターレットに、精密誘導兵器の誘導に必要なレーザー測距/照射機能を追加すると、目標の捕捉・追跡だけでなく、セミアクティブ・レーザー誘導式の精密誘導兵器を対象とする目標指示も可能になる。

その種の製品としてもっとも早くから知られているのが、F-15Eストライクイーグルが搭載したLANTIRN（Low Altitude Navigation and Targeting Infra-Red for Night。「ランターン」と発音する）のうち、AN/AAQ-14ターゲティング・ポッドだろう。独立したポッドの形態をとっているので、既存の機体に対して後付けしたり、任務様態に応じて着脱したり、新型の機材に更新したりといったことを容易に行なえる。その代わり、ステルス性を持たせるのは難しい。

AN/AAQ-14は、尖端部に狭視野のFLIR（Forward Looking Infra-Red）センサー

図 8.5：F-15Eストライクイーグル。空気取入口の下に付いているのがLANTIRNポッド（USAF）

とレーザー目標指示機を備えたターレットを持つ。このターレットはポッドの尖端部に取り付けてある関係上、機体の下面に取り付けるときとは向きが90度異なり、前方に突き出す形になっている。FLIRの視野角が狭いのは、それだけ目標を精確に捕捉・認識する必要があるためだ。

F-15EのLANTIRNでは、これとは別に、夜間の低高度飛行を可能にする手段として、AN/AAQ-13航法ポッドを用意している。AN/AAQ-13は2段重ねの構成になっていて、上段には広視野型FLIR、下段には地形追随レーダーを収めている。そして、FLIRからの赤外線映像はパイロット席正面のHUDに映し出す仕組みだ。可視光線ほど鮮明ではないが、前方の地形や障害物を把握するには十分な性能がある。それと地形追随レーダーを併用することで、夜間でも手放し地形追随飛行を行なえる。

また、これらの機器をポッド式にすることで、必要なときだけ機体の下部に吊り下げて任務に就くことができる。もっとも、そんなことができるのは非ステルス機だからで、ステルス性を求められるF-35では当初から、同等の機能としてEOTS（Electro-Optical Targeting System）を機首下面に取り付けて、ステルス性を損なわないようにしている。

図 8.6：AH-64Dアパッチ攻撃ヘリが機首上面に装備しているTADS/PNVS。上の小さい機材がPNVS、その下にある円筒状のものがTADS。裏返しになっているので、センサー部は露出していない（筆者撮影）

余談だが、米軍のLANTIRN開発プロジェクトでは、"NOCTIS IN DIES"というラテン語の標語を掲げている。英訳すると"night into day"、つまり「夜を昼に変える」という意味で、まさにLANTIRNが提供する機能そのものの標語といえる。実際、メーカーのロッキード・マーティン社が作成したLANTIRNの宣伝ビデオでも、冒頭で「LANTIRN, turning night into day」としゃべってい

る。

　LANTIRNと同じような機能をAH-64アパッチ攻撃ヘリで実現するのが、TADS/PNVS（Target Acquisition Designation Sight/Pilot Night Vision Sensor。「タッズ・ピー・エヌ・ヴィ・エス」と発音する）だ。現在は改良型のM-TADS/PNVS（Modernized TADS/PNVS）、いわゆるアローヘッドへの切り替えが進んでいる。

　機能的にはLANTIRNと同様に「航法」と「目標指示」を担当する機器の集合体で、前者がAN/AAQ-11 PNVS、後者がAN/ASQ-170 TADSという組み合わせになる。航法と目標捕捉は赤外線センサー、目標指示はAGM-114ヘルファイア対戦車ミサイルに合わせてレーザー照射によって行なう。

　ヘリコプターに独特の特徴として、パイロットや射手が首の向きを変えると、TADS/PNVSもそれに合わせて首を振る点が挙げられる。TADSは射手、PNVSは操縦手とユーザーが異なるので、TADSとPNVSは別々に首を振ることができるのが面白い。

最近はターゲティング・ポッドだけ

　F-15E、あるいはF-16C/Dブロック40/42では、このLANTIRN航法ポッドとLANTIRNターゲティング・ポッドをペアで搭載するようになっていた。ところが最近では航法ポッドを持たず、ターゲティング・ポッドしか搭載しない機体が多い。

　これは、レーダー網をかいくぐって夜間に低空侵入する必然性が薄れたため、と考えられる。冷戦時代には、大量の対空砲や地対空ミサイルを揃えたワルシャワ条約機構軍の頭上に夜間侵入する使い方を想定していたから、低空侵入を安全・確実にこなすためには航法ポッドが必須だった。しかし、現在ではそうした任務が生起する可能性は低いし、むしろ対空砲を避けるために高めの高度から精密誘導兵器を投下することの方が多い。実際、1991年の湾岸戦争から、そうした使い方が主流になっている。それであれば、ターゲティング・ポッドだけあれば用が足りる。

　一方で、精密誘導兵器の利用は拡大する一方であり、しかもLANTIRNが開発されたときには存在していなかったGPS誘導兵装が主流になってきた。すると、ターゲティング・ポッドに求められる機能も変化して、レーザー照射だけでなく、目標の緯度・経度を算出する機能が必要になる。そうした事情もあり、ターゲティング・ポッドも世代交代している。

　LANTIRNの製造元であるロッキード・マーティン社では、AN/AAQ-33スナイパー（旧称パンテーラ）と、その改良型であるスナイパーER・スナイパーXR、スナイパーATP（Advanced Targeting Pod）を開発した。くさび形に尖ったセンサー窓の形状が特徴的だ。

　ノースロップ・グラマン社では、イスラエルのラファエル社が開発したAN/AAQ-28ライトニングを導入、ライトニングII、ライトニングIII、ライトニングAT

（Advanced Targeting）・ライトニング4G（4th Generation）といった製品を送り出している。

ちなみに、ライトニングATについてはセンサーのスペックが少しだけ明らかになっており、昼光用のCCD TVカメラも夜間用のFLIRも、1,024×1,024ピクセルの解像度を持つことが分かっている（FLIRには640×512ピクセルのモードもある）。ノートPCの画面解像度と大して変わらないのは意外だが、必要にして十分な鮮明さがあればそれでよいわけで、不必要に解像度を上げてもデータ量が増えるだけだ。

このほか、実質的にF/A-18ホーネットの専有物になっているのが、レイセオン社製のAN/ASQ-228 ATFLIR（Advanced Targeting/Forward Looking Infrared）だ。ホーネットでは過去に、TFLIR（Targeting FLIR）として

図8.7：AN/AAQ-28ライトニング（USAF）

AN/AAS-38またはAN/AAS-46、それとNAVFLIR（Navigation FLIR）としてAN/AAR-55を装備していたが、ATFLIRの導入によりTFLIRとNAVFLIRを一体化して、兵装ステーションをひとつ空けることができた。

こうしたターゲティング・ポッドのうち、最近の製品ではGPS受信機を内蔵するようになってきている。そのため、自機の位置や、そこからの相対位置情報を利用した目標の座標計算も可能になる。たとえば、スナイパーを例にとるとスナイパーATPがGPS内蔵型だ。これは、GPS誘導爆弾を使用するために必須の機能だ。

イギリスではターゲティング・ポッドとしてTIALD（Thermal-Imageing Airborne Laser Designator）をトーネードに搭載していたが、改良計画によりスナイパーやライトニングへの代替を行なった。どちらのポッドを使用するかは機種によって異なり、たとえばタイフーンはライトニングEF、ハリアーGR.9はスナイパーATPを使用している。ところが、米海兵隊のAV-8BハリアーIIはライトニングを使用しているのだから面白い。シンガポール空軍向けのF-15SEは、ターゲティング・ポッドと航法ポッドの二本立てで、それぞれスナイパーとタイガーアイを装備する。

図8.8：AN/AAQ-33スナイパー（USAF）

2 コンピュータとISR（EO／IR編）

241

このように、ターゲティング・ポッドと航法ポッドの両方を装備するかどうか、どの機種にどのポッドを装備するかは、国・軍種によって違いがある。性能・価格・整合性の問題だけでなく、武器輸出規制の問題も絡んでくるため、単純に「どれが欲しい」というだけでは決められない。

ターゲティング・ポッドとデータリンク

こうしたターゲティング・ポッドのセンサーが捉えた映像を送信できるように、データリンク機能を追加する事例が増えている。たとえばF/A-18用のATFLIRを例にとると、2005年にKuバンドのデータリンクを導入している。また、ターゲティング・ポッドのセンサーが捉えた映像を地上のFACやJTACに送信してライブ中継するROVERについては、すでに第7章で取り上げた。

ターゲティング・ポッドに限らず、機能的に近い部分がある偵察ポッドでも、同様にデータリンクの導入が広がっている。かつては偵察ポッドというと銀塩カメラを搭載していて、飛行機が基地に戻ってくるとフィルムを取り出して現像・焼き付けを行なっていたが、それでは情報を得るために時間がかかる。

カメラをデジタル化してデータリンクと組み合わせれば、撮影したデータをその場で送信できるため、リアルタイム性が高まる。特に移動式ミサイル発射器のような緊急目標（time critical target）では、情報を迅速に手に入れて活用することが求められるので、こうした機能の有用性が高い。

③ コンピュータと ISR（レーダー編）

レーダーの原理とコンピュータの関わり

　すでによく知られているように、レーダー（RADAR：Radio Detecting And Ranging。無線探知・距離測定の意）は電波を使用するセンサーで、第二次世界大戦時に初めて登場した。電波を発信して、それが何かに当たって反射してきたときに、送信から受信までの時間差によって距離を、反射波が返ってきた方向によって方位を、それぞれ把握できる。対空レーダーでは3次元レーダーと称するものがあるが、これは反射波の仰角と距離の情報によって高度も把握できる。

　レーダーの利点は、人間の眼では目標の視認が不可能な、夜間、あるいは悪天候下でも利用できることと、ときには数百kmに達する遠距離探知が可能な点にある。

　ただし、探知が可能かどうかは電波の状態や反射波に左右される。同じ距離でも、反射波の強度が異なる可能性があるからだ。これは単純にサイズで決まるわけではなく、対象物の形状を基にして算出される「レーダー反射断面積（RCS：Radar Cross Section）」と呼ばれる数値が基本になる。無論、RCSが小さくなるほど探知が困難になる。

　単純に考えれば、初期のレーダーがそうしていたように、アンテナで受信した反射波の情報をそのままスコープに表示すればよい。しかし、それでは不必要な情報が多すぎて、本当に必要とする情報が埋もれてしまう可能性がある。飛行機を探知しようとしてレーダーを設置したら、雲や鳥まで探知してしまい、スコープが輝点だらけになった、ということでは困るわけだ。

　特に背景が地面や海の場合、その地面や海がレーダー電波を反射するため、不必要な反射波だらけになってしまう。こうした状況のことを「クラッター（取り散らかった、混乱した、といった意味）が多い」などと形容する。

　そこでコンピュータが登場する。受信した反射波の中から不必要な情報を除去して、本当に必要とされる情報だけを選り分ける作業をコンピュータに担当させるためだ。たとえば、地面や海面からの反射を除去するには、ドップラー効果を利用する。航空機のような移動目標と背景の地表とでは、反射波に対してドップラー効果が発生するかどうかで違いが生じるので、これを利用すると、移動目標からの反射波だけを拾い出すことができる。

しかし、レーダーと目標の間の相対的な位置関係の変化に依存するので、ドップラー効果の有無によっては意図したとおりの効果が得られない可能性もある。実際に、そうした状況が継続的に生じる可能性は低いと考えられるが、万能ではないということの傍証にはなる。

レーダーによる射撃管制とコンピュータ

当初、レーダーは捜索の手段として登場したが、レーダーの運用に関するノウハウの蓄積と精度の向上により、レーダーによる射撃管制が可能になった。基本的な考え方は光学機器を使った射撃管制と同じで、レーダーによって目標を捕捉・追跡することで的針・的速に関する情報を得て対勢図を描き出し、射撃に必要な諸元を算定する、という内容になる。

そこに射撃管制コンピュータを持ち込むことで、諸元を算定する際の計算能力を高めることができるのだが、問題はデータの入力だ。レーダーのスコープに表示された情報を手作業で射撃管制コンピュータに入力するのでは、手間がかかるだけでなく、読み取りミスや入力ミスの可能性が残る。そのため、レーダーと射撃管制コンピュータを一体化して、レーダーで得た情報を直接、射撃管制コンピュータに入力する必要がある。

そこで登場したのが、レーダーと射撃管制装置を一体のものとした、レーダー射撃管制システムだ。戦闘機の機首に装備しているレーダーが典型例だが、陸上・海上で運用する砲熕兵器・ミサイル兵器でも同様の仕組みになる。ただし、「一体のもの」といっても、本当に一体の箱になっている場合と、箱は別々にして有線、あるいは無線でつないでいる場合がある。

戦闘機のレーダー射撃管制システムを例にとると、レーダー・アンテナを機首に取り付けて、その背後にレーダー関連の機器や射撃管制用のコンピュータをまとめている。そして、射撃管制システムはパイロットに対して、レーダー・スコープ、あるいはHUDに、目標や射撃管制に関する情報を提示する仕組みだ。

艦対空ミサイルの場合、当初はレーダーと射撃管制システムが別々になっており、オペレーターがレーダー画面を見ながら手作業でデータを入力していた。ターター・システムを例にとると、捜索レーダーが捕捉した目標の情報はCICに設置したディスプレイに現われる。それを武器担当士官が見て、脅威度が高いと判断した目標を選択、その情報をMk.74射撃指揮装置に入力する。それを受けて、Mk.74はミサイル誘導レーダーを作動させて目標を捕捉、ターターやスタンダードといった艦対空ミサイルを発射・誘導して要撃を行なう。

そんな悠長なことでは現在の対空戦には対応できないため、現在はレーダーのデータを自動的に射撃管制システムに入力するのが普通だ。

さらに、海上自衛隊の「ひゅうが」型護衛艦が装備するFCS-3（射撃指揮装置3

型)のように、捜索用のレーダー・射撃管制システム・ミサイル用の誘導レーダーを一体化したものもある。FCS-3の場合、当初は国産の撃ち放し式ミサイルを使用することになっていたため、ミサイル誘導レーダーは必要なかったのだが、後になってRIM-162 ESSM (Evolved Sea Sparrow Missile) を使用することになり、ミサイル誘導レーダーを追加した経緯がある。

図8.9:海上自衛隊の護衛艦「ひゅうが」が装備する、FCS-3。大きい方がCバンドの捜索レーダー、小さい方がミサイル誘導レーダー (筆者撮影)

機械走査式から電子走査式へ

　捜索用でも射撃管制用でも、レーダーは電波を送信する方向を変化させられるようにする必要がある。真正面しか見られないレーダーでは捜索の役に立たないし、射撃管制でも、いちいち目標の方向にアンテナを指向しなければならないのでは使い物にならない。目標の方位を精確に把握するには指向性の強い電波を発振する必要があり、それで広い範囲をカバーするには電波の送信方向を変えられないと困るのだ。

　そこで、アンテナを回転式、あるいは首振り式にすることで、電波を送信する向きを変えられるようにしている。この操作は機械的に行なうため、機械走査式 (メカニカルスキャン) という。そして、アンテナの向きと受信した電波の情報を照合することで、目標の方位を把握する。

　ところが、機械走査式にはいろいろ問題がある。まず、同じ方位を連続的に監視することができず、間欠的な探知になってしまう。アンテナが6秒で一周する場合、探知は6秒ごとになる。また、機械的な仕組みがあることから構造が複雑になり、故障する可能性が上がり、整備の手間が増える。

　そこで考案されたのが、フェーズド・アレイ・レーダー (PAR:Phased Array Radar) だ。フェーズド・アレイ・レーダーのアンテナは単一のアンテナではなく、複数のアンテナを並べた構成になっている。それぞれのアンテナが出す電波は微弱だが、数が多いので、それらを一斉に発振させることで強力な合成波を得られる。

　複数のアンテナから同時に電波を発信すると、生成される合成波はアンテナ平面と直角の方向に向かう。ところが、アンテナごとに発信のタイミング (位相) をずらすと、合成波の向きはアンテナ平面と直角ではなくなる。

　この原理を利用すると、アンテナごとに位相をずらして発信操作を行なうことで任意の方向に電波を指向できることになり、アンテナを固定したままで"首を振れる"

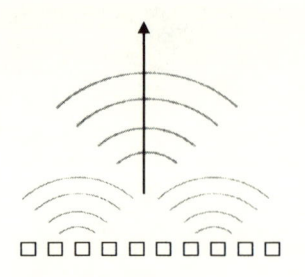

複数の素子が同時に発振すると、合成波は直進する

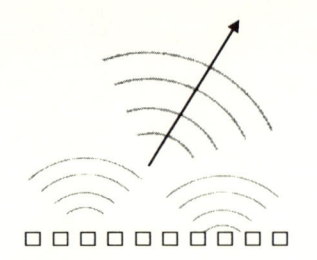

複数の素子が異なるタイミングで発振すると、合成波は斜めの方向に進む

図8.10：フェーズド・アレイ・レーダーの動作原理

ことになる。

　同じ理屈で、受信する反射波の入射方向を知ることもできる。アンテナ平面と直角に入射する電波の場合、すべてのアンテナで同じ受信タイミングになる。しかし、直角ではない角度で入射する電波については、アンテナごとに受信のタイミングが少しずつ違ってくる。そのタイミングのずれ（位相差）を調べることで、電波の入射方向が判る。

　なお、フェーズド・アレイ・レーダーには、アクティブ式とパッシブ式があり、先に実用化されたのはパッシブ式だ。パッシブ式の場合、送信機からの電波を進行波管（TWT：Travelling Wave Tube）で分配しながら、位相変換器で位相を変える方法をとっている。それらの分配された出力を、個々のアンテナから発振する仕組みだ。

　初の艦載用フェーズド・アレイ・レーダーは米海軍のAN/SPS-32とAN/SPS-33で、原子力空母エンタープライズ（USS Enterprise, CVN-65）と原子力ミサイル巡洋艦ロングビーチ（USS Long Beach, CGN-9）に装備した。

　もちろんパッシブ式で、いずれも4面で全周をカバーしている。その巨大なアンテナを合計8枚取り付けるために、正方形の断面を持つ特徴的な四角い艦橋構造物を持つことになった。ただ、1950年代のテクノロジーで開発されたSPS-32とSPS-33は不具合が多く、メンテナンスにも手間がかかったため、1980年代に入ってから、通常型のAN/SPS-48対空3次元レーダーとAN/SPS-49遠距離対空2次元レーダーに換装してしまった。

　そして現在、もっとも馴染み深いパッシブ式フェーズド・アレイ・レーダーといえば、イージス艦でおなじみのAN/SPY-1だろう。ラファールのRBE2やMiG-31フォックスハウンドのN007 S-800レーダーもパッシブ式だ。

　一方、アクティブ式の場合、アレイの数と同じだけの送受信機（T/Rモジュール。T/RはTransmit/Receiveの略）を用意する。当然ながら、アクティブ式の方が送受信機の数が多く、製造も制御も複雑なものになる。なぜか用途によって用語が異なり、艦艇ではアクティブ・フェーズド・アレイ・レーダー（APAR：Active Phased Array

Radar）と呼ぶが、航空機ではAESAと呼ぶ。

　アクティブ・フェーズド・アレイ・レーダーは、近年、非常に多くなってきている。航空機搭載用だけでも、J/APG-1（F-2）、AN/APG-77（F-22A）、AN/APG-81（F-35）、AN/APG-79（F/A-18E/F）、RBE2-AA（ラファール）、CAESAR（Captor AESA Radar, タイフーン）、AN/APG-63（V）2・同（V）3（F-15C/D）、AN/APG-81（F-16E/F）、AN/APG-82（F-15E RMP）、MESA（Multi-role Electronically Scanned Array, B.737 AEW&C）、AN/APY-2（E-2D）などが挙げられる。ノースロップ・グラマン社では、F-16用のAN/APG-66・AN/APG-68代替需要を狙ってAESAレーダーのSABR（Scalable Agile Beam Radar）を自費で開発したが、まだ採用事例はないようだ。

　いずれにしても、フェーズド・アレイ・レーダーを機能させるためには、大量の発信機を精確に駆動して、さらに受信した反射波のデータを解析する必要があるため、高い信頼性を持つ送受信機と、それらの制御や受信データの解析に使用する高性能のコンピュータが必要になる。もちろん、そのコンピュータで動作するソフトウェアも重要な働きをする。

アレイ・レーダーのバリエーション

　なお、上下方向の首振りにだけアンテナ・アレイを利用して、周回方向については回転式とした、折衷型のレーダーもある。具体例としては、艦載対空多機能レーダーのサンプソン（英海軍45型ミサイル駆逐艦）や、EMPAR（仏伊海軍のホライゾン型防空フリゲート）が挙げられる。アンテナ・アレイの数が減る分だけ低コストになるが、同時に全周を見ることはできない。それを補うため、回転速度を通常より高くとっている。

　また、戦闘機用のAESAレーダーでは固定式の平面アンテナだと覆域が限られるということで、レーダー電波の方向を変換するスワッシュプレートを組み合わせようとしている事例もある。具体例としては、セレックス・ガリレオ社が手掛けているCAESAR（タイフーン用）やES-05（グリペンNG用）がある。

　また、アンテナを平面にする代わりに航空機の機体表面に埋め込む、いわゆるスマート・スキンと呼ばれるものもある。日本では技術研究本部の先進技術実証機（ATD-X）で実験する計画だが、海外でもスホーイT-50（PAK-FA）で導入することになっている。

　スマート・スキンでは機体の表面にアンテナを埋め込めるため、前方だけでなく、全周をカバーするアンテナ配置が可能になる利点がある。その代わり、アンテナ・アレイが平面にならないため、送信でも受信でも、アレイの制御は平面アンテナ以上に複雑になるはずだ。その分だけ、ソフトウェアの開発は大変なことになる。

合成開口レーダーと逆合成開口レーダー

　空中の航空機、あるいは洋上の艦艇を探知するのであれば、だだっ広いところにいる「点」を探知するもの、という考えが成立する。ところが、レーダーはそうした用途にばかり用いられるわけではない。

　すでに第二次世界大戦中から、レーダー爆撃という手法がある。レーダー電波を地表に向けて発信すると、地形によって反射波が返ってくるまでの時間に違いが生じるので、地形によって異なるレーダー映像を得られる。その情報と地図の情報を照合することで、天気が悪くて地文航法が成り立たない場合でも現在位置を把握できるようにする、という触れ込みだった。

　しかし、なにしろ第二次世界大戦当時の話だから、得られるレーダー画像は決して鮮明なものとはいえず、よほど特徴的な地形がある場所でなければ使い物にはならなかったようだ。たとえば、半島が海に突き出ているようなところなら違いは明瞭だが、内陸部の地形の起伏を把握するのは難しい。

　しかし、雲に邪魔されずに下方の地形を、あわよくば、そこにいる車輌の位置まで把握できれば、戦術上の有用性は極めて高い。そこで1980年代に入ってから、戦場監視機と呼ばれる航空機の開発が本格化した。航空機に搭載したレーダーを使って、地上にいる敵・味方の車輌の動静を把握しようというわけだ。いってみれば、AWACS機の対地版、ということになる。そこで、第5章②の「偵察・情報収集」の項でも言及した、SAR/GMTIが必須の機能となる。

　そうした機体として広く知られているのがE-8ジョイントスターズで、胴体下面にAN/APY-3合成開口レーダー（SAR：Synthetic Aperture Radar）を装備して登場した（現在、レーダーは新型のAN/APY-7に変わっている）。このほか、ロッキードTR-1偵察機もASARS-2合成開口レーダーを使って地上の状況を監視できる。

　さて、合成開口レーダーとは何だろうか？　ここでいう「開口」とは、レーダー・アンテナの開口を意味する。単純に考えれば、大型のアンテナの方がレーダー開口が大きい。ところが、航空機のサイズには自ずから制約があるから、むやみに大きいレーダーを載せることはできない。

　そこで合成開口レーダーでは、レーダーを搭載しているプラットフォームの移動を利用して、みかけのアンテナ径（開口）を大きくしたのと同じ状態を作り出している。具体的にいうと、周波数1～2GHz程度の電波を使い、移動中に送受信したシグナルの情報に対して位相差やドップラー効果の検出を行なって、データを重ね合わせていく処理を行なっている。結果として地形や車両まで判読できるだけの、高い分解能を実現できるというわけだ。

　反対に、レーダー・アンテナの移動ではなく、目標の移動や姿勢変化を利用して分解能を高める、逆合成開口レーダー（ISAR：Inverse SAR）というものもある。こち

らは逆に、レーダーは固定されていても良いが、相手が動いていなければならない。

いずれにしても、SARやISARが機能するためには、レーダー、あるいは探知目標が動いていなければならない。その両方とも固定して動かない状態では合成のしようがないので、SARもISARも機能できない。

地表貫通レーダー・森林貫通レーダーなど

SAR/GMTIで探知できるのは、基本的には地上に露出している車両だ。しかし場合によっては、敵が車両やその他の装備を森の中などに隠蔽して、レーダー探知を避けようとするかも知れない。砂漠の真ん中ならそうした気遣いは不要だが、森林が多い場所では厄介な問題になる。

そこで、森林貫通レーダーなんていうものまで開発されている。その一例が、DARPAと米陸軍が組んで開発を進めているFORESTER（Foliage Penetration Reconnaissance, Surveillance, Tracking and Engagement Radar）だ。すでに、2009年10月にボーイング社の回転翼UAV・A160Tハミングバードに搭載してデモンストレーションを行なうところまで開発が進んでいる。

このほか、米陸軍ではFOPEN（Foliage Penetration Radar）、さらにその発展型であるTRACER（Tactical Reconnaissance and Counter Concealment Enabled Radar）を開発している。いずれも、森林・建物などの陰に隠れた目標物をいぶり出して、レーダー画像として情報を得るためのものだ。

そのほか、マイクロ波を地表に向けて照射して地中の物体を捜す、地表貫通レーダー（GPR：Ground Penetration Radar）というものもある。こちらは主として、地中に埋められた地雷やIEDを探知するのが目的だ。

地雷探知というと金属探知機を用いる場合が多いが、探知を避けるためにプラスチックを使用した地雷もあるから始末が悪い。そこで地表貫通レーダーの登場となる。たとえば、米L-3コミュニケーションズ社製のAN/PSS-14（当初の名称はHSTAMIDS：Handheld Standoff Mine Detection System）では、金属探知機と地表貫通レーダーを組み合わせて、金属製でも非金属製でも探知できるように工夫している。このほか、カーティス・ライト社やNIITEK社も地表貫通レーダーを手掛けている。

さらに、市街戦での利用を想定して、建物の壁の中を透視するレーダー（壁面透過レーダー）も開発されている。公開されている情報は多くないのだが、低周波・超広帯域の電波を用いるようだ。

❹ コンピュータと ISR(その他編)

レーダー電波の逆探知(ESM/RWR)

　レーダーが登場したことで、被探知側では「レーダーで探知されているかどうか」を知る需要が生じた。たとえば第二次世界大戦では、浮上航走中のUボートを探知するために艦艇や航空機がレーダーを装備したが、Uボートはそれに対抗するため、逆探知装置(メトックス)を装備した。レーダー電波を感知したら、誰かが自艦のことを探しに来ていると判断して、とっとと潜航してしまうわけだ。

　ところで、レーダーは送信した電波の反射波を受信することで、初めて探知が成立する。つまり、レーダー電波は目標まで往復できるだけのエネルギーを持たなければ、探知が成立しない。したがって、探知可能距離を超えると、反射したレーダー電波が送信元のレーダーのところまで返る前に"力尽きて"しまい、探知が成り立たない。そのため、レーダー電波を逆探知する側は、レーダーで捜索する側よりも先に相手の存在を知ることができる。

　この、レーダー電波の逆探知に使用する機材のことを、ESMと呼ぶ。ただし航空機では、特に大きな脅威となる対空捜索レーダー、あるいは地対空ミサイルや対空砲で使用する射撃管制レーダーの電波を探知する機器のことを、特にレーダー警報受信機(RWR)と呼ぶこともある。

　いずれにしても逆探知装置であり、受信した電波の内容に基づいて、どちらの方向から、どういった種類のレーダーが出す電波を受信しているかを判断して、その情報を提示する。ただしパッシブな探知手段だから、電波の強度と発信源の方位しか分からない。そのため、発信源がどちらにあるかは分かるが、精確な位置までは分からない。電波の強度によって、ある程度の推測を行なうところまでであり、状況の認識には限界がある。

　ESMにしろRWRにしろ、想定される脅威に合わせて、幅広い周波数帯のレーダーに対応する必要がある。対空レーダーひとつ取っても、広域捜索用のレーダーと射撃管制レーダーでは周波数帯が異なるから、その両方に対応しておかなければ、警報機器としての役割を果たせない。

　先に述べたように、逆探知の方が先んじることになるのは仕方ないため、最近ではEMCONを行ない、必要な場面以外ではレーダー電波の発信を抑止することが多い。

その分だけ、電波兵器における状況認識手段として、ESMやRWRといったパッシブ探知手段の重要性が増している。

音響センサー（潜水艦の場合）

　潜水艦が戦争で猛威を振るうようになったのは第一次世界大戦以降の話だが、それにより、水中の潜水艦を探知する技術が求められるようになった。空中であれば電波兵器、すなわちレーダーを利用できるが、水中では電波兵器は使えない。
　周波数が極端に低く、波長の長い電波であれば数メートル～数十メートル程度は透過するが、それではセンサーとして有用な性能を得られない。また、昼間の浅海面以外は暗闇だから、可視光線も使えない。そこで、水中では探知手段として音波を用いるようになった。それがソナー（SONAR：Sound Navigation Ranging）だ。
　自ら音波を発振するアクティブ・ソナーとしては、1917年に開発されたアスディック（ASDIC：Allied Submarine Detection Investigation Committee）が知られている。これは石英の結晶体に交流電流を通電することで発生する音波を水中に発振するもので、その先に潜水艦がいれば反射波が戻ってくる。反射波の方位と、送信から受信までの時間によって、方位と距離が分かる。ASDICとは機器の開発にあたった委員会の名前だが、現在では米軍用語のソナーの方が一般的だ。
　一方、聞き耳を立てるだけのパッシブ・ソナーもある。こちらは方位しか分からない。昔は水中聴音機と呼ばれていたが、どちらも対潜専用の音響兵器だからということで、こちらもアクティブ式と同様にソナーと呼ばれるようになった。アクティブ・ソナーを使用すると、レーダー電波の逆探知と同じ理屈で自らの存在を暴露してしまうため、アクティブ・ソナーの使用は「最終兵器」として控えておき、通常はパッシブ探知だけでなんとかしようとすることが多い。
　フェーズド・アレイ・レーダーと同様、ソナーの場合にも、送受信機（トランスデューサー）、あるいは受信機を複数並べてソナー・アレイを構成すると、個々のトランスデューサーや受信機ごとの位相差を基にして、方位を割り出すことができる。ここまでの考え方はレーダーと似ているが、ソナーには独特の難しさがあり、そこでコンピュータの利用が関わってくる。
　まず、海中の音波の伝播は、必ずしも一様ではない。海水の温度・密度・塩分濃度などによって音波の伝播状況が異なってくるため、必ずしも音波が入射した方向に発信源がいるとは限らない。そのため、海水の状況ごとに音波の伝播に関するデータを収集しておいて、そうした情報を加味してソナーの情報を評価する必要がある。
　だから、ソナーを使用する際には自記温度計（BT：Bathy Thermograph）もセットで使用する必要がある。必要に応じてこれを海中に投下して、深度ごとの温度変化を調べるためだ。しかし、温度だけならともかく、実際にはその他の要素も関わってくるため、あくまで判断材料のひとつという位置付けになる。実際、川が海に流れ込

む場所では水深が浅い上に海水と淡水が入り乱れるため、ソナー探知が難しくなる傾向があると聞く。

こうした難しさ、あるいはアクティブ探知を迂闊に使用できないという制約もあるため、潜水艦でも、あるいは潜水艦を駆り立てる水上艦でも、さまざまな種類のソナーを用意して使い分けるようにしている。そのソナーの集合体のことをソナー・スイート（SONAR suite）と呼び、バウソナー（艦首に装備）、ハルソナー（船体下面に装備）、曳航ソナー、可変深度ソナー（曳航ソナーの一種だが、アクティブ・サーチが可能で深度を変える機能を持つものを指す）、といった各種のソナーを組み合わせる。そして、情報源となるソナーが複数あれば、それらのデータを組み合わせて状況を判断する仕組みが必要になる。こうした事情から、ソナーを使用する際にコンピュータを援用するシステムが一般的になった。

たとえば、潜水艦が水上の艦船、あるいは潜水艦を狩り立てる場合を考えてみよう。

魚雷でもミサイルでも、まず目標までの距離、目標の方位、目標の針路（的針）、目標の速力（的速）が分からなければ、発射の際に必要な解析値を得ることができない。アクティブ・ソナーやレーダーを使えれば簡単だが、それでは自艦の存在を先に暴露してしまうので、基本的にはパッシブ探知に頼らざるを得ない。

パッシブ探知の場合、ソナーでもESMでも、目標の方位は分かるが、その他の情報は分からない。そこで、方位変化率を基にして推測を交えながら、徐々に正確な値に近付けていく作業が必要になる。先に挙げた4つの可変要素のうちひとつしか分からないわけだが、基本的には幾何学の問題だ。これを目標運動解析という。

だから、パッシブ探知によって得られる情報、すなわち方位以外の可変要素については、過去の経験、あるいは推測によって仮の値を入れてみて、実際の探知結果と照合しながら精度を上げていく必要がある。幾何学的な計算はコンピュータでもできる（というより、むしろコンピュータ向き）だが、過去の経験に基づく推測は人間でなければできない。

また、ソナー探知であれば、目標が発する音を聞き分ける作業が必要になる。自艦の経過と周波数の情報をコンピュータで解析することで、音源の種類を聞き分けたり、余分なノイズを排除したり、といったことはコンピュータでも実現できるだろうが、コンピュータはいわれたとおりの仕事しかできない機械だ。ときには、肝心な情報を篩にかけて消してしまう可能性もある。そうなると、音を聞き分ける作業は熟練したソナー員に頼る部分が大きい。

こういった事情があるので、ソナー探知に代表されるような水中戦では、コンピュータの方が得意な部分と、人間の方が得意な部分を適切に判断して、使い分ける作業が重要になると思われる。これは、水上艦が潜水艦を狩り立てる対潜戦でも同じだろう。

音響誘導魚雷と有線誘導魚雷

その音響センサーを魚雷の尖端部に積み込むと、音響誘導魚雷になる。初めて登場したのは第二次世界大戦のときだ。それまでの魚雷は、発射時の針路を維持して直進するか、事前にセットしたパターンに合わせて航走するだけだったが、音響誘導魚雷は、敵艦の推進機音を探知して、そちらに向けて誘導することができる。その分だけ命中の確率が高まるという理屈だ。

図 8.11：米海軍原潜の主力兵器、Mk.48魚雷の尾部。スクリューの後ろに巻かれているのが誘導用ワイヤーで、魚雷はこれを繰り出しながら駛走する（筆者撮影）

さらに、戦後になって電子機器の小型化技術が発達したため、アクティブ探知が可能な音響誘導魚雷が出現した。特に対潜戦では、目標の位置を3次元で精確に知る必要があるので、アクティブ式の音響誘導魚雷を用いるのが普通だ。ただし、そうした魚雷が登場すれば、相手も偽目標を出す等の対抗手段を講じてくるため、それに対応するために魚雷の方も賢くなる必要がある。そこでコンピュータを援用する必要が生じる。

また、有線誘導魚雷であれば、より目標に近いところにいる魚雷のソナーを母艦の外部センサーとして利用する、あるいは、魚雷のソナーよりも性能がいい母艦のセンサーから情報を受け取って魚雷を航走させる、といった使い方も可能になるが、これだけならコンピュータとはあまり関係がない。しかし、一種のネットワーク化機能とはいえるだろう。

ちなみに、音響誘導魚雷をソナー付きのカプセルに格納した、Mk.60 CAPTOR機雷という陰険な兵器がある。ソナーが潜水艦の接近を探知すると、内蔵する魚雷を発射する仕組みだが、これをネットワーク化できれば、外部からの指示でCAPTOR機雷の動作を制御でき、CAPTORの内蔵ソナーだけに頼らない交戦が可能になると考えられる。しかし、海底に沈座させるものだけに、ネットワークを実現するための通信手段をどうするか、という問題は残る。

音響センサー（陸上の場合）

これまで、音響センサーというと対潜戦用、あるいは対機雷戦用の水中武器という認識があったと思う。ところが2003年のイラク戦争以降、不正規戦対策の一環として、陸戦用の音響兵器が登場した。それが狙撃探知システムだ。

狙撃手は、自らの姿を隠して遠距離から一発必中の弾丸を送り込んでくる。だから、

図8.12：米陸軍が導入した狙撃探知システム・ブーメラン。上の方に、あちこちにマイクが突き出しているのが分かる（US Army）

狙撃された側は狙撃手の位置を突き止めるだけでも一苦労であり、なかなか有効な反撃ができない。つまり、狙撃手の所在という状況が分からないから、反撃もままならないわけだ。それを変えたのが、音響センサーを利用する狙撃源探知システムだった。

もっともよく知られている狙撃源探知システムとして、BBNテクノロジーズ社のブーメランがある。これは車載化したポールの上に、四方八方にマイクロホンを合計7個取り付けた構成のセンサーを設けて、狙撃の際に発する音を検知する仕組みになっている。マイクロホンによって音が到達するまでの時間に微妙な差が生じるので、その所要時間差（位相差）を基にして、どこから狙撃があったのかを計算できる。フェーズド・アレイ・レーダーで目標の方位を知るときと同じ理屈だ。狙撃を受けてから2秒以内に、狙撃源の方位・俯仰角・距離を計算できるとのことだ。

当初は車載式だったが、後に小型・軽量化して個人で携帯できるものも登場した。また、過去10回分の狙撃探知データを保存する機能も備えている。たとえば、立て続けに狙撃があったときに、前回にどちらから狙撃があったのかが分かっていれば、狙撃手が移動しているかどうかの判断に役立つだろう。ちなみにお値段は1基15,000ドルほどで、狙撃手に対して有効な反撃を行なう手段としては割安だと思う。

測位システムとISR

測位システムも、一種のISR資産といえる。敵の兵士やプラットフォームに測位システムを持たせて位置を報告させるわけにはいかないが、指揮下にある部隊の位置については、GPS受信機を使えば容易に把握できる。

それも、艦艇や航空機といった大きなプラットフォームだけでなく、EPLRS（Enhanced Position Locating and Reporting System）やBFTの利用により、陸戦で使用する車両、事と次第によっては個人のレベルで位置を把握できる。EPLRSは420-450MHzの電波を使い、伝送能力は57kbps～228kbps。こうした機器を使って得られる友軍の位置情報は、敵味方識別機能とともに、同士撃ちを防ぐために有用な機能になるはずだ。第2章①「コンピュータと兵站」で取り上げたMTSにも、同じことがいえる。

MTSと同様に、GPS受信機と衛星通信の組み合わせによって位置報告を実現するシ

ステムは、洋上の船舶でも用いられるようになっている。これには、海難対策や海賊対策という意味合いがある。

具体例としては、船舶自動識別装置（AIS：Automatic Identification System）がある。これは、国際海事機関（IMO：International Maritime Organization）が船舶の航行安全について規定するSOLAS条約（International Convention for Safety of Life at Sea、海上における人命の安全のための国際条約）を改訂したのを受けて導入がスタートしたもので、自船の位置・針路・目的地・航海計画・呼出符号などの情報を発信する。この情報を利用することで、海難事故が発生した際の捜索迅速化、船舶同士の衝突回避、といった効果を見込んでいる。

仏CLS社が開発・運用しているのがShipLoc（SSAS船舶警報通報システム）で、独自の衛星航法システム・アルゴスとGPSを併用している。位置情報の発信だけでなく、警報を発信する機能もあり、しかも発信元の偽造は不可能とされる。海賊に乗っ取られた船舶を、このシステムによって迅速に発見できた事例もある[42]。

最近では商船が海賊に襲われる事件が多発しており、その際にはまず、被害に遭った船の身元と位置を精確に把握する必要がある。その際に、AISやShipLocといったシステムは有用だろう。

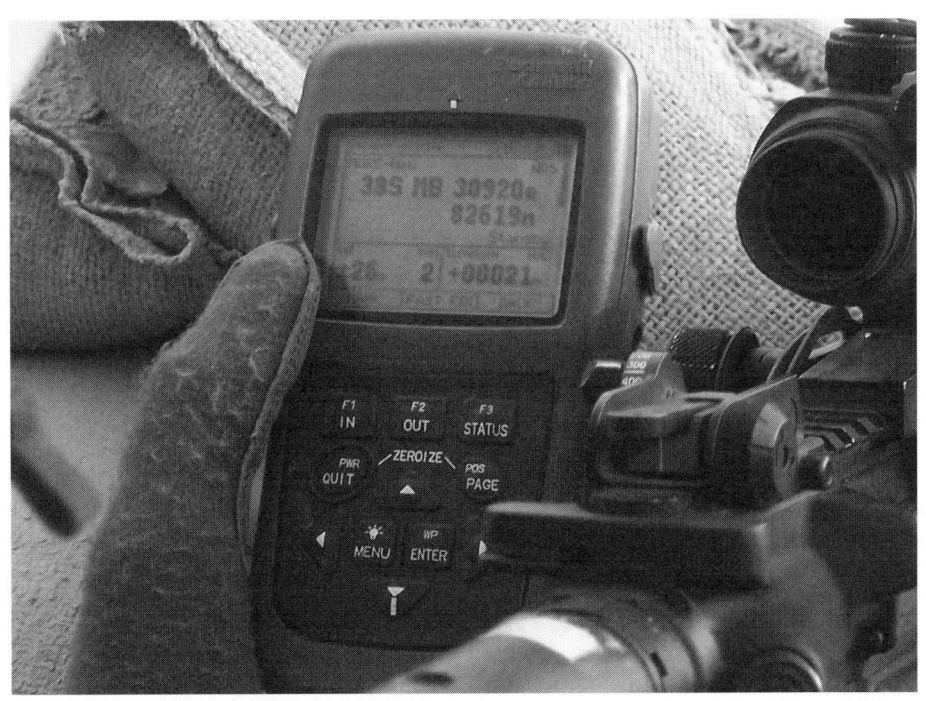

米陸軍が使用しているGPS受信機・DAGR（US Army）

❺ ISR資産から得た データの提示と融合

情報を分かりやすく表示することの重要性

　次は、レーダー・スコープを例にとって、情報を分かりやすく表示することの重要性について解説しよう。

　初めてレーダーが登場したときには、「Aスコープ」と呼ばれる表示装置を使用していた。これは、距離を示すスクリーンと方位を示すスクリーンが別々に設けられており、反射波を受信したときにパルスを表示する仕組みだ。レーダー手は、この2種類の情報を頭の中で組み立てて、目標の距離と方位を把握する必要がある。

　距離と方位、どちらか一方の情報だけを知るのであれば、Aスコープでもそれほど不自由はしない。しかし実際にはどちらの情報も必要だから、情報の組み立てと状況認識をレーダー手に丸投げしてしまうAスコープは、親切なものとはいえない。レーダーを製造する立場からいうと、この方が楽なのは間違いないが。

　そこで登場したのが、PPI（Plan Position Indicator）スコープだ。これは円形のスクリーンを使って、距離と方位の情報をまとめて表示する。アンテナの回転に合わせて走査線が画面を周回しており、その際に反射波が返ってきて目標を探知すると、スコープの画面に輝点が現れる。レーダーの画面というと、もっとも馴染み深いものといえるだろう。

　ただし、用途によっては前方だけ見えれば用が足りることもあるので、全周表示の

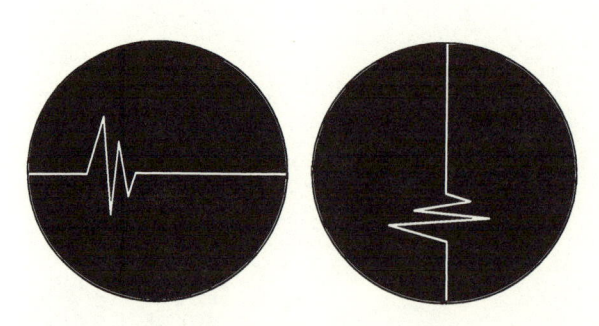

図 8.13：Aスコープと呼ばれる、初期のレーダー画面。方位と高度が別々のスコープに表示されるのだが、これで情報を読み取るのは大変だ

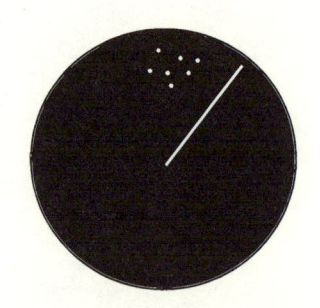

図 8.14：PPIスコープの画面例。Aスコープと比べると、見やすさがまるで異なる

スクリーンではなく、扇形表示になっているものもある。戦闘機の射撃管制レーダーや、旅客機などが装備する気象レーダーがそれだ。

AスコープとPPIスコープの比較はいささか極端だが、情報の見せ方、つまりマン・マシン・インターフェイスが重要という話は、今でも変わらない。センサーの能力・性能が同等であっても、それをどういう形で見せるかで、状況認識の効率には違いが生じる。見せ方がヘタだと勘違いの原因にもなりかねないし、それでは状況認識ではなく、状況誤認識になってしまう。マン・マシン・インターフェイスの設計は、理屈だけでなく運用経験の蓄積がモノをいう分野だ。

頭を下げずに情報を把握することの重要性

Mk. Iアイボールは可視光線を使える状態で、かつ、人間の眼で見られる範囲の情報しか得られないが、レーダーを使用すれば、昼夜、あるいは天候の別に関係なく、捜索・探知が可能になる。しかし、レーダーのスクリーンは計器盤に設けることが多いので、レーダーの情報を確認しようとすると、いちいち目線を下げて見なければならない。

第二次世界大戦から戦後しばらくの時期にかけて、レーダーを装備する夜間戦闘機、あるいは全天候戦闘機では、操縦手とは別にレーダー手を乗せるのが普通だった。これは、飛行機の操縦や交戦と、レーダーの確認・操作を一人でやるのは負荷が高すぎるためだ。その後、レーダーの性能向上とともに自動化が進み、一人ですべて扱えるようになってきたものの、レーダーの情報を見るために目線を下げなければならないという問題は残る。

そこで1970年代頃から、パイロットの正面に設置した透明ガラスに情報を投影する、HUDを用いることが多くなった。HUDの本体内にはCRTなどのディスプレイ装置を組み込んであり、そこに表示した映像を、レンズを通してガラスに投影する。だから、いちいち目線を下げなくても情報を確認できる。

HUDでガラスに投影する映像は、焦点が無限遠になるように調整してある。だから、パイロットは機外の状況を見張っている状態からHUDに視線を移したとき（あるいはその逆）に、ピントを合わせ直す必要がない。これは、瞬時を争う空中戦で

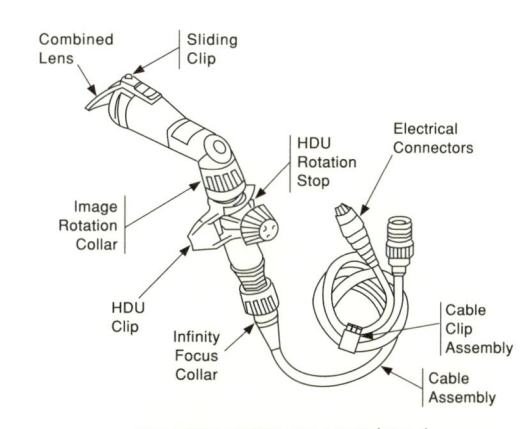

HELMET DISPLAY UNIT (HDU)

図 8.15：AH-64が装備するIHADSSのディスプレイ装置。これをヘルメットに取り付けて、レンズを右眼の前に配置する（US Army）

は重要な要素となる。

　ただし、HUDは計器板の上に固定されているので、そちらを向いていないと情報を確認できないという問題がある。そこで登場するのがHMDだ。計器板にディスプレイを取り付ける代わりに、ヘルメットのバイザーに映像を投影する。これであれば、どちらを向いていても情報の表示は途切れない。

　その代わり、パイロットの頭が向いている方向に合わせて表示内容をリアルタイムで、かつ連続的に変えていかなければならないので、頭の向きを検出する仕組みと、それに合わせて表示内容を変えていくためのソフトウェアが必要になる。

　向きの検出には磁石を使うのが一般的だ。ヘルメットの外部に磁石を固定しておくと、磁場が発生する。頭の向きが変わると、相対的な位置関係が変わるために磁場に変化が生じる。その情報を利用して頭の向きを把握した上で、ディスプレイに表示する内容をコントロールする。冗談みたいな話だが、磁石がもっとも確実なのだそうだ。

　AH-64アパッチ攻撃ヘリでは、バイザーではなくパイロットの右眼の前に取り付けた小さな円形スクリーンに情報を投影する、IHADSS（Integrated Helmet And Display Sight System）を使用している。ヘリのパイロットは正面以外の方向に首を向ける機会が多いので、どちらを向いても映像を見られるように、こうしている。ただし、情報が表示されるのは右目だけだから、使いこなすには慣れが必要だ。ボンヤリしていると、右目で見ているIHADSSの情報と左目で見ているその他の状況が、こんがらかってしまいそうだ。

　また、情報の表示とは別の話だが、何かを操作するためにいちいち、操縦桿やスロットル・レバーから手を離さなくても済むようにするHOTAS（Hands on Stick and Throttle）も、瞬時の対応を可能にするという点では重要な要素といえる。

　機器を操作するために必要なスイッチをすべて操縦桿とスロットル・レバーに集中してしまえば、パイロットは常に目線を上げたままで、しかも操縦桿とスロットル・レバーを握ったままで、操縦も交戦も状況の確認も行なえる。結果として見張りや機体の操縦操作に隙がなくなり、素早い対応が可能になる。

センサー融合・データ融合

　こうした考え方を突き詰めていくと、F-35ライトニングIIに行き着く。この戦闘機はHUDの装備を止めてしまい、これまでHUDに表示していた情報は、すべてHMDに表示するようにした。軽量で、パイロットにかかる肉体的負担を抑えられるHMDの出現と、そこに表示する膨大なデータを処理できるコンピュータの出現が、こうした方法を可能にした。

　F-35のパイロットが使用するヘルメットは、左右に1個ずつのプロジェクターを持ち、そこからバイザーに映像を投影する。HUDと同様のシンボル表示だけでなく、機首下面に取り付けた内蔵型ターゲティング機器・EOTSのセンサー映像や、昼夜を

問わずに機体周囲の合成映像をパイロットに提供するEO-DAS（Electro Optical-Distributed Aperture System）の映像も、すべてこのHMDに表示する。

EO-DASを使用すると、パイロットが下を向いたときには機体下面に取り付けたセンサーの映像を表示するようにして、機体を透過して下方の状況を確認する、なんていうことが可能になる。透明な飛行機に乗っているようなものだ。

ただし、それよりも注目したいのは、さまざまなセンサーから得られたデータを別々のディスプレイに表示するのではなく、すべて整理・統合した上でHMDに表示する点だ。いわゆるセンサー融合（sensor fusion）、あるいはデータ融合（data fusion）のことだ。

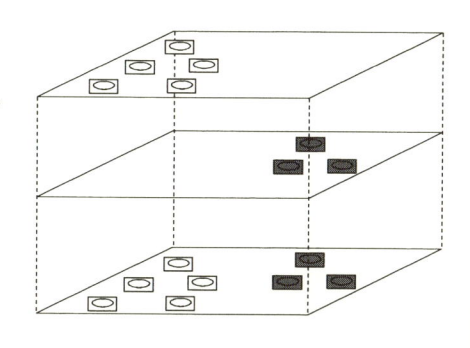

図 8.16：センサー融合の基本的な考え方。さまざまな情報源からのデータをバラバラに表示するのではなく、下端にあるように重ね合わせて、単一の「画」にまとめる

先に取り上げたAスコープでは、距離と方位の情報を別々に表示して、それをレーダー手が頭の中で融合して状況を組み立てていた。これはレーダー単体の話だが、レーダー・赤外線センサー・TVカメラなど、多様なセンサーを装備する現代の戦闘機では、それぞれのセンサーごとに異なるディスプレイを使用すると、パイロットに対して情報を組み立てる負担がかかる。

それを解決するのがセンサー融合・データ融合だ。異なるセンサーから得られた、異なる内容のデータを重ね合わせるとともに不要な情報を抑止して、分かりやすい形でパイロットに提供する。それができて初めて、多様なセンサーによって得られたデータの有効活用が可能になる。ただし、複数のソースから得られたデータを重ね合わせる際に、位置情報を精確に合わせないとトンでもないことになるので、それを実現するためのソフトウェア開発は大変なことになりそうだ。

第Ⅲ世代暗視装置におけるデータ融合

といっても、すでにデータ融合を行なっている事例はいくつかある。その一例として、暗視装置を挙げよう。

すでに解説しているように、陸戦用の暗視装置は光増式と赤外線式の二系列がある。一見したところでは、完全な暗闇になると（増幅すべき光がなくなってしまうので）使えなくなる光増式よりも赤外線式の方が優れているように見えるが、実際には光増式の開発・製造も続いているところからすると、それぞれに長所があるとみるのが自然だ。推測だが、可視光線と赤外線の波長の違いに起因する、分解能（つまり映像の鮮明さ）の差によるのではないだろうか。

実際、ITT社は2009年に米特殊作戦軍団（USSOCOM：US Special Operations Command）から、光増式暗視ゴーグルで使用する第3世代の薄膜光増管・Pinnacleを1,140万ドルで受注している。以前の製品と比較すると増幅能力が10倍にアップしており、視野角は180度をカバーするとのことだ。とはいえ、いくら10倍の増幅能力でも、元がゼロでは10倍してもゼロになる。

それであれば、両者を別々にするのではなく一体化することで「いいとこどり」ができるのではないか、という発想が出てくる。それを実現したのが同じITT製のAN/PSQ-20 ENVG（Enhanced Night Vision Goggle）で、光増式暗視装置と赤外線暗視装置の映像を単一のユニットにまとめ、2種類のセンサーから得た映像を合成表示する。中身が2倍、重量も2倍になったのでは使えないが、十分に軽量コンパクトにまとめた上でデータの融合が能書き通りに機能すれば、理想的な暗視装置になりそうだ。

米特殊作戦軍団ではインサイト・テクノロジーズ社に、同種の製品・FGS V4（Fusion Goggle System Version 4）を発注している。このほか、第Ⅲ世代の暗視装置としては、AN/PVS-22や、車両の操縦手用としてBAEシステムズ社が製造しているDR-GMVAS（Driver's Ground Mobility Visual Augmentation System）もある。

E-3とE-8のデータ融合実験

第Ⅲ世代暗視装置の場合、異なる2種類のセンサーをひとつのユニットにまとめて、データを重ねている。つまりプラットフォームは同じだ。それに対して、異なるプラットフォームから得られたデータを融合する形もあり、こちらの方がハードルが高い。情報源となるプラットフォームの位置が異なれば、その位置の違いを加味した上でデータを重ね合わせる必要があるからだ。しかもプラットフォームが移動している場合には、その移動も加味しなければならない。

それを実験したのが、米空軍とL-3コミュニケーションズ社が組んで実施した、NCCT（Network Centric Collaborative Targeting）のACTD（Advanced Concept Technology Development）だ。NCCTでは、航空機の動向を監視するE-3セントリーAWACS機、地上の車両の動向を監視するE-8ジョイントスターズ、そして電子情報収集機・RC-135リベットジョイントを組み合わせて、データを融合した。

こうすることで、敵と味方の航空機・車両のデータをひとまとめにして把握でき、さらに電子情報によってそれを補強する、という構図が成立する。たとえば航空機や車両の種類が分からなくても、発信する電波によって正体が分かるかも知れない。特に地対空ミサイルや対空砲といった防空システムでは、最後にはレーダーを動作させなければ仕事をできない場合が多いので、電子情報の有用性が高い。

第 9 章

ネットワーク中心戦と指揮統制システム

　第8章では、C4ISRについて取り上げた。そこから話を発展させて、この章ではネットワーク中心戦や指揮統制システムといった分野の話題について取り上げよう。つまり、C4ISR資産を、どういった概念の下で、いかにして実戦で活用するかという話だ。

❶ 必要な情報はネットワークに集中・共有する

情報の共有とCOP

　過去の時代と異なり、現在の軍事作戦は諸兵科聯合から統合軍、多国籍作戦へと変化してきている。

　たとえば陸軍であれば、歩兵・機甲・砲兵といった複数の兵科が共同で行動するし、その陸軍部隊に対して空軍が近接航空支援を行なったり、海軍が敵の目標に巡航ミサイルを撃ち込んだりといった支援も加わる。さらに、そうした組み合わせを複数の国から送り込んで、共同で単一の作戦を行なうことも多い。

　そうなったときに問題になるのは、一緒に作戦行動をとっている兵科、軍種、あるいは国ごとの軍の間で、状況認識に相違が生じることだ。極端なことをいうならば、ある軍種や兵科で「敵がいる」と認識しているのに、別の軍種や兵科で「敵はいない」と認識していたら、作戦計画も任務の遂行もグチャグチャになる。

　そこで、情報の共有ということが課題になる。さまざまなISR資産から多様な情報を、リアルタイムに近い速さで得られるようになってきているが、その情報を、必要とする関係者が共有していなければ、状況認識の歩調がとれない。

　その、関係者が共有する作戦状況データのことを、COP（Common Operating Picture）と呼ぶ。逐語訳すれば「共通する作戦状況の画」、つまり関係者全員が同じ作戦地図を見ている状況、といえる。全員が同じ地図で同じ状況を見ていなければ、意思統一も共同歩調も実現し得ない。

　しかし一方では、軍事作戦には機密保持も必要だから、"need to know"、つまり「情報は、それを知っているべき人にしか知らせない」という考え方も必要になる。つまり、必要なところには漏れなく情報を配信する一方で、必要のないところには何も出さない、というメリハリが必要になる。COPを扱うのは指揮統制システムだから、指揮統制システムには情報の共有とアクセス権制御の仕組みも必要になる。

　企業情報システムにおける情報共有でも、やはり同じ考え方を適用している。それを実現する手段として、ファイル共有やWebアプリケーションなどといった形で情報を共有する手段を整備するとともに、セキュリティ・レベルやアクセス権の設定によって、アクセスする必要がない人はアクセスさせないようにしている。そういったところに共通性があることから、軍の情報システムでもCOTS化を図り、企業向けに

開発・販売されているグループウェアを活用する事例もある。

CICによる、情報と指揮の集中化

　先に述べた情報共有は兵科・軍種・国といった大きな単位だったが、もっと小さな単位でも、やはり情報を集中・共有する必要が生じる場合がある。戦闘艦に戦闘情報センター（CIC）を設けるようになったのは、そうした典型的な事例といえる。

　帆船時代の海戦では、交戦は目に見える範囲内で完結していたから、指揮官は艦橋に陣取って指示を出すだけで事足りた。敵の状況も味方の状況も、自分の眼で見れば確認できる。ところが、第二次世界大戦の頃になると、砲煩兵器の射程は伸びる、航空機が作戦に加わる、通信技術の発展によって離れた場所から情報が入ってくる、という状況になった。つまり、状況を把握すべき対象範囲が一挙に広がった。しかも、海戦で相手にしなければならない相手は水上戦闘艦だけでなく、潜水艦や航空機もいる。

　つまり、広い範囲を対象として立体的に状況を認識する必要があり、しかも入ってくる情報は断片的なものが多い。そうした情報を頭の中で組み合わせて状況を認識するのは、骨が折れる作業だ。その一方で、兵器やプラットフォームの性能が上がったことで状況はどんどん変動するようになったため、迅速な判断を求められる。戦史をひも解いてみれば、大量の情報が錯綜する中で情報の判断を誤った事例は幾つもある。

　そこで米海軍では第二次世界大戦中に、CICを設置するようになった。CICには通信機器、レーダー・スコープ、海図、プロッティング・ボード（透明なプラスチック板）などを設置して、入ってきた情報を読み上げるとともに、海図やプロッティング・ボードに書き込んでいく。状況が変化したら、古い情報を消して新しい情報に更新する。

　CICは情報が集中する場所であるとともに指揮中枢でもあるので、指揮官に加えて対水上・対空・対潜など、任務分野ごとの責任者もすべてCICに陣取り、最新の状況

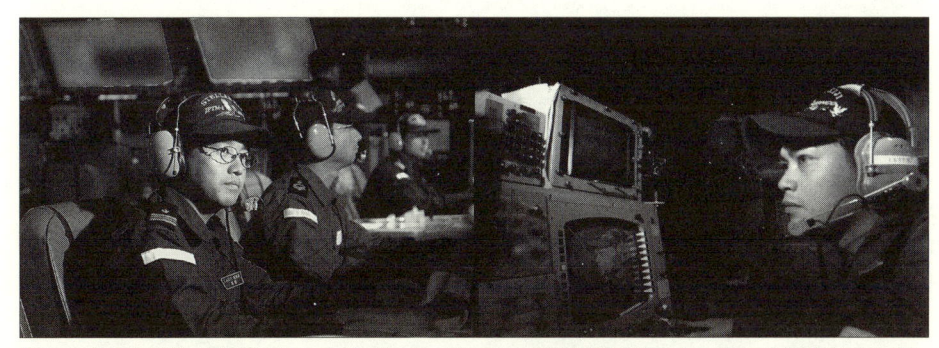

図 9.1：海上自衛隊の護衛艦「こんごう」が、イージスBMDの要撃試験を行ったときのCICを撮影した写真。肝心なところはぼかされているが、雰囲気は伝わってくる（US Missile Defense Agency）

に基づいて指令を出していく。しかも、すべての指揮機能がCICに集中しているから、関係者は同じ情報を共有できる。任務分野ごとに指揮所がバラバラに存在しているわけではない。

指揮官が艦橋に陣取っていた時代と何が異なるかというと、「情報の集中」→「整理統合」→「状況の表示」→「作戦行動の指示」という流れと、それを支援する機材の充実にある。CICができる前の時代には、中間の「整理統合」と「状況の表示」に弱みがあった。結果として、状況認識の誤りから作戦行動の失敗につながるリスクにつながる。

逆に、情報を指揮中枢たるCICに集中して、適切な判断と意志決定を可能にすることで作戦を成功させた事例としては、マリアナ沖海戦における米海軍の防空戦がある。戦闘の経緯についてはよく知られているから省略するが、情報と指揮・統制という観点から要点を整理すると、以下のようになる。

・敵機の飛来を探知（レーダー）
・得られた情報を整理して、状況を正しく認識（CIC）
・情報の確実な伝達による、正確で無駄のない要撃の実施（無線電話）

ヨーロッパでも同様で、イギリスやドイツが爆撃機迎撃のために、レーダー網・指揮所・無線通信による迎撃指揮を組み合わせた防空システムを整備することで、大きな成果を挙げている。

同じことは、ドイツ陸軍の装甲師団にもいえる。ドイツ軍の戦車はすべて無線機を装備しており、しかも指揮官が自ら装甲車に乗って前線に出ていた。ということは、指揮官は前線の状況を自分の眼で見て正しく認識した上で、無線を通じて迅速に命令を出せる。結果として情報面の優越を実現して敵に先んじることができる。

国によっては戦車に無線機がなく、指揮戦車から手・標識・旗などを使って指示を出していたので、指示や情報の伝達に手間取り、結果としてドイツ軍の戦車隊に出し抜かれることになった。いくら優れた戦車砲や装甲防禦を備えていても、これでは足を引っ張られてしまう。

また、強力な敵軍に遭遇した際には、無線で空軍の急降下爆撃機を呼んで破壊してもらった。これは重砲の代わりに急降下爆撃を用いていたためだが、それを実現できるのは陸軍部隊と急降下爆撃機がその場でコミュニケーションをとれたからだ。

つまり、いわゆるドイツ軍の電撃戦とは、単に部隊の機械化とかいうレベルの話ではなく、情報通信面の優越・連携に根幹がある、という見方もできる。

大量の動画データを処理するという課題

「百聞は一見にしかず」なんてことをいうが、文字情報だけ、あるいは口頭で伝達さ

れるだけの情報よりも、映像が加わる方が状況を理解しやすい場合が多い。昔はコンピュータもネットワークも能力に限界があったために文字情報しか利用できなかったが、現在では話が違う。静止画や動画の情報をネットワーク経由で取り出すことができれば、手元に大量の偵察写真をストックしておくのと同じことになる。しかも、コンピュータを活用して比較や分析を行えば、さらに有用性が高まる。

先に第8章で、さまざまなセンサーとコンピュータの関わりについて解説した。もちろん、優れたセンサーは必要なのだが、そのセンサーによって得られた情報を利用して戦闘を有利に運ぶが本来の目的だ。だから、センサーによって得られた情報を分かりやすい形で提示したり、あるいは有効に利用したりすることも、優れたセンサーの開発に負けず劣らず、重要なことだといえる。

たとえば、UAVが搭載するEO/IRセンサーを使って静止画、あるいは動画の情報を記録したとする。得られた情報をその場で利用して、それで用が済んでしまうのであればまだしも、ときには、過去に大量に蓄積した動画データの中から必要な情報を選り分けたり、過去に撮影したデータと最近になって撮影したデータを比較したり、といった需要が生じることもあるだろう。もちろん、人間の眼を使って同様の作業を行なうことは可能だが、処理能力には限りがある。可能であればコンピュータを使って自動化したいところだ。

かつては、ISRデータといえば偵察機を飛ばして目視確認した情報（これは文字情報と同じだ）、あるいは写真偵察機で撮影した静止画の情報ぐらいだった。ところが、技術が進歩してISR資産が充実したおかげで、得られるデータの量も半端なものではなくなっている。ヘタをすると、大量のデータに埋もれてしまい、肝心な情報を見逃すことになりかねない。

2010年初頭の話だが、南西アジア戦域（イラク・アフガニスタンを意味する米軍流の婉曲表現）で活動している米空軍の情報関連部隊・第480ISR航空団（ISR Wing）が明らかにしたところでは、同航空団だけで1日に700GBのデータを記録しており、1日で分析に回す動画は820時間分、目標に関する情報の配信は1,000件を超えていたというぐらいだ。

動画の自動分析システムが登場

そこで米統合戦力軍（USJFCOM：Joint Forces Command）では2010年3月から、動画情報の収集・保管・検索・共有を行なうシステム「ヴァリアント・エンジェル」の試験運用を開始した。2009年9月に、ロッキード・マーティン社、ハリス社、ネットアップ社の合同チームに発注していたもので、動画データを保存するサーバと、そのデータを検索・分析するためのソフトウェアで構成する。ヴァリアント・エンジェルでは、テレビ放送を初めとする民生技術を使って動画情報を活用しようとしている。

まず、UAVを初めとするさまざまな手段で動画情報を収集して、それを保管・分

類しておく。その後は、必要に応じてキーワード指定によって情報を取り出して、敵情の追跡に活用する。たとえば、保管した動画の中から特定の人・車両を捜すとか、地形・地図情報と突き合わせるとか、複数のデータを組み合わせて分析するとかいった用途を考えている。

市販のデジタルカメラで「顔認識」「個人認識」「ペット認識」なんていうことができるぐらいだから、記録した動画の中から一定の条件に合う映像を拾い出すことは、現在の技術でも可能だろう。

動画分析機能はロッキード・マーティン社のAudacity、動画情報の管理はハリス社のFAME（Full-Motion Video Asset Management Engine）、データを保管するストレージ機能はネットアップ社のData ONTAP（サーバ24台・総容量24ペタバイト）を使用している。ちなみに、1ペタバイトとは1ギガバイトの1,048,576倍、または1テラバイトの1,024倍、手短にいうと（？）約1,000兆バイトだ。

これを使うと、保存した動画の中から特定の人や車両を捜す、動画と地図情報を関連付ける、複数のデータを組み合わせて分析する、指定した情報を含む動画を拾い出して警告を発する、といった類の作業が可能になる。これにより、大量に蓄積した動画情報の利用が容易になるものと期待されている。

もちろん、人間のカンによって「これは怪しい」と感付くこともあるので、すべてをコンピュータ任せにしてもよいとは限らない。しかし、ある程度は定型化できる作業で、しかも対象となるデータの分量がべらぼうに多い場合には、コンピュータに任せられる部分はコンピュータを活用することも必要だ。それによって、人間は人間でなければできない作業に注力できる。

このシステムはすでに試験運用を始めており、2009年9月に第一陣を統合情報ラボ（Joint Intelligence Laboratory）に据え付けた。2010年春からはアフガニスタンで実戦投入を始める計画になっている。遅くとも2012年までには、ヴァリアント・エンジェルに切り替える計画だとしていた。

ところが2010年5月になって、アフガニスタンを担任区域とする米中央軍は「目下の作戦上の要求に対応する方が先なので、ヴァリアント・エンジェルは不要」といいだした[43]。そのため、さらに1年かけて評価試験を続けることになった。2010年8月に実施するISR分野の演習「エンパイア・チャレンジ」にも持ち込むとのことだ。

また、米テクストロン社傘下のオーバーウォッチ社も、RemoteViewやV-TRAC Basicといった、動画情報の収集・分析に関わるソフトウェアを手掛けている。このほか、米空軍と米海兵隊では、画像情報を使って不審な動きを監視するシステムとして、2005年からエンジェル・ファイアの開発を始めた。米陸軍でも同様の趣旨で、コンスタント・ホークというシステムを開発した。

こうしたシステムは、イラクやアフガニスタンで大きな脅威となっているIEDへの対策や、敵の陣地設営を把握する際に役立つと考えられる。IEDの設置でも陣地の設営でも、「設置前」と「設置後」の外見に変化が生じるのであれば、映像情報の比較

によって把握できると考えられるためだ（もちろん、敵が隠蔽策を講じた場合には、その限りではないが）。

それを実現するには、映像の収集・保管・分析に加えて、必要なときに必要な情報を確実に取り出せるようにするための仕組みが要る。個人レベルでも、デジタルカメラで大量の写真を撮影して溜め込んだら、後になって「あれ、あの写真はどこに行ったっけ？」なんていうことが起きるが、そんな調子では困る。

そこでDARPAでは、動画と自動分析ツールを組み合わせた広域監視手段のARGUS-IS（Autonomous Real-time Ground Ubiquitous Surveillance-Imaging System）や、蓄積した動画データの中から有用な情報を拾い出して作戦行動に活用することを企図したVIRAT（Video and Image Retrieval and Analysis Tool）といった開発計画を進めている。

IED対策手段としては広い範囲をまとめて監視できる方が好ましいが、それには多くのセンサーが必要になり、必然的にデータ量が増える。すると、処理すべきデータの量が大幅に増えるため、コンピュータによる自動処理は必須だ。ARGUS-ISの場合、500メガピクセル級の画像センサー×92個×4組、さらにデータ処理用のコンピュータを、ひとつのポッドにまとめており、これで直径15kmの範囲を監視できる。毎秒15フレームの動画で、データ量は毎秒424ギガビット、それを処理するためのコンピュータはCore 2 Duoプロセッサ×28個の組み合わせだ[44]。

味方の位置情報を把握するFBCB2とJBC-P

リアルタイムの情報を必要とするという点では、敵情把握にも同じことがいえる。どんな敵がどこにいるのか、それに対して味方の部隊の配置はどうなっているのか、そういった情報をリアルタイムで把握できれば、敵の攻撃に対応して味方の配置を変えるとか、敵の弱点を見つけ出して攻撃するとかいったことを実現しやすい。

こうした状況認識は、空や海では比較的早くから実現できた。データリンクの導入が早かったし、早期警戒機やAWACS機が装備するレーダーを活用すれば、位置関係の把握もやりやすいからだ。

ところが、陸戦では話が違う。対象が車両どころか個人にまで広がる上に、位置の把握もレーダーで済ませるわけにはいかない。しかも、位置の把握や通信が地形や障害物に邪魔される場合もある。実際、陸戦では往々にして、敵軍どころか味方ですらも、展開状況が分からないことがある。

この問題を解決するために登場したのが、BFTだ。すでに2003年のイラク戦争で実戦投入されている。個人や車両が、GPS受信機によって把握した自己位置の情報をネットワークに送信・集積することで、味方部隊の位置に関する情報を把握できる。この機能は、EPLRS、あるいはLバンドの衛星通信によって実現する。

そして、BFTで得られた情報を用いて味方の位置関係を把握して、それを戦闘指揮

に役立てるためのシステムが、ABCS（Army Battle Command System）のキー・コンポーネントである、FBCB2ということになる。その名の通り、旅団（Brigade）、あるいはその下の組織階層での利用を想定している指揮統制システムだ。こうした構成なので、「FBCB2/BFT」というようにワンセットで扱われる場合が多い。

FBCB2より小規模な単位で使用する状況認識システムというと、第7章で取り上げたIVISがある。IVISに対応しているのはM1戦車とM2歩兵戦闘車だけで、しかも単位は車両だ。IVISを搭載するプラットフォームの種類が限られる上に対象範囲も狭く、FBCB2/BFTで得られる情報量の方がはるかに多い。

なお、陸軍のBFTに加えて海兵隊も、似たようなシステムを開発してしまったので、後になってJBC-P（Joint Battle Command-Platform）という名称で一本化することになった。つまり、JBC-PはFBCB2の後継といえる存在で、FBCB2インクリメント1用に開発したJCR（Joint Capabilities Release）から発展する形で開発を進めている。

FBCB2もJBC-Pも、味方部隊の位置情報を表示するという基本機能は同じだ。ただし、FBCB2で味方の位置情報を把握するために使用していたBFTは衛星通信だけを使用していたが、JBC-P用のBFT2ではBFTと同じLバンド衛星通信に加えて、見通し線圏内で使用するJTRSを組み合わせた、ハイブリッド・ネットワーク化を図っている。衛星通信の負荷を減らすとともに、見通し線圏内では迅速な通信が可能になる利点があるが、両方の通信手段を適切に切り替えて使い分けるところが課題になる。そのほか、メッセージングの迅速化や、追跡可能な対象の増加を実現する。担当メーカーはノースロップ・グラマン・ミッション・システムズ社だ。2010年1月にマイルストーンBを通過、2010年10月から中央技術支援施設（Central Technical Support Facility, Fort Hood, TX）で評価試験を開始、2013年から実戦配備を開始する計画になっている[45][46]。

BFT2の開発は2007年4月から、ノースロップ・グラマン社とViaSat社が共同で進めている。衛星からのダウンリンク速度をBFTの40〜45倍（120kbps）に、衛星へのアップリンクと情報更新頻度を30倍に引き上げる。デモンストレーションではインマルサット4衛星を使用している[47]。

このJBC-Pを用いて実現する状況認識機能のことを、JBFSA（Joint Blue Force Situational Awareness）と呼ぶ。いいかえれば、JBFSAを実現するための要石がJBC-Pということになる[48]。

民生用のPDAやスマートフォンを個人向け端末機器に

FBCB2は車輌だけでなく、個々の歩兵まで情報化するプロジェクトなので、個人で携帯可能な端末機器が必要になる。そこで端末機器として民生品のPDA（Personal Digital Assistant）を活用する場合があり、たとえばゼネラル・ダイナミクスC4システムズ社では、マイクロソフトのPocket PC製品として知られるiPAQ 3970をFBCB2

端末に転用した。民間用のiPAQに専用のソフトウェアを追加して、耐衝撃性を備えたカバーの中に格納するつくりだ。また、SINCGARS無線機やGPS受信機と接続できるようになっている。

2010年6月にはロッキード・マーティン社が、歩兵向けの携帯式情報デバイスとしてTDA（Tactical Digital Assistant）を開発したと発表している。要するに軍用のPDAで、FBCB2やJBC–Pに接続して必要な情報を入手、それを画面に表示するものだ。もちろん、味方部隊の配置状況も手元の画面で確認できる。

個人向けの情報端末というと、かつてはiPAQのようなPDAしかなかったが、最近では高機能化が著しい携帯電話も、こうした「個人の情報化」に活用されようとしている。

たとえばレイセオン社では、iPhoneを利用する軍用ソフトウェアの構想を2009年12月に発表しており、文字メッセージの送受信、計画立案、報告などの用途に活用したいとしている。こうしたスマートフォンはGPS受信機を内蔵している場合が多いため、それを使って位置情報を送信する、OFT（One Force Tracker）というソフトウェアも用意した。早い話が、携帯電話がBFTの端末に化けることになる。

そのレイセオン社は、グーグル社が開発した携帯電話用ソフトウェア・Androidを活用する、RATS（Raytheon's Android Tactical System）と称する製品群を2009年10月に発表している。情報配信の手段としてはDIB（DCGS Intelligence Backbone）を使い、さらに情報の収集・分析を行なうソフトウェアを個々の端末機で動作させることもできるとしている。なお、DIBとはDCGS（後述）の基盤となるシステムだ。

ところが、米軍ではiPhoneの採用には消極的なようだ。その理由は、iPhoneがアップルの裁量下にある技術で作られていることと、価格の高さが原因だとされる。むしろ、オープン規格のAndroidの方が好ましい、というのが国防総省の見解だ[49]。

FBCB2と砲兵隊の連携

米陸軍の砲兵隊では射撃指揮用の情報処理システムとして、AFATDS（Advanced Field Artillery Tactical Data System）を導入している。これは、E-8ジョイントスターズやUAVなど、各種のISR資産を通じて入手した敵情のデータに基づいて、射撃指揮を行なうためのシステムだ。どこに目標があるのか分からなければ、砲兵隊が目標を精確に狙ってつぶすことはできないから、こうした情報面の支援は重要である。

そのAFATDSは敵情に関するデータを持っているわけだから、その情報をFBCB2などを利用して他の部隊と共有すれば、敵情に関する情報を共有する範囲を拡張できる。逆に、戦車や歩兵戦闘車などが敵と交戦した際に、その情報を送信して砲兵隊と共有すれば、支援砲撃を要請する作業が容易になる。

そのほか、砲兵隊は最前線に観測員を派遣して、正しい場所を砲撃できるように観測させるのが通例だから、そちらも情報源になる。砲兵隊の前線観測官（Fire

Support Team。FSTまたはFISTという)、あるいはJTACやJFOなどに、しかるべき機材を持たせておけばよい。そこで使用する機材の例として、以下のものがある。

- FOS（Forward Observer System, 米陸軍）
- TACP–CASS（Tactical Air Control Party Close Air Support System, 米空軍）
- TLDHS（Target Locator Designator Handoff System, 米海兵隊）
- BAO（Battlefield Air Operation, 米特殊作戦軍団）

市街戦における個人レベルの位置把握

筆者は以前、映画「ブラックホーク・ダウン」を見に行って、重傷を負った米軍の兵士に応急手当を施す場面で貧血を起こして倒れてしまったことがある（苦笑）。

この一件で問題になった点のひとつに、目標付近にヘリで投入された兵士がバラバラになってしまい、指揮官にとっても現場の兵士にとっても、位置の把握が難しくなった点が挙げられる。地上にいる兵士がまとまって行動できれば各個撃破されにくいし、手持ちの火力を集中できる。ところが、バラバラに散らばってしまうと敵の攻撃に対して脆弱になる上に、AH-6リトルバードから火力支援を受けようとしても、同士討ちのリスクが増大するために迂闊に撃てない。

開けた砂漠であれば無線通信によって位置情報をやりとりするのは比較的容易だが、市街地ではその無線通信の障害となる建物などがたくさんある上に、建物の中に入ればGPSによる測位ができない場面も出てくる。そのため、FBCB2とBFTの組み合わせだけでは足りない。

そこで、米国防総省の研究機関、DARPAがITT社に開発させたのがSUOSAS（Small Unit Operations Situational Awareness System）だ。このシステムを使うと、指揮官は手元のディスプレイを見るだけで、部下の誰がどこにいるかを把握できる。2002年にジョージア州フォート・ベニングにある市街戦訓練施設を使って、米陸軍のレンジャー部隊がデモンストレーションを実施した[50]。

SUOSASでは、兵士ひとりひとりに発信器を持たせて位置情報を送信させるだけでなく、ネットワークの構成にも工夫した。いわゆるP2P（Peer-to-Peer）型で、誰か特定の個人、あるいは機器に情報を集約するのではなく、個々の発信器同士が互いに情報をやりとりしながら蓄積することで、全体状況が分かるような情報を構築する仕組み。こうすると、特定の兵士がやられたためにネットワーク全体が崩壊するような事態を防ぐことができる。

SUOSASそのものはデモンストレーションを行なっただけだが、こうした研究開発の成果が後になって、さまざまな分野で活用されているはずだ。

❷ 戦術レベルの指揮管制とITの関わり

コンピュータと戦術指揮の関係

続いて、戦術指揮とコンピュータの関わりについてみていこう。いわゆるBMS（Battle Management System）の領域だ。

軍事作戦を立案・遂行する際には、以下のような流れをとる。

1. さまざまなISR資産から得た情報を基にして作戦計画を立案
2. 指揮下にある個々の部隊に対して、任務を割り当てる
3. 指揮下の部隊を、しかるべき場所に配置
4. 任務の発動を指令
5. その後の状況について、監視・判断して、必要なら指令を出す

米空軍のジョン・ボイド大佐が提唱したOODAループ（Observe-Orient-Decide-Act、監視・状況判断・意志決定・行動を繰り返すループのこと）を実地の用語に噛み砕くと、こんな内容になるだろうか。

昔なら、これらの作業を頭の中と紙の上で行なっていたが、現代ではコンピュータ化している。それにより、扱うことができる情報の量を増やしたり、情報や指令を処理・伝達する速度を高めたり、人力で行なっていた作業を自動化したり、といったメリットを得られる。また、すでに解説したようにコンピュータとデータ通信網の組み合わせであれば、紙に書いたものを行き来させるよりも速く、口頭でやりとりするよりも確実に、情報や指令をやりとりできる。

つまり、最終的な意志決定と任務の遂行を行なうのは人間だが、その意志決定や任務遂行を迅速・精確・確実なものにするために、コンピュータと情報通信網が支援する、という構図になる。そこで使用するコンピュータのことを、指揮統制システムという。武器管制の世界では指揮管制システムというが、対象が異なることから、指揮統制システムと訳す方が適切だろう。

コンピュータが関わってくる具体的な仕事としては、ISR資産から得た監視情報の提示、それによる意志決定の支援、任務割り当てと作戦計画の立案支援、交戦と武器の操作、といったところが挙げられる。最後の「交戦と武器の操作」は人間の手で行

なう場合も多いが、イージス戦闘システムのように、目標が消滅するか兵装を撃ち尽くすまで、自動的に交戦を続ける場合もある。

いいかえれば、OODAループを回そうとしたときに、それを阻害する要因を取り除くのがコンピュータの仕事であり、逆に阻害要因を増やしてしまうのは良くないシステムである、といえる。

たとえば、最初の「O」（監視）についていえば、生のデータが大量に流れ込んできて収拾がつかない状況を作り出すのは問題であり、コンピュータの支援によって重要な情報を選り分けて分かりやすく提示してくれる方が助かる。しかし、その際に重要な情報まで切り捨ててしまうのでは、これまた問題がある。

二番目の「O」（状況判断）では、対空戦における脅威度判断が典型的な事例といえる。さまざまな方面から多数の経空脅威が発生した場合、どれがもっとも脅威度が高いか、どの順番に要撃交戦するべきか、といった判断に際してコンピュータを援用するのは有用性が高い。その典型例がイージス戦闘システムといえる。

対空戦の指揮管制（SAGEシステム）

具体的な指揮管制の事例として、対空戦について取り上げてみよう。対空戦とは、航空機やミサイルといった経空脅威を排除するための戦闘行動、と定義することができる。

すでに第4章でも取り上げている話だが、対空戦ではコンピュータによる脅威判定の重要性が高い。航空機やミサイルといった経空脅威は一般的に移動速度が速いので、迅速かつ確実な対応が求められる。ステルス性を備えている相手であれば、脅威が近くまで来てから突発的に存在に気付く可能性もある。

そこで監視や脅威判定を誤ると、見逃したターゲットが大きな脅威になり、大損害につながる可能性がある。その典型例がミッドウェイ海戦といえる。特攻機の攻撃を受けた経験が、米海軍で艦対空ミサイルの開発（バンブルビー計画）や早期警戒機の開発につながったのも、戦略爆撃の経験と核兵器の開発が米空軍の「ボマー・ギャップ」への（後からしてみれば過剰ともいえる）対応につながったのも、経空脅威の深刻さを認識していたから、といえそうだ。

艦対空ミサイルの話は後回しにして、ソ連との間のボマー・ギャップ、自国の本土にソ連軍の爆撃機が侵入して来る事態にどう対処するかと考えた、米空軍の話から始めよう。話は1950年代にさかのぼる。

1949年12月に「バレー委員会」（ADSEC：Air Defense System Engineering Committee）が発足して、北米全体を対象にした防空計画の策定に乗り出し、アナログ方式とデジタル方式の両方について、自動化された防空システムを実現するための研究を進めていた。その後、1950年代に入ってから国防長官官房（OSD：Office of Secretary of Defense）のWSEG（Weapons Systems Evaluation Group）やマサチュー

セッツ工科大学のチャールズ・プロジェクトなども、防空システムに関する研究を実施した。

これらの研究から生み出されたのが、デジタル・コンピュータが管制する対空捜索レーダーのネットワークと、自動化した防空指揮システムを組み合わせるコンセプトだ。これにSAGE（Semi Automatic Ground Envieonment）という名前がついたのは1954年の話になる。

SAGEでは、アメリカ本土を23のセクターに区切り、セクターごとに指揮施設やレーダー網を設置して防空作戦を実施する仕組みをとった。想定する脅威は北極圏を超えて侵入してくる爆撃機なので、それを探知するためのレーダー網はアメリカ北部とカナダに展開しており、北から順に「DEWライン（Destant Early Warning line）」「カナダ中央網（Mid-Canada Line）」「パインツリー網（Pinetree line）」という。

レーダーによって得られた情報は、アナログ電話回線とモデムの組み合わせによって、管制センターに置かれたIBM製のコンピュータ・AN/FSQ-7に入る。システム全体で56台のコンピュータがあり、障害発生時のシステム停止を防ぐために二重化構成になっていた。だから、管制センターごとに2台のAN/FSQ-7が置かれる。管制センター同士を結ぶ通信網もあり、こちらもアナログ回線とモデムの組み合わせになる。

そして、管制センターに置かれたコンピュータが敵情の把握と脅威判定を行なう。もしも要撃の必要ありと判断した場合には、F-102やF-106といった防空戦闘機を発進させて、コンピュータが算定した要撃ポイントに向かわせる。また、ボマークやナイキ・ハーキュリーズといった大型の地対空ミサイルも指揮下に入れた。

このシステムは、ニュージャージー州のマクガイア空軍基地（McGuire AFB）を皮切りに稼動を開始して、1961年には北米全土をカバーした。ところがこの頃には弾道ミサイルの時代になり、爆撃機が侵入する可能性が低くなってしまったのは、よく知られている話だ。後に、日本やNATOも似たような防空システムを構築しており、日本ではBADGE、NATOではNADGEという名称がつけられた。

ちなみに、1台のAN/FSQ-7で、70個の箱と58,000本の真空管が使われていたという。消費電力や発熱も、大変なことになっていただろう。こんな複雑怪奇なシステムでありながら、AN/FSQ-7は年間4時間以内しか停止しなかったというからすごい。

対空戦の指揮管制（イージス武器システム）

一方、洋上における経空脅威の双璧といえば、航空機と、対艦ミサイルによる飽和攻撃だ。

1967年10月の第三次中東戦争で、イスラエル海軍の駆逐艦エイラートが、エジプト海軍のミサイル艇から発射されたSS-N-2ステュクス対艦ミサイル（ソ聯側名称P-15）によって撃沈された、いわゆる「エイラート号事件」が発生したことも、対艦ミサイルに対する脅威認識の高まりに輪をかけたといってよいだろう。

図9.2：AN/SPY-1レーダー（筆者撮影）

図9.3：AN/SPG-62射撃管制レーダー（筆者撮影）

一方、第二次世界大戦で特攻攻撃を経験した米海軍は、戦後にバンブルビー計画を推進、RIM-8タロス、RIM-2テリア、RIM-24ターターという、いわゆる「3Tミサイル」が出揃った。命中精度や信頼性の話はともかく、指揮管制という観点からすると、これらのシステムには重大な問題がある。

それは、レーダーなどのセンサーで得られた目標情報について、人間が脅威判定を行ない、手作業でミサイルの射撃管制システムにデータを入れなければならない点だ。これでは時間がかかりすぎるし、判断ミス・入力ミスの可能性もある。そして、誘導方式にセミアクティブ・レーダー誘導を使用しているため、同時多目標処理能力にも限りがある。

そこで、こうした経空脅威に対抗する目的でタイフォン・システムの開発が始まったものの、あまりの複雑さに技術レベルが追いつかず、計画が中止になった。その遺灰の中から登場したのが、おなじみのイージス戦闘システムだ。イージスAEGISとは、ギリシア神話に登場する、大神ゼウスが女神アテナに与えた盾・アイギスaigisのこと。つまり、艦隊を護るための盾、という趣旨のネーミングだ。

いわゆるイージス・システムは、艦が搭載するすべてのウェポン・システムを包含する「イージス戦闘システム」と、その中でもスタンダード艦対空ミサイルを使った対空戦の部分を担当する「イージス武器システム」に分類される。

すでに御存知の方が多いと思うが、イージス武器システムのポイントは、自動化交戦と同時多目標処理機能にある。それを実現するための要素技術が、以下のものだ。

・全周を"同時に見る"ことができるAN/SPY-1フェーズド・アレイ・レーダーの導入による、状況認識の改善
・慣性航法と指令誘導による中間誘導を取り入れたことで、ミサイル誘導レーダーによる照射を最終段階だけで済ませるSM-2艦対空ミサイル

・脅威評価と目標指示の自動化

　イージス武器システムは、AN/SPY-1レーダーが捕捉した目標を追跡して、未来位置を予測するとともに脅威判定を行ない、優先度が高いと判断した目標から順に、予測した未来位置をSM-2ミサイルに入力して発射する。SM-2は慣性航法装置によって自動的に飛翔するが、ミサイル発射後に目標が針路を変更した場合には、AN/SPY-1から修正指令を送る。そして、ミサイルが目標に接近したら、Mk.99射撃指揮装置からの指令を受けてAN/SPG-62イルミネーターが目標を照射、ミサイルはその反射波をたどって命中する。

　その結果、イージス・システムでは同時に空中に上げておけるミサイルの数が劇的に増加して、タイコンデロガ級イージス巡洋艦では同時16目標、アーレイ・バーク級イージス駆逐艦や日本のこんごう級では同時12目標の要撃を可能にした。

　イージス・システムほどではないが、海上自衛隊が導入したATECS（Advanced Technology Combat System）でも同様に、センサーからのデータ入力を自動化して処理の迅速化・確実化を図るとともに、同時多目標処理能力を改善している。

　その中核になっているのが、戦術情報処理装置・OYQ-10（ACDS：Advanced Combat Direction System）と、そこからSWAN（Ship Wide Area Network）を介してネットワーク化された各種システムだ。艦対空ミサイルの射撃指揮には00式射撃指揮装置3型（いわゆるFCS-3）、対潜戦にはASWCS（Anti Submarine Warfare Control System）、電子戦にはEWCS（Electronic Warfare Control System）を使用している。

　想定している脅威もシステム構成に違いはあるが、SAGEでもイージスでもATECSでも、センサーからデータを自動的に受け取ったコンピュータが、脅威判定と武器割り当て、さらに要撃交戦の指示まで担当するところにポイントがある。そこでキモになるのが、脅威判定と武器割り当てを担当するソフトウェアと、その動作原理を決めるアルゴリズムだ。アルゴリズムの話については、すでに第4章で取り上げているので、ここでは割愛する。

AWACSにおける、センサーと指揮管制機能の融合

　続いて、同じ対空戦でも、より指揮管制の話に集中して、AWACS機について取り上げてみよう。

　軍事作戦における航空機の利点は、戦場を立体化して、地形に関係なく高所から敵を監視、あるいは攻撃できるようになった点にある。だから、戦場の空を押さえることは、陸戦、あるいは海戦を有利に運ぶ上で重要な要素となる。

　その航空機を監視する主要な手段といえばレーダーだが、レーダーによる対空捜索でも、高所を押さえることの重要性に変わりはない。地上、あるいは海上の艦船に設

図9.4：米空軍のAWACS機、E-3セントリー（USAF）

図9.5：E-3の機内。多数の管制用コンソールが並んでいるが、これがE-3の中枢機能となるもの（USAF）

置したレーダーは、地球の丸みのせいで見通せる範囲が制限されるが、レーダーの設置場所を高くすれば、それだけ制約を緩和して遠方まで監視できるようになる。つまり、その分だけ敵の存在を早期に探知できる。だから、レーダーサイトは山の上に設けられることが多い。

それなら、航空機にレーダーを搭載して、空飛ぶレーダーサイトにすればよい、という発想が出てくる。これが早期警戒機（AEW：Airborne Early Warning）だ。ドップラー効果の利用により、上空のレーダーから下方を見下ろした場合でも、地面からの反射波の中に探知対象が紛れ込む事態を回避できるようになったため、さらに有用性が増した。

しかし、単にレーダーを空中に上げるだけでは、そのレーダーと指揮所との情報伝達という問題が残る。それならいっそのこと、レーダーだけでなく指揮所の機能まで一緒にしてしまえ、ということで登場したのが、E-3セントリーやE-767を初めとする、空中警戒管制機（AWACS：Airborne Warning And Control System）だ。

E-3を例にとると、背中に取り付けた直径9.14mの回転式レドーム（ロートドーム）の中に、AN/APY-1、あるいはAN/APY-2レーダーを収容している。機内には14名分（この数はモデルによって異なる可能性がある）の管制用コンソールを設置しており、戦線の後方上空を周回飛行しながら、敵と味方の航空機の動きを把握して、味方の戦闘機に対して指令を出す。

かつては、レーダーを搭載した戦闘機は「全天候戦闘機」とか「夜間戦闘機」とかいう形で特別扱いしていたが、現在ではレーダー装備は当たり前になったので、こうした言葉も死語だ。しかし、いくら戦闘機に搭載するレーダーが高性能化しても、捜索可能距離でも識別能力でも、AWACS機のレーダーにはかなわない。

だから、高性能のレーダー、そのデータを見ながら指令を出す管制員、管制員の業

務を支援するための情報処理用コンピュータ、優れた通信機能、といった要素を併せ持つAWACS機は、現代の航空戦におけるキングといえる。

ゆえに現在の米軍では、戦闘機のパイロットに対して敵機の撃墜許可を出すかどうかは、AWACS機に乗った管制官が決める。戦闘機のパイロットはAWACS機からの指示を受けて敵機のところまで誘導され、AWACS機からの射撃許可が出た時点で初めて敵機と交戦できる。

AEWとAEW&CとAWACSの違い

といったところで、余談をひとつ。

早期警戒機はレーダーをエアボーンしたもの、AWACS機はレーダーと管制機能を一緒にエアボーンしたもの、と考えれば分かりやすいが、実際にはさらに早期警戒管制機（AEW&C：Airborne Early Warning and Control）という区分があるからややこしい。AEW&C機でもレーダーと管制員を乗せていることに違いはないのだが、それならAWACS機とどう違うのさ、という疑問が生じるのはもっともだ。

どれも外見は似ているが、機体の規模やレーダーの性能が異なる。実は、もっとも大きく異なるのは指揮管制・通信機能の部分だ。「AEW → AEW&C → AWACS」の順番で能力が向上する、と考えていただければよい。

AEWというと、単にレーダーを飛行機に載せて空中に上げたもの、といえる。機内に備えたレーダー・スコープで状況を読み取って指示を出すことはできるが、管制機能は限定的だ。

AEW&Cでは、限定的ながら指揮管制機能が加わる。現代では、純然たるAEW機では実戦の役に立たないので、限定的な管制機能を備えたAEW&C機が一般的だ。現時点で使われている空中レーダー・プラットフォームのうち、後述するAWACS機に分類される機種以外は、すべてこれに該当するといってよい。機内には数名分の管制員席を設けて、レーダー情報を表示するコンソールや通信機器を備える。データリンク機能を備えるものも多くなった。

もともとAEW&C機として開発された機体には、E-2ホークアイがある。また、既存の旅客機やビジネスジェット機に、レーダーを初めとするミッション機材を追加搭載する形で実現した機体もいろいろある。以下に、その例を示す。

- ボーイングB.737-700 AEW&C（ノースロップ・グラマン製MESAレーダーを搭載）
- サーブ2000AEW&C（サーブ製エリアイ・レーダーを搭載）
- サーブ340AEW&C（サーブ製エリアイ・レーダーを搭載）
- エンブラエル145AEW&C（サーブ製エリアイ・レーダーを搭載）
- ガルフストリームG550 CAEW（Conformal Airborne Early Warning & Control、

IAI/Elta製EL/W-2085早期警戒システムを搭載）
・イリューシンIl-76TD（A-50I。IAI/Elta製EL/M-2075ファルコン・レーダーを搭載）

　こうした機体では、レーダーを初めとするミッション機材を独立した製品にしておいて、顧客が希望するプラットフォームに搭載できるようにしている場合もある。その一例がサーブのエリアイ・レーダーで、上の一覧にあるように、搭載機が複数ある。もっとも実際には、レーダー・アンテナの追加による空力面の影響や重量配分の変動、消費電力の増加といった問題があるので、どの機体にでもポン付けできるというわけではない。

　そのエリアイ・レーダーには複数のバリエーションがある。いずれも棒状の固定式アンテナを備えるが、古いS100Bエリアイはカバー範囲が左右それぞれ120度ずつしかなく、前後に60度ずつの空白域ができた。常用高度6,000mにおける探知距離は最大450km、戦闘機サイズの目標なら330km、洋上目標なら320kmとなっている。それに対して、新型のPS-890エリアイではカバー範囲が左右それぞれ160度ずつに広がっている。

　使用する周波数帯はSバンド（3GHz）、200個のソリッドステート・モジュールで構成するアンテナの長さは9m、重量は900kgある。この探知距離やカバー範囲の件をみても、探知可能距離が400kmを軽く上回るとされるE-3と比べると見劣りすることが分かる。他のAEW&C機搭載用レーダーでも、事情は似たり寄ったりだろう。

　とはいうものの、AWACS機とAEW&C機を区別する最大のポイントは探知可能距離ではなく、どれだけ管制機能を充実させているかだ。現時点でAWACSと呼んで差し支えない機体は、E-3セントリーとE-767ぐらいのものだろう。イリューシンA-50メインステイもAWACS機に分類されることが多いが、管制能力のレベルについてはよく分からない。

　AWACS機では、一般的な無線通信に加えて衛星通信やデータリンクの機能も備える。センサーについても、E-3はレーダーに加えてESMまで備えており、AEW&C機に差をつけている。センサーの種類が増えれば探知能力の幅が広がるが、その分だけ情報処理の機能も強化しなければならない。つまりAWACS機は単なる空中レーダーではなく、情報が集まる「ハブ」であり、指令を出す「頭脳」でもある。

陸戦の指揮とBMS

　ここまで、対空戦と指揮管制装置について取り上げてきた。対空戦ではスピードの速さが問題になるため、人間の能力では追いつけない部分をセンサー・コンピュータ・ネットワークによって補う必要性が高く、それだけに早い時期からITとの関わりが生じたといえる。

それと比較すると陸戦の場合、車両の移動速度は航空機やミサイルと比べて一桁遅い等の事情が影響したのか、特に作戦指揮分野におけるIT化は遅かったといえる。

とはいえ、紙の地図と無線機だけでは状況認識に問題があるのは紛れもない事実であり、実際、それに起因するトラブルも起きている。そこで、状況認識や指揮・統制の改善を図り、意志決定の的確化・迅速化を支援するため、指揮統制システム（BMS）が持ち込まれるようになった。

基本的な考え方は他の分野と似ている。まず、指揮下の車両や個人が持つ位置報告機能を使って友軍の、ISR資産からの情報を使って敵軍の情報を集める。そうしたデータを分析・融合して地図画面上に表示、それをネットワーク経由で、組織の部隊全体で共有する。これをベースにして「情報の優越」を実現する。

陸戦用のBMSでは「プラットフォーム内部」「大隊」「聯隊・旅団」「師団・軍団以上」といった具合に、組織階梯に応じたシステムを構築、それらを互いに連結する形でシステムを構成している。そのため、BMSの名前が何か出てきたときに、それが組織階梯の中でどこに対応するものなのかを把握しておかないと、訳が分からないことになりそうだ。

陸戦用BMSの具体例

たとえば、すでに取り上げている米陸軍のIVISは、戦車大隊のレベルで使用する情報共有手段だ。本来、IVISは「神の車」ことM4指揮車と組み合わせることで情報の優越を実現する構想だったが、諸般の事情により、M4の開発は中止になってしまった。

そして、旅団以下のレベルではFBCB2を使用している。FBCB2は、イラク戦争の頃に使われていたTI（Tactical Internet）とATCCS（Army Tactical Command and Controls System）を一本化、さらにABCSと連結する形で実現したもので、ノースロップ・グラマン社が担当している（後にDRSテクノロジーズ社も加わった）。戦車や歩兵戦闘車だけでなく、AH-64D攻撃ヘリやOH-58D観測/攻撃ヘリにもFBCB2のターミナルを搭載した。

同種のシステムとして、仏陸軍のSITEL（Système d'Information Terminaux Elémentaires）がある。これはサジェム社が開発したTACTIS指揮統制システムを陸戦用BMSとして導入したもので、ターミナルはSIT（Systeme d'Information Terminaux）、それを使用するシステムをSITELと呼ぶ。実は、SITの正体はWindowsが動作するパソコンで、そこでBMS用のソフトウェアが動作して、武器の管制や戦術情報の送受信・表示などといった機能を実現している。

SITターミナルを装備している車両としては、ルクレール戦車とAMX-10RC装甲車があり、さらに新型のVBCI（Véhicule Blindés de Combat de l'Infanterie）にも装備する予定。初期バージョンのSIT V1に続いて、通信機器を更新したSIT NCiや、機器を

小型化して個人で携帯できるようにしたOff Vehicle SIT V1も登場している。

SITELは大隊以下のレベルで使用するので、位置付けとしてはIVISとM4の組み合わせに似ている。その上位、聯隊レベルのBMSはSIR（System d'Information Regimentarie)、師団・軍団・軍レベルで使用するBMSとしてはSICF（Système d'Information et de Commandement of the Forces）があり、こちらはタレス社製だ。

英陸軍ではゼネラル・ダイナミクスUK社を主契約社として、高い抗堪性を備えるデジタル通信システム・Bowmanの導入を進めている。車両・ヘリコプター・艦艇・指揮所など、18,000あまりのプラットフォームに導入する計画だ。これは単なるデータリンクではなく、音声通話、データ通信（HCDR：High Capacity Data Radio）、車両内で使用するインターコム、戦術インターネットといった、各種の通信を包含するシステムだ。

通信の機能については、HF/VHF/UHFを使い、アナログ通信に加えて伝送速度16kbpsのデータ通信が可能となっている。また、既存の電話網や衛星通信機材とはゲートウェイを介して接続する仕組みになっている。暗号化に使用する鍵情報はBKVMS（Bowman Key Variable Management System）が管理する。

Bowmanは通信と指揮・統制を一体化した、いわばC3システムといえる。

まず指揮・統制機能（CBM（L)：Command Battlespace Management（Land））を司るのはComBAT（Common Battlefield Applications Toolset）で、メッセージ送受信、レポート、任務計画支援といった機能を提供する。こうした、戦闘指揮に使用するソフトウェア群のことを、BISA（Battlefield Information Systems Applications）と呼んでいる。

その際に重要な意味を持つのが味方の位置情報だが、米軍のBFTと同様に、GPSを用いて割り出した位置情報を個人、あるいは車両からネットワークに自動送信する仕組みになっている。そこで使用するのが、APLNR（Automatic Position Location and Navigation and Reporting）だ。送信したデータを取りまとめることで味方の展開状況が分かるが、そのデータは携帯式、あるいは車載式などの各種ターミナルで表示する。

このBowmanは第12機械化旅団が最初に導入して、2005年11月からスタートしたイラク派遣任務（Operation Telic 6）で実戦投入した。それに続くOperation Telic 7では第7機械化旅団が、Bowmanを装備して出征している。このほか、オランダ海兵隊でも、NIMCIS（New Integrated Marines Communications and Information System）という名称でBowmanシステムの導入を決定している。

イスラエル陸軍では、ネットワーク化・情報化を図るプログラムとしてDAP（Digital Army Programme）構想を推進、Tsayad（狩人の意）と呼ばれるデジタル通信網を整備する計画を進めており、これはオランダ軍でも採用を決めた。

そのTsayadには、もちろんBMSの機能も組み込んでおり、エルビット・システムズ社のTORC2H（Tactical Operational Command and Control Headquarters）という

システムをベースにしている。その下で、大隊レベルで運用するBMSとしては、WINBMS（Weapon Integrated Battle Management System）がある。TORC2HにはBEST（Battlefield Enhanced Smart Training）という組み込み訓練機能があるので、BMSを利用した図上演習（？）も実現可能だろう。

プラットフォームを単位にしてみると、メルカバMk.4戦車から戦車同士のネットワーク化が可能になっている。その前のMk.3ではMa'anakシステムとして、戦車内部にイーサネットのネットワークを構築してセンサーやコンピュータを連携させていたが、Mk.4では、それを無線経由で他の車両とも接続した形になる。日本で開発中の新戦車・10式戦車（TK-X）やフランスのルクレール戦車なども、同様に戦車同士が無線ネットワークを構成して、自車位置や目標などの情報共有を実現できる。

SAR/GMTIと戦場監視機

第8章③の「合成開口レーダーと逆合成開口レーダー」の項で取り上げたSAR/GMTIを利用すると、通常の航空機搭載レーダーでは得られないような、高い分解能を得ることができて、地上の地形や地上の車両まで探知できる。航空機だけでなく衛星にSARを搭載する用途もあり、地上の地形・建物などを天候に関係なく調べる目的で用いられている。日本が運用している情報収集衛星にも、SARを搭載したレーダー衛星がある。

こうしたセンサーを利用すると、陸上版AWACSとでもいうべき機能を実現できる。それが戦場監視機と呼ばれる航空機の一群だ。たとえばE-8ジョイントスターズはSAR/GMTI機能を備えるAN/APY-3レーダーを搭載して、地上の車両の動静を上空から把握できる。その情報を、口頭で、あるいはデータリンクを通じて地上の友軍に送信すれば、得られたデータを利用して戦闘を有利に運ぶことができる。

単に敵味方の位置関係だけでなく、車輌の移動パターンを基にして、相手が何者なのかを推測することもできる。たとえば、戦線の後方で車列が横一線に展開すれば、それは支援砲撃を担当する砲兵隊の可能性が高い。また、戦線の後方で行ったり来たりしている車輌があれば、後方の集積所と前線の間を行き来している補給車両隊の可能性が高い。こういった移動パターンを蓄積することで、敵が使用し

図9.6：E-8Cジョイントスターズ。この機体の中核になるのが、前部胴体下部に設置した、SAR/GMTI対応のレーダーだ（USAF）

ている移動経路や補給物資集積所の場所を推測することもできる。

こうした情報は、把握したら直ちに前線に伝達して有効利用しなければならない。だからAWACSの場合と同様、戦場監視機と指揮管制機能を融合することには重要な意味がある。SAR/GMTIによって戦場監視を行なうだけならTR-1でも可能だが、E-8はAWACS機と同様に、機上に管制員を乗せて指揮管制機能を持たせている点で差をつける。

もっとも、通信関連の技術が進化している昨今では、必ずしも機体側に管制機能を載せる必要はない。得られたデータをすべて、リアルタイムで地上に送信できるのであれば、地上側に充実した管制設備を整えれば同じ結果を得られる。そうすることで機体を小型化してコストを下げられるし、さらにUAVを利用すれば長時間運用にも無理がない。もっとも、それが実現可能になったのはレーダーの技術が進歩して、UAVに搭載できるような小型のSAR/GMTI対応レーダーができたからだが。

そうした考え方を実現した例としては、英空軍のASTOR（Airborne Stand-Off Radar）がある。中核となるのは、ビジネスジェット機のグローバルエクスプレスにSAR/GMTI対応レーダーを搭載した機体で、センチネルR.1という。機体が小さいため、地上管制ステーションで処理を分担している点にE-8との違いがある。

そのほか、NATOで導入計画を進めているAGS（Alliance Ground Surveillance）計画もある。当初、AGSはエアバスA321にレーダーを搭載する有人機とRQ-4グローバルホークにレーダーを搭載する無人機を併用する構想だったが、2007年に計画を修正してRQ-4だけとなった。それに伴い、計画総経費も33億ユーロから15億ユーロに抑えた。

現在のAGS計画では、E-8用に開発した改良型レーダー・MP-RTIP（Multi-Platform Radar Technology Insertion Program）の技術とグローバルホークを組み合わせたシステムを開発することになっており、2010年10月に発注契約を締結、2012年からデリバリーを始めることになっている。機体やレーダーはすでに開発済みの製品を活用しており、地上管制ステーションについてはヨーロッパのメーカーも相乗りする形で共同開発する。

余談だが、「神の目から見た景色」を前線に知らせてくれる、戦場監視機やAWACSのような航空機のことを、戦力を何倍にも増やしたのと同等の効果を発揮するという意味で、「フォース・マルティプライヤー」という。

砲戦と対砲兵射撃と指揮管制

第2章③「コンピュータと射撃指揮」で、艦砲を主な対象として砲煩兵器の射撃指揮について解説した。陸上の砲戦でも砲煩兵器そのものの基本的な原理に違いはないが、対砲兵射撃（counter battery）を避けるために迅速に移動する必要がある、目標が動かない代わりに高い命中精度が求められる、といった具合に、洋上の砲戦とは

違った難しさがある。

特に問題になりやすいのが、対砲兵射撃だろう。これは、味方の砲兵が敵の砲兵を攻撃目標とする行為のことで、目標の位置はUAVなどのISR資産、あるいは対砲兵レーダーによって突き止める。対砲兵レーダーは、飛来する砲弾の弾道を逆にたどる形で追跡して、それを発射した火砲の所在を突き止めるレーダーだ。当然、砲撃を行なう側では敵が対砲兵レーダーで警戒していると考えなければならない。

だから、位置について目標に狙いをつけて砲撃を行なったら、直ちに片付けて移動しなければならない。砲撃を行なった後も同じ場所でノンビリしていると、たちまち位置を突き止められて対砲兵射撃を受ける可能性がある。迅速に空輸展開するには牽引砲の方が有利だが、それでも大きくて重くて高価な自走砲がなくならないのは、こういう場面で機動性を発揮しやすいからだ。

しかも、位置についたら迅速に射撃を行ない、撃ち終わったらパッと移動しなければならないということは、現在位置の確認、あるいは目標データの取得と砲の指向といった作業を、可能な限り迅速に行なわなければならないという意味になる。

こうした事情により、現代の砲兵隊には、慣性航法装置やGPSを用いた精確な位置標定、ネットワーク化による迅速な目標情報の入手、射撃統制システムによる精確な照準、といった機能を実現できる射撃統制システムを必要としている。単に自走化によって機動力を高めればよいという話ではない。

さらに、同じ場所に長く留まっていられないということは、短時間の間に高い打撃力を発揮しなければならないという意味になる。そこで、同時着弾砲撃といって、複数の火砲が同じ目標に対して集中的に、かつほとんど同時に砲弾を撃ち込んで、一気にカタをつけることも求められる。ところが、射撃を行なう複数の砲はそれぞれ位置が異なるから、設定する諸元を変えなければならない。そこで着弾のタイミングから逆算する形で諸元を与えて射撃を行なわせる場合にも、コンピュータによる射撃統制システムが必須となる。

対潜戦の指揮管制

対空戦のようなスピードの速さは持ち合わせていないが、人力によって対処するには経験と熟練が必要で、それでいてコンピュータ化が難しい分野としては、対潜戦（ASW）が挙げられる。

どうしてそういうことになるかというと、目標の探知・追尾が難しい、それを補うためにさまざまな種類のセンサーを併用する必要がある、逆探知を避けるためにアクティブ探知を多用しづらい、といった理由が考えられる。

海中に潜んだ潜水艦はレーダーでは探知できないのでソナーを使用するが、水中では音波が常に直進するわけではない。伝播状況は海水の温度や塩分濃度などによって変動する。しかも、アクティブ探知を行なえば相手が先に逆探知して回避行動を取っ

てしまうため、方位しか分からないパッシブ探知に頼って捜索しなければならない。

だから、何かをパッシブ探知した場面で、とりあえず目標の針路・速力を大雑把に予測した上で、移動・探知を繰り返しながら徐々に精度を上げていく、といった作業も必要になる。この「とりあえず、エイヤッと決める」のは、コンピュータにはなかなか難しい作業だ。だから、人間でなければ行なえない部分の判断や意志決定は人間に任せて、それをセンサーやコンピュータが支援する、という形にならざるを得ない。

ただし、対潜哨戒機や対潜ヘリがソノブイを配置する際には、事情が異なる。穴が空かないように精確なブイ・パターンを構成する必要があるが、それにはコンピュータ制御によって機体をブイ・パターンに沿って精確に飛行させる必要がある。そして、適切な位置で順次、ソノブイを投下していくわけだ。こうした作業は、人間による手作業よりコンピュータ制御の方が向いている。

そうやって得られたデータに基づいて潜水艦を追いつめていくことになるが、ソナー、レーダー、MAD（Magnetic Anomaly Detector）など、さまざまなセンサーからの情報を取り込んで分析した結果をオペレーターに提示して判断を委ねる、といった形になりそうだ。

将来個人用戦闘装備と情報化の関係

使用する機器のサイズ・重量・消費電力、あるいは通信機器の能力などといった問題から、各種C4ISRシステムは航空機や艦艇といった大きな単位からスタート、それが徐々に下に降りてくる形で普及することが多い。最後に行き着く先は個人装備だが、それには携帯可能なコンピュータやディスプレイ、長時間駆動が可能なバッテリ、市街地や屋内でも使える通信システム、といった前提条件を実現する必要がある。

こうした、個人レベルでネットワークに組み込んで最新の情報を受け取れるようにするハイテク個人装備、いわゆる将来個人用戦闘装備として、以下のようなものがある。

・アメリカ陸軍：ランド・ウォーリア
・イギリス陸軍：FIST（Future Integrated Soldier Technology）
・フランス陸軍：FELIN（Fantassins à Equipements et Liaisons INtégrés）
・スペイン陸軍：ComFut（Combatiente del Futuro）
・ドイツ陸軍：IdZ（Infanterist der Zukunft）
・シンガポール陸軍：ACMS（Advanced Combat Man System）
・インド陸軍：F-INSAS（Futuristic Infantry Soldier-As-A-System）
・スイス陸軍：IMESS（Integriertes Modulares Einsatzsystem Schweizer Soldat）

もちろん、日本でも防衛省の技術研究本部が開発を進めている。

考え方はいずれも似ていて、無線通信網を通じて最新の情報を受け取り、それを携帯型のPCやPDAといった端末機器、あるいはHMDに表示する。また、自動小銃や擲弾発射器にはレーザー測距儀などを組み合わせて射撃精度を高めるほか、暗視装置を用意して夜間戦闘能力を向上させる。

狙いは、いつでも最新の情報にアクセスできる状況の実現と状況認識の改善、武器の命中精度向上、といったあたりになる。そこで問題になるのが、軍隊内部における情報管理のあり方かもしれない。

常識的に考えれば機密保持を優先して、"need to know"、つまり「知る必要がある人にだけ知らせればよい」という考え方をとることになる。作戦の内容を知っているのは指揮官クラスだけ、場合によっては上級指揮官クラスだけで、下っ端の人間は詳しい全体状況まで気にしなくてもよろしい、という話になる。

ところが最近では"need to share"、つまり「必要な情報は関係者同士で共有する」という考え方に変わってきた。状況認識の度合が高まるほど「情報の優越」につながり、効率的な戦闘行動が可能になる。それだけでなく、複数の軍種による統合作戦や多国籍の共同作戦が一般化したことで、軍種同士・国同士で情報を共有する必要が生じている。そうしないと、作戦の調整に問題が生じて同士撃ちなどの事故につながる。

そうなると、機密保持との兼ね合いが問題になるのは容易に理解できる。必要な情報は知らせなければならないが、それが必要でないところまで広まるのは困る。また、情報は与えるだけではダメで、それを有効に活用できなければならない。だから、情報を受け取る現場の兵士一人一人に十分な教育・訓練を施すという課題も出てくる。

❸ 作戦・戦略レベルの指揮統制とITの関わり

最後に行き着くのは全軍をカバーするシステム

　ここまで、ISRの手段と、それによって得られたデータの処理・利用について解説してきた。それを基にして状況の判断・評価や意志決定を行ない、指揮下の部隊を動かして軍事作戦を勝利に導くのが、最終的な目的となる。

　そして、軍事作戦とは戦争の一環であり、戦争とは国家が政治的意志を実現する手段だから、意志決定や作戦行動に際しては当然ながら、国家レベルの判断や意志決定も関わってくる。状況の判断・評価に際しては、情報機関が関与する必要もある。

　こうした事情から、軍事組織のIT化は現場レベルだけでは終わらない。最高指揮官から現場の兵士までをカバーする、総合的なシステムを構築する必要がある。現場からの情報を必要なレベルまで上げて、判断・評価から意志決定に至り、それをまた現場に対する命令という形で反映させる必要があるからだ。

　これは、企業における情報基盤としてのデータ通信網に当てはめてみると分かりやすい。当初は一部の部署におけるLAN導入からスタートしたものが、情報化が経営と密接な関わりを持つことから、段階的に利用範囲が拡大していって、最終的には全社規模のエンタープライズ・ネットワークを構築するようになった。それと似ている。

ネットワーク化はボトムアップ式に

　一般的には、データリンクというとプラットフォーム同士のデータ交換手段を意味することが多い。しかし、ネットワークの利用がどんどん拡大している昨今では、データ通信の利用はプラットフォーム同士のデータリンクに留まらないことが分かる。軍事作戦に関連するあらゆる情報・あらゆる指令が、共通のネットワーク基盤を通じて行き交うようになってきている。

　そこで米三軍におけるネットワーク化の流れを見てみると、陸・海・空に共通する傾向として、ネットワーク化がまず、現場の戦闘単位を基本とするところからスタートして、ボトムアップ式に成長した点が挙げられる。たとえば海軍であれば、戦闘艦同士、あるいは戦闘艦と搭載機を結ぶデータリンクが発端だし、空軍であればSAGE防空システムと迎撃戦闘機を結ぶデータリンクに源流がある。陸軍でも、戦車や歩兵

戦闘車を結ぶデータリンクが発端になった。

そうやってネットワーク化の利点が認知されてきた後で、全軍をカバーするネットワークと、それを利用して指揮・統制・情報の収集と配信など、さまざまな機能を実現するシステムを構築する流れにつながる。その過程で、さまざまな運用環境に合わせてネットワーク機器、あるいはその上で動作するシステムの開発が進められ、さらにそれを実戦で活用するためのコンセプト作りも行なわれる。

そうやって構築した全軍規模のネットワークは、単にコミュニケーションの手段というだけでなく、大量の情報を蓄積しておいて、必要に応じて取り出すことができるリポジトリでもある。リポジトリというと何のことかと思うが、「倉庫」というか「集積場所」というか、そんな意味だと考えていただければよい。IT業界で多用される表現だ。

プラットフォーム中心の考え方に立脚すると、個々のプラットフォームが必要な情報を自分で持っていなければならないことになる。ところがネットワーク中心の考え方では話が変わり、個々のプラットフォームごとに情報を抱え込まなくても、ネットワークのどこかに情報があればよいということになる。情報が必要になったときに問い合わせを出して、ネットワーク経由で情報を取り出せばよい。それが「情報リポジトリ」という言葉の意味だ。

情報の収集・分析・配信と指揮統制の関係

ただし、いくらISR資産を駆使して大量の情報を集めても、それを分析して有効利用できなければ、意味がなくなってしまう。生のデータから何らかの意味を読み取らなければ、作戦行動の土台となるインテリジェンスにはならない。そのため、情報を収集する資産だけでなく、その先の部分をカバーするシステムも必要だ。

その一例となるのが、米軍が使用している情報収集・分析・配信システム、DCGS（Distributed Common Ground System）だ。DCGSはTCP/IP上で動作するシステムで、機材を可搬式としているため、必要に応じて戦地に展開させることもできる。これをネットワーク経由で各種のISR資産と接続して情報を取得するほか、それを分析して、必要とするところに配信する機能も実現する。

また、双方向ではなく一方通行で情報を配信する、いわば放送局のような機能として、IBS（Integrated Broadcast Service）がある。さまざまなISR資産から収集した情報をJIC（Joint Intelligence Center）に集積して融合・分析した上で、各方面の部隊指揮官に対して配信するシステムだ。これを受け取る側では、IBS用の受信機（IBS-R）を装備しておく必要がある。そのIBSから発展する形で登場したのがJTT（Joint Tactical Terminal）と、そこで使用するターミナル・AN/USC-62（V）だ。（余談だが、同じJTTという名称で、空軍が使用しているJTT〈Joint Targeting Toolbox〉というものもある。こちらは、GCCS〈後述〉に組み込まれた目標情報などの配信機能だ）

このほか、商用の通信衛星も活用してデータや動画の配信を行なう手段として、GBS（Global Broadcast Service）がある。伝送速度45Mbpsの性能を持ち、最大4GBのファイルを配信可能。2008年10月に、GBSフェーズ2ブロックⅡがIOCを達成している。使用する衛星は、Kuバンドを使用する商用衛星に加えて、WGSなどを使用する。

情報の分析については、動画の分析を例にとって本章①の「動画の自動分析システムが登場」の項で解説した。その他の情報についても、収集とともに分析・分類・検索の体制を整えなければならないのは同じだ。そうやって得られた分析結果を、上記のような各種システムを通じて配信、あるいは取り出して利用する形になる。

作戦指揮システムの例（JOTS）

一方、統合軍の司令部レベルで使用する指揮・統制システムとして開発されたのがGCCS（Global Command and Control System）で、こちらもTCP/IPネットワークを使って動作する。このGCCSの後継となるのが、DISA（Defense Information Systems Agency）が所管する形で開発したNECC（Net-Enabled Command Capability）だ。DCGSを通じて得た情報、あるいはIBSを通じて配信された情報に基づいて状況の判断や意志決定を行ない、それを執行する指揮・統制手段としてGCCSやNECCを用いる、という構図になる。

GCCSは、文字・静止画・動画などといった各種情報、友軍の状況に関する情報、敵軍の動静に関する情報、作戦計画といった、軍事作戦の実施に必要とされるさまざまな情報を一元的に扱い、情報の優越を実現するシステムと定義されている。これを使って、作戦の計画・実施・管理を行なう。その際に必要とされる、データの送受信・融合・提示といった機能も実現する。

このGCCSのルーツをたどると、米海軍が1981年に運用を開始したAN/USQ-112・JOTS（Joint Operational Tactical System）に行き着く。当時の米海軍では、対潜戦・対空戦・対水上戦といった用途ごとに別々の指揮管制システムが存在していたが、それをヒューレット・パッカード社製のコンピュータを使って単一のシステムに統合して、総合的な作戦指揮・意志決定支援のためのシステムに発展させたのがJOTSだ。

ちょっと乱暴な言い方をすれば、対潜戦指揮所・防空指揮所・砲戦指揮所などがバラバラに存在していたのをひとつにまとめて、総合的な指揮所を作ったようなものだといえる。こうすることで、さまざまな脅威が同時多発的に発生した場合の対応について、効率や確実性を高めることができると考えられる。後に、JOTSは以下のように発展する。

- Link 11データリンクを追加、情報交換機能を持たせたAN/USQ-112A・JOTSⅡ
- ネットワーク化したJOTSⅢ
- 空母戦闘群のTFCC（Tactical Flag Communications Center）と統合、JOTSIXS

（JOTS Information Exchange Subsystem）によってデジタル衛星通信回線CUDIXS（Common User Digital Information Exchange Subsystem）と接続したJOTS IV。これで艦隊以外とも衛星通信リンクを確立した

・AN/USQ-119A/B/C/D・JMCIS（Joint Maritime Command Information System）

・GCCS（後述）と連携するAN/USQ-119E（V）・GCCS-M（Global Command and Control System - Maritime）

　実は、このJOTS～JMCISという流れがGCCSのベースになっているので、順番からいうと逆なのだが。

　ともあれ、JOTSの基本的な考え方は、バラバラに存在していた指揮管制・情報伝達の流れを統合するというものであり、対象やスケールは異なるが、艦上で情報と指揮の中枢としてCICを設けた考え方の延長にあるといえる。さらに、それを全軍規模に拡大していくと、いまどきのC4Iシステムにつながる。

　もともと、CICやデータリンクの導入が早かったことでも分かるように、海軍では情報処理の分野で革新が早かった傾向がある。これは、状況の変化が早く迅速な対応が求められる対空戦、あるいは状況が複雑な対潜戦といった、情報面の支援を必要とする任務形態が多かったためだろう。

　ここまでは米軍のGCCSについて解説してきたが、基本的な考え方はその他の国も同じだ。たとえばイギリスなら、GCCSに相当するシステムとしてJOCS（Joint Operations Command System）がある。その下に入る軍種ごとのシステムの例としては、海軍分野を例にとると、RNCSS（Royal Navy Command Support System/英海軍）や、MCCIS（Maritime Command & Control System/NATO）がある。

統合作戦と現代の指揮所

　CICは「軍艦」というひとつのプラットフォームの中の話だが、それを兵科、軍種、さらに統合軍・多国籍軍というレベルに拡大したのが、現在の軍事作戦におけるC4I機能ということになる。

　基本的な考え方はCICと同じで、さまざまなISR資産から入ってきた情報、敵と味方の位置関係、といった情報を指揮所に集中して、状況を判断する。そして、最高司令官が作戦の全体構想をまとめたり、発生した事態にどう対応するかを決めたりすると、それを受けて、指揮下の部隊にどんな行動をとらせるかを軍種ごとの指揮官が判断して、麾下の部隊に指令を出す。

　たとえば、米軍では地域ごとに統合軍（Unified Command）を編成している。これは、陸海空軍・海兵隊がバラバラに戦闘に関わるのではなく、統合軍指揮官に指揮権を集中する組織だ。たとえば、中東方面を担当する中央軍（USCENTCOM：US

図9.7：地球防衛軍の指揮所…ではなくて、米空軍が中東某所に設置したCAOC（USAF）

Central Command）を例にとると、最高指揮官として中央軍司令官がいる。その下に、陸軍・海軍・空軍・海兵隊・特殊作戦部隊の指揮官と、指揮下の部隊がいる。太平洋軍・欧州軍・南方軍など、他の統合軍も同じ構成だ。

　もしも多国籍作戦をとるのであれば、国ごとに並列的に並べるのではなく、軍種ごとに多国籍の編成をとる。たとえば1991年の湾岸戦争では、中央軍陸軍（ARCENT：US Army Central）麾下の第3軍以下に第XVIII空挺軍団と第VII軍団を配していたが、前者は米軍とフランス軍、後者は米軍とイギリス軍の混成だった。アメリカ・フランス・イギリスと国別の指揮官がバラバラにいたわけではなく、指揮官はあくまで一人。これなら指揮系統や責任関係は明確だ。

　そうした指揮系統に合わせて、統合軍の司令部、その下に軍種ごとの指揮所を配置して、関係する指揮官全員が同じ情報を共有する。これで、統一した状況認識・単一の指揮系統の下で作戦行動を展開できる。したがって、指揮所に設置するC4Iシステムも、こうした組織形態に合わせて整備することが必要になる。

情報化によって変わる指揮所の姿

　こうしたIT化の進展は、指揮所の姿も変えた。米軍を例にとると、第二次世界大戦の頃からCICを導入していた海軍、あるいはその海軍の揚陸艦に指揮所を設けてい

る海兵隊と比べた場合、特に陸軍は変化が少なかったといえる。1991年の湾岸戦争でも、第二次世界大戦の頃と同様に、紙の上にトレーシング・ペーパーを重ねて、無線を通じて入ってくる敵や味方の情報をグリース・ペンシルで書き込んでいたぐらいだ。

ところが、どこの軍種でも現在は、現場レベルでも上級司令部のレベルでもコンピュータとデータ通信網によるC4Iシステムが当たり前になったので、指揮所はさながら「地球防衛軍」のごとき様相を呈してきている。たとえば図9.7と9.8の写真は米空軍の公表写真だが、これは中東の某国に設置された合同航空作戦センター（CAOC）を撮影したものだそうだ。

図 9.8：これも米空軍のCAOC。左手のスクリーンにイラクの地図を表示している様子が分かるだろうか？（USAF）

そして、最新の情報はリアルタイムで指揮所まで伝わってくる。湾岸戦争のときには、指揮下の部隊の進撃状況が口頭で、指揮系統を遡る形で最高司令官まで伝わるのに時間がかかり、そのせいで「第VII軍団の進撃が遅い！」と司令官が癇癪玉を破裂させる事態が起きたが、現在ではそういうことはないだろう。

その代わり、C4Iシステムを移動・設営するために、大量のコンピュータや通信機材、それらを動作させるための発電機まで持って歩く必要が生じた。もしも互換性がない複数のシステムを持ち歩く羽目になれば、さらに荷物の量が増えてしまう。最近では、発電機で使用する燃料の消費を抑えるために、太陽光発電の導入まで考えられている有様だ。

また、最高指揮官が最前線の細かい状況まで分かってしまうとなると、つい不必要に余計な口出しをする、いわゆるマイクロマネージメントの問題が生じる。状況は見えていても、細かいところは部下に任せてグッと堪えなければならないのだから、却って昔よりも面倒になったかも知れない。

❹ 全軍規模のシステムと軍種ごとのシステム

共通化すべきところと、独自に整備した方がいいところ

 ところで、陸軍・海軍・空軍と、任務領域別に組織が分かれていると、組織の構成も作戦行動の内容も、そこで使用するプラットフォームやウェポン・システムも、軍種によって違いがある。そのため、同一のシステムをすべての軍種に押しつけても、うまくいかない部分が出てくると考えられる。

 たとえば、プラットフォームの単位からして違う。陸軍であれば個人や車両が基本であり、関わる人数は数名から十数名となる。空軍であれば航空機が基本だが、単独行動よりも編隊行動の方が多い。そして海軍では艦艇が基本であり、これは単一のプラットフォームが複数のウェポン・システムを備えている上に、乗り組んでいる人数も多く、プラットフォーム内で独自にネットワークを持つ必要がある。

 その一方で、軍種ごとにてんでバラバラな、お家の事情に特化したシステムを構成してしまうと、異なる軍種を組み合わせて統合作戦を展開したり、複数の国の軍隊が共同作戦を行なったりする際に、相互接続性や相互運用性の面で不具合が生じる。

 そこで、軍のトップが旗を振る形で全体のコンセプトと全軍種をカバーするシステムを整備して、相互接続性・相互運用性を実現するために共通化しておかなければならない部分を最初に規定する。その上で、軍種ごとに異なる部分については、それぞれ独自に開発・実装する、という流れができる。

情報が行き来する組織階層の違い

 ときには、国家レベルまで話を上げる必要がなく、軍種の内部、あるいはその下にある個々の組織のレベルで話が完結する場合もある。その場合には、個々の軍種ごとに整備したシステムの中だけで話を済ませることになる。

 たとえば、日本において某国からの弾道ミサイル攻撃が切迫している、という場面を想定してみよう。弾道ミサイル攻撃に対応するため、BMD能力を備えたイージス艦を派遣する決定が下されたとする。これは軍の最高指揮官レベル、日本でいえば総理大臣が意志決定する必要がある。

 ところが、そのイージス艦に護衛艦をつけて任務部隊を編成する部分は、海軍の部

内で話が片付く。具体的にどの艦を護衛につけられるか、なんていう話まで最高指揮官が口を出すことではなく、使える資産について把握している海軍の担当者が決めればよい。逆に、そういう細かいところまで最高指揮官がいちいち口を出すのを、マイクロマネージメントといい、褒められた話ではない。

そして、任務部隊を編成して要撃担当海域まで派遣した後は、イージス艦に搭載したイージス戦闘システムが主役になる。レーダーで飛来する弾道ミサイルを探知して解析値を出してSM-3を発射するのは、このシステムの仕事だ。これは現場のレベルで完結する話になる。

ただしその際に、早期警戒衛星や地上・海上設置のレーダー、あるいは他のイージス艦から、飛来する弾道ミサイルに関するデータを受け取ることになるだろう。それは任務部隊、あるいはその上ぐらいのレベルで扱う話になる。また、他の軍種が管理している資産から情報を受け取るのであれば、他の軍種のシステムも関わってくる。

このように、状況に応じて情報が行き来する組織階層や範囲が違ってくるので、単に全体をカバーする巨大システムをドカンと整備するよりも、個別のプラットフォーム→現場の部隊→軍種→国家といったレベルで段階的にシステムを整備して、必要に応じて必要なところまで情報を上げたり下げたりする、というやり方の方が合理的だ。企業の決裁書類や報告書だって、すべて社長のところまで上げられるわけではない。

米軍の情報網を統括するGIG

米軍の場合、全軍をカバーするシステムに該当するのがGIG（Global Information Grid）だ。

GIGの前に、DISN（Defense Information Systems Network）と呼ばれる、全世界で合計700ヵ所ほどの拠点を接続するネットワークがあった。これを通信量の増大に合わせて高速化したのがGIG-BE（GIG Bandwidth Expansion）で、それを使って軍事作戦に必要な各種機能を実現したシステムがGIG、という関係になる。2003年1月にGIG-BEの計画がスタート、2004年9月に6拠点に導入してIOC達成、2005年9月に92拠点に導入してFOC達成となっている。GIG-BEの導入により、ネットワークの伝送能力は150Mbpsから10Gbpsに強化された[51]。

ただし、GIG-BEは光ファイバーを利用するネットワークなので、陸上でなければ使用できない。それではカバーできない場所に対応するため、GIGでは衛星通信も併用しており、当初は衛星同士で高速なレーザー通信を行なうTSATを使用する計画だった。しかし、TSATはスケジュール遅延とコスト超過が問題視されて2009年に中止が決まり、AEHF衛星を充てることになった。

ともあれ、そのGIGの下に、陸・海・空軍が運用するネットワークなどが入り、最前線の兵士や各種プラットフォームにまで行き着くことになる。米軍の場合、陸軍のLandWarNet、海軍のFORCENet、空軍のC2 Constellationが、GIGの下にぶら下がる

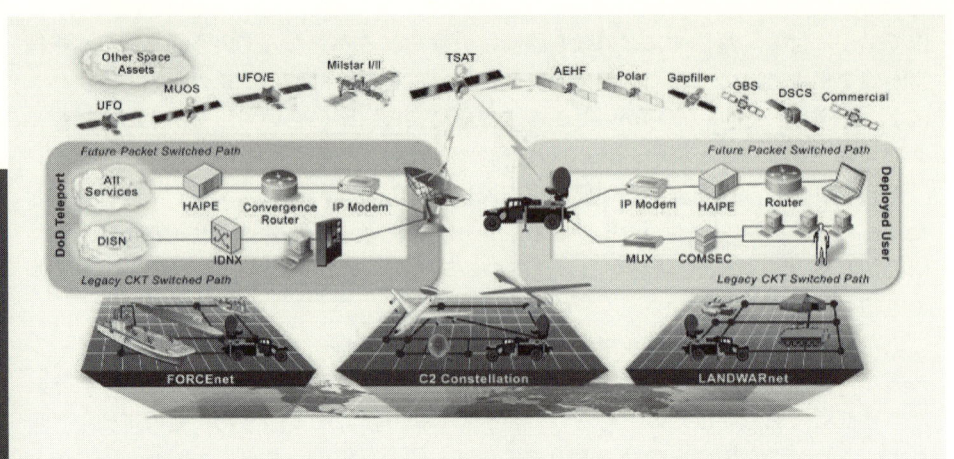

図 9.9：全軍のエンタープライズ・ネットワークであるGIGは、衛星通信と光ファイバー網で全世界をカバーする。その下に、各軍種ごとのネットワークが入る（USAF）

形で機能している。たとえば陸軍部隊であれば、さまざまな通信機材によって現場の兵士がLandWarNetに接続できるようになっており、それを通じて上位のGIGにアクセスして、必要な情報を取り出したり、上層部からの指令を受け取ったりする。海軍や空軍でも、道具立ては異なるが、考え方は同じになる。これらの詳細については、後で解説することにしよう。

他国でも、おおむね似たような考え方でシステムを構成している。日本でいえばDII（Defense Information Infrastructure）、スウェーデンならNBD（Network Based Defence）、といった具合に、GIGに相当する全軍ならびに国家レベルの基盤がある。その下に軍種ごとのシステムが、さらに個別のネットワークがぶら下がって、階層構造を構成している。

情報通信網と軍種別のシステム（米軍編）

第7章の「ネットワークは階層構造で考える」の項で、ネットワークの階層構造について解説した。その観点から見ると、GIGは情報や指令が行き交うための道路網を整備するようなものといえる。道路網を整備すれば、乗用車やバスによって人が行き来することも、トラックによって貨物が行き来することもできる。

重要なのは、さまざまな情報が迅速かつ確実に行き来できる土台を作ることだ。いくら道路網を整備しても、容量不足で簡単に渋滞してしまったり、安全性に問題があったりするのでは困る。情報通信網にも同じことがいえる。

そのGIGによって実現した基盤を使って、軍事作戦に必要な機能を実現する、さまざまなシステムが動作することになる。インターネットという基盤の上で、WWW（World Wide Web）や電子メールなどが機能するのと似ている。

具体的には、メッセージの送受信を行なうC2（Command and Control）and Messaging SystemやDMS（Defense Messaging System）、指揮・統制を司るGCCS、といったシステムが機能する。もちろん、各種のISR資産を駆使して集めた情報を蓄積してアクセスできるようにしたり、情報担当者がその情報を評価したり、といった使い方もある。

　アメリカの場合、全体を統括するシステムとしてGCCSがあり、その下に軍種ごとのシステムがぶら下がる。さらに、組織別、あるいは兵科別に枝分かれしていく形をとる。

◎GCCS
・GCCS-A（GCCS-Army/陸軍）
・GCCS-M（GCCS-Maritime/海軍）
・GCCS-MC（GCCS-Marine Corps/海兵隊）
・GCCS-AF（GCCS-Air Force/空軍）
・GCCS-J（GCCS-Joint/統合軍）

　これらのうち、GCCS-J（Global Command and Control System-Joint）は統合作戦に際しての「情報面の優越」を実現するシステムで、画像、諜報、麾下部隊の状況（status of forces）、計画情報といったものを融合して、強力かつシームレスな指揮・統制機能を実現する[52]。このGCCS-Jが対応する任務領域を原文のまま列挙すると、以下のようになっている。

・Force Deployment/Redeployment（戦力の展開/配置替え）
・Force Employment（戦力の利用）
・Force Planning（戦力の計画）
・Force Protection（戦力の保護）
・Force Readiness（戦力の即応体制実現）
・Force Sustainment（戦力の維持）
・Cross-Functional/Infrastructure（職掌の組み合わせ/インフラ）
・Intelligence（諜報）
・Situational Awareness（状況認識）

　これらを実現するための具体的なシステムは、以下のように複数存在する。

・GCCS-J Global Release：COP、I3（Integrated Imagery and Intelligence）、方向性の決定、TBMD（Theater Ballistic Missile Defense）、動的/静的iCOP（internet COP）、水平統合、情報データベースへのアクセス機能を担当する。

・JOPES（Joint Operation Planning and Execution System）：軍事作戦の計画・実施・モニターを担当する統合軍向けの指揮統制システム。ポリシー・手順・人員・施設といった情報を、ADP（Automated Data Processing）システムや報告システムから取り込み、意志決定を支援する。また、米輸送軍（USTRANSCOM：US Transportation Command）への輸送要請を出す仕組みも提供する。

・SORTS（Status of Resources and Training System）：即応性に関する評価・レポート機能を提供するツール。国家指揮権限者や統合軍司令官に対して、どの部隊・装備を派遣すればよいかを判断するための材料を提供する。

GCCS–Jのインフラは、ユーザー情報を集中管理するディレクトリ・サービス、エンタープライズ管理、Webサービス、共同作業を支援するコラボレーション・サービス、アクセス権の管理などを司るセキュリティ・サービスといったもので構成する。そして、データのやりとり・融合・表示を担当する中核システムとしてICSF（Integrated C4I System Framework）があり、市販のPCで利用する。また、外部システムと情報をやりとりするためのインターフェイスも整備している。そしてGCCS–Jを利用することで、コミュニケーション、敵・味方・民間人の位置追跡、フォース・プロテクションといった分野で効果を発揮できるとされる。

指揮・統制を担当するGCCSに対して、統合作戦における兵站面の情報支援を担当するのがGCSS–J（Global Combat Support System–Joint）だ[53]。統合作戦における兵站業務の可視化を実現するためのWebベースのアプリケーションで、戦務支援・指揮統制分野の相互運用性も実現する。具体的な機能は、Mapping・Reports・Watchboard・JEPES・Knowledge Management Systemとなっている。つまり、物資の流れを監視・表示するとともに、指揮官や担当者の意志決定を支援する仕組みを備えるという意味になる。

これらは米軍のシステムだが、他国でもおおまかな考え方は似ているといえるだろう。ただし、規模には違いがある。誰もが、全世界に軍を派遣する能力を持つ米軍と同レベルのシステムを必要とするわけではないからだ。

情報通信網と軍種別のシステム（自衛隊編）

次に、自衛隊における指揮・統制システムの構成についてまとめてみた。規模や構成に違いはあるものの、基本的な考え方は同じといえる。

自衛隊の場合、全体を統括する中央指揮システム（CCS：Central Command System）、あるいはNCCSがあり、その下に陸自指揮システム（陸上自衛隊）・MOFシステム（Maritime Operation Force System/海上自衛隊）・航空自衛隊指揮システムが入る。その下に陸海空自衛隊の指揮統制システムが、組織階梯に応じて割り当てられていく点は、米軍のシステムと同じだ。

陸上自衛隊の場合、陸幕システム（陸上幕僚監部、防衛大臣直轄部隊等）、その下に方面隊指揮システム（方面総監部、方面直轄部隊等）が入り、さらに以下のような流れができる。

・師団等指揮システム（FiCs、師団・旅団司令部、師団・旅団直轄部隊）→ 基幹聯隊指揮統制システム（ReCs：Regiment Command Control system）

・野戦特科情報処理システム（FADS：Field Artillery Data-processing System）または火力戦闘指揮統制システム（FCCS：Firing Command and Control System）→ 野戦特科射撃指揮装置（FADAC：Field Artillery Digital Automatic Computer）

・師団対空情報処理システム（DADS：Division Air Defence Data-processing System）または対空戦闘指揮統制システム（ADCCS：Air Defense Command and Control System。I型は方面隊用、II型は師団用、III型は旅団用）→ 対空戦闘指揮装置

　海上自衛隊の場合、艦ごとにMOFシステムの専用端末・C2T（Command and Control Terminal）を搭載しており、そこから先は個艦ごとに装備する指揮管制システム（別表）につながる。

　航空自衛隊の場合、空幕システムなどから、さらに防空であればJADGEシステム（以前ならBADGEシステム）という流れになる。

型番	名称	搭載艦艇
NYYA-1	–	たかつき
OYQ-1	WES（Weapon Entry System）	たちかぜ
OYQ-2	TDS（Target Designation System）	あさかぜ
OYQ-3	TDPS（Tactical Data Processing System）	しらね型
OYQ-4	CDS（Combat Direction System）	さわかぜ
OYQ-4	OYQ-4-1：TDS	はたかぜ型
OYQ-5	TDPS（Tactical Data Processing System）	はつゆき型
OYQ-5	TDS-3	いしかり（DE-229），ゆうばり型
OYQ-5	TDS-3-2	たかつき型FRAM後（たかつき, きくづき）
OYQ-6	CDS	あさぎり型1〜3番艦, はるな
OYQ-7	CDS	あさぎり型4〜8番艦, ひえい, あぶくま型
OYQ-8	–	1号型ミサイル艇
OYQ-8B	–	はやぶさ型ミサイル艇
OYQ-9	CDS	むらさめ型, たかなみ型
OYQ-10	ACDS（Advanced CDS）	ひゅうが型

表 9.1：海上自衛隊の艦艇が装備する、指揮管制システムの例

❺ 米陸軍のLandWarNet

発端はIVIS

続いて、軍種別のシステムの例として、米陸軍のLandWarNetについてみていこう。ネットワーク化が進んだ順番からいうと最後になるのだが、逆に言えば取り上げられる機会が少ないため、陸軍と陸戦におけるネットワーク化について最初に取り上げる。

陸軍の戦闘単位は戦車や歩兵戦闘車といった各種AFV、あるいはそれらを集めて編成する部隊になる。その中でも最初にネットワーク化が行なわれたのは、例のIVISといえるだろう。IVISは大隊ないしはそれ以下のレベルで運用する、車輌同士の情報共有システムといえる。

その後、1990年代から全軍規模のネットワーク化構想がスタートして、そこでLandWarNetが登場した。LandWarNetは、アメリカ本土の基地施設から最前線の小部隊までを包含するネットワークであり、たとえば、現役部隊が運用する通信網に加えて、予備役部隊が使用するARNETや、州兵が使用するGuardNETも取り込んでいる。

ただし、通信する対象は陸上の固定施設だったり、あるいは移動する車両だったりするし、人跡未踏の戦場でネットワークを構築しなければならない場面も考えられる。そのため、LandWarNetを実現するための通信手段を、状況に合わせていろいろ用意する必要がある。そこで掲げられた目標は、全面的にTCP/IPを使用する戦場用ネットワークの構築であり、これをWIN-T（Warfighter Information Network-Tactical）と呼ぶ。

JNNからWIN-Tへ

WIN-TブロックIは2004年末に担当メーカーを選定、2005年にプロトタイプが稼働開始、2005年末から低率初期生産開始、2009年以降に全規模生産開始というスケジュールを組んだ。担当メーカーはゼネラル・ダイナミクスC4システムズで、さらにロッキード・マーティン、BAEシステムズ、L-3コミュニケーションズ、ジュニパー・ネットワークス、シスコシステムズの各社が協力している。続くWIN-TブロックIIは2006年に開発開始、WIN-TブロックIIIは2008年に開発開始、と段階的に開発を進めて、2010年代に入ってからフル稼働を開始する構想だった。

ただし、WIN-Tが全面的に完成するまで待つと時間がかかりすぎるため、既存の

COTS製品・COTS技術を用いてネットワーク化を実現するJNTC（Joint Network Transport Capability）を「つなぎ」として導入することになった。JNTCの主要な構成要素が、旅団、あるいは大隊司令部のレベルで情報交換を可能にするネットワーク・JNN（Joint Network Node）で、戦線で移動する地上部隊に随伴できるように、データ通信用の無線機や衛星通信端末機など、必要な機材一式をHMMWV（High Mobility Multi-purpose Wheeled Vehicle）に搭載する。

つまり、有線・無線・衛星といった通信手段を用いてTCP/IPネットワークを構築して、そこで一般型の電話網、VoIP（Voice over IP、いわゆるIP電話）、通常型IP網（NIPRNet：Non-secure IP Rounter Network）、秘話IP網（SIPRNet：Secure IP Rounter Network）、テレビ会議といった機能を実現するのがJNNだ。担当メーカーはWIN-Tと同じゼネラル・ダイナミクスC4システムズ社。2004年夏から第3歩兵師団がテストを開始して、続いて実戦配備が始まった。

ところが、2007年9月になって、（米軍の装備開発ではよくあることだが）途中で計画の内容を見直してWIN-T計画に一本化、開発・導入を4段階に分けて進めることになった。個々の段階のことをインクリメントと呼び、以下のような内容になっている。

・WIN-Tインクリメント1：JNNを改称したもの。2009年の時点で米陸軍部隊の半分以上に行き渡っており、さらに配備を進めている

・WIN-Tインクリメント2：衛星通信や無線通信によって、師団〜旅団〜大隊〜中隊のレベルまで、移動中でも利用できる広帯域通信網を実現する。2010年2月に低率初期生産の承認が降りて、機器の調達を始めた段階

・WIN-Tインクリメント3：インクリメント2では限定的だった通信能力・秘話能力・移動中の通信能力を、完全に実現する。2011年から限定ユーザー試験（LUT：Limited User Trial）を開始する予定

・WIN-Tインクリメント4：衛星通信に対する保護の強化と、高速化による伝送能力強化を目指すものだが、現時点で計画は一時中断中。実現すれば、これが最終版となる

このWIN-Tは、有人・無人の各種プラットフォームやセンサーをネットワーク化する総合戦闘システム・FCSの基幹となるネットワーク・システムでもあった。そのため、WIN-Tを構成するためのネットワーク機器は、FCSで要求しているサイズ・重量・出力・冷却機能を実現することになっていた。2009年にFCSは中止されてしまったが、FCS用に開発した要素技術の中には、生き残って実戦配備に向けた作業が進ん

でいるものもある。だから、そのバックボーンになるWIN-Tの存在価値が失われたわけではない。

なお、こうした陸軍向けのネットワークでは、必要に応じてその場で無線ネットワークを構築する、いわゆるアドホック・ネットワークの機能が求められる。戦況に応じて、新たな部隊が配属されたり、配置替えや損耗によって第一線から退く部隊が出たりして、「出入り」が激しくなりやすい事情に拠るのだろう。

WIN-Tを構成する要素技術

JNNにしろWIN-Tにしろ、「戦場ネットワーク」を実現するためのシステム全体の名称であり、それを実現するための通信手段はさまざまなものを組み合わせる。

たとえば、衛星通信の端末機としては、ゼネラル・ダイナミクスSATCOMテクノロジーズ社製のSTT（Satellite Transportable Terminal）やUHST（Unit Hub SATCOM Truck）があり、いずれもKuバンドとKaバンドを使用する。さらに、民間の商用通信衛星を利用するCSTP（Commercial Satellite Terminal Program）の下で、2006年10月にWWSS（World-Wide Satellite Systems）も発注した。

陸上で使用する無線通信機材の例としては、ハリス社が開発したHNR（Highband Networking Radio）通信機、HDT（Highband Digital Transceiver）モデム、HRFU（Highband RF Unit）アンテナが挙げられる。HNW（Highband Networking Waveform）と呼ばれる変調方式を使い、54Mbpsの伝送能力を持つ無線通信網を実現する。

ちなみに、米陸軍の無線通信網で使用する変調方式としては、HNW以外に、個人用通信機器で使用するSRW（Soldier Radio Waveform）や、広帯域通信用のWNW（Wideband Networking Waveform）といったものがある。SRWは1.755〜1.850GHzの電波を使い、伝送能力は16kbps〜1Mbps、センサー情報を12kmまでの範囲で伝達できる。一方のWNWは、2MHz〜2GHzの電波を使い、伝送能力は28.8kbps〜1.137Mbps、32kmの距離で通信を行なう実験に成功している。こうした多様な変調方式を使い分ける際に、第6章の「マルチバンド無線機とソフトウェア無線機」の項で取り上げたソフトウェア無線機、つまりJTRSが有用性を発揮する。

このほか、海軍や空軍と情報交換するための手段として、例のLink 16がある。たとえば、弾道ミサイル防衛を担当するパトリオット、THAAD（Terminal High Altitude Air Defense）、JTAGSといった資産は、転送機能を備えるJTIDSクラス2Mターミナル、あるいはMIDS-LVT 2/11ターミナルを装備することで、海軍や空軍が持つミサイル防衛関連資産との連携を可能にしている。

こうした現場レベルのネットワーク同士を衛星通信でつなぐことで、見通し線以遠の遠距離通信も可能になる。それが、前述したGIGにつながる。いいかえれば、現場から見たWIN-TはGIGへの窓口ということになる。また、Defense Teleport Systemを

導入して、軍民双方のさまざまな通信衛星に対して、単一のアクセス・ポイントを通じてアクセスできるようにする計画もある。さまざまな衛星を使い分けているため、こうした仕組みが必要になる理屈だ。

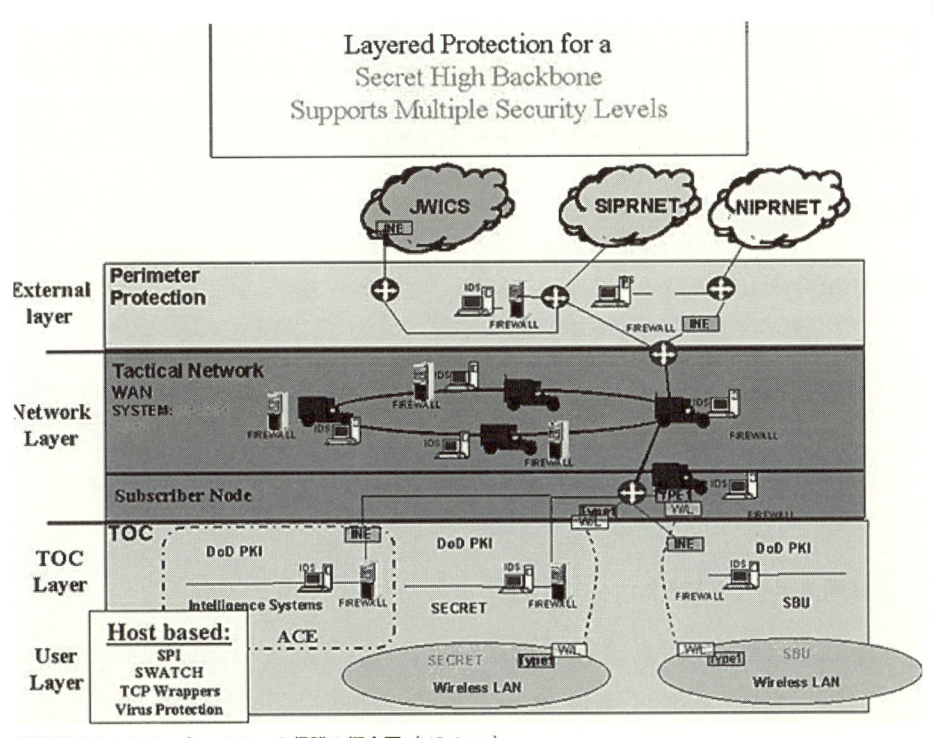

米陸軍がまとめた、ネットワーク保護の概念図（US Army）

❻ 米海軍のFORCEnet

NMCI・IT-21・TDN

　米海軍において、単一のプロトコルとアーキテクチャを用いて全軍をカバーするネットワークを構築するプロジェクト、あるいはネットワークそのものを、FORCENetと呼ぶ。

　米海軍ではNTDSに代表されるように、早い時期から複数のプラットフォームをネットワーク化する動きがあった。これはすでに解説しているように、防空戦闘を初めとして、ネットワーク化や自動化が求められる場面が多かったためだ。

　その延長線として、洋上に出ている艦隊で構成する将来ネットワークに「IT-21」という名前をつけた。水上戦闘艦だけでなく、現在では潜水艦もネットワークの一員に加えられており、「潜水艦がどこで何をやっているかは、味方でも分からない」という状況は過去のものとなった。もっとも、潜航してしまうと電波を使った通信はできないので、実際には潜水艦との通信は間欠的なものにならざるを得ない。このほか、海兵隊で使用する戦術データ通信網としては、TDN（Tactical Data Network）がある。

　これらは出先の戦場で使用するネットワークだが、それとは別に、海軍・海兵隊の部内で用いられていた種々雑多なネットワークを、単一のネットワーク・アーキテクチャの下に統合するプログラムがスタートした。それがNMCI（Navy/Marine Corps Intranet）で、ネットワークだけでなく、そこで動作するアプリケーション・ソフトウェアやデータベースの共通化も推進した。それにより、67,000種類もあったレガシー・アプリケーションを7,000種類を下回るところまで整理統合できた。そして、このNMCIは艦隊のIT-21や海兵隊のTDNと接続して、データをやりとりできるようにしている。

艦隊用のデータリンク

　当初、戦闘艦同士はLink 11やLink 14、戦闘艦と航空機の間ではLink 4を用いてデータリンクを構成したほか、対潜ヘリコプターを搭載する水上戦闘艦は、艦載ヘリとの間で戦術情報をやりとりするためのデータリンク機器を装備した。

　その後、データリンクの性能・秘匿性・相互接続性を実現するため、Link 16やLink

22を導入した。米海軍の空母とイージス艦と強襲揚陸艦（LHA/LHD）には、転送機能付きのJTIDSクラス2Hターミナルを搭載している。また、陸上の指揮所にもJTIDSやMIDS-LVTを配備しており、こちらも転送機能を備えている。これらを衛星通信で接続すれば、大規模なLink 16ネットワークを構築できる。

そこで問題になるのが、潜航すると電波による通信の利用に制約が生じる潜水艦だ。VLFやELFの電波であれば、ある程度の深度までは海中に透過するが、周波数が低い分だけデータ伝送能力に限りがあり、音声・動画どころか、戦術情報のやりとりも満足に行なえない。限られた量の文字をやりとりするのが精々である。

しかし、だからといって潜水艦をネットワーク中心戦から外すわけにもいかないので、潜望鏡深度まで浮上して間欠的に通信を行なうのが、さしあたっての現実的解決策となる。

しかし、それでは潜水艦が危険にさらされるため、米英両国が考案したのがRTOF（Recovereable Tethered Optical Fibre）だ。これは、240-320MHzのUHF帯で通信するアンテナを納めたブイ（直径45cm・長さ3m）を水面に送り出して、潜水艦とは光ファイバー・ケーブルで接続する仕組み。電波を発することに変わりはないが、潜水艦は潜望鏡深度よりも深いところに潜っていられるし、いざとなればブイを切り離して潜って逃げることもできる。また、ブイにはGPS受信機やESMの機能も組み込んであり、測位やレーダー逆探知も可能だ[54][55]。

RTOFの担当メーカーはイギリスのウルトラ・エレクトロニクス社とキネティック社で、すでに英海軍のアスチュート級攻撃型原潜に導入することになっている。いずれは、米英両国の、他の原潜にも装備されることになるのだろう。英海軍に続いて米海軍でも、2007年からRTOFのテストを始めている。こちらではUHFだけでなく、SHF/EHFを使用する構想もある[56]。

その他のデータリンクとしては、水上戦闘艦と艦載ヘリ、あるいは空母と艦載機を結ぶデータリンクなどがあるが、これらについてはすでに第7章で言及しているので、ここでは割愛する。

新世代の艦内ネットワーク・CANESとCALI

一方、艦内ネットワークについては、以前から艦内LANを構築して各種システムを連結していた。しかし、使用するシステム、コンピュータ、ネットワークの種類がいろいろあり、合理的な状況とはいえなかった。

そこで、ノースロップ・グラマン社とロッキード・マーティン社が競合する形で、CANES（Consolidated Afloat Networks and Enterprise Services）の開発を始めている。CANESの実用化によって統合されるシステムの例を以下に示す。

・CENTRIXS-M（Combined Enterprise Regional Information Exchange System-

Maritime)
- ISNS（Integrated Shipboard Network System）
- NTCSS（Navy Tactical Command Support System）
- SCI（Sensitive Compartmented Information）Networks
- CSRR（Common Submarine Radio Room）
- SubLAN（Submarine Local Area Network）

　従来の艦内ネットワークでは、指揮・統制（GCCS–M：GCCS–Maritime）、ISR（DCGS–N：DCGS–Navy）、兵站（NTCSS）といった具合に別々のシステムが共存していた。これをCANESの導入によって統合するとともに、艦内ネットワークで使用するコンピュータ機材を共通化して、ITインフラの整理統合と経費節減を図ろうとしている。もちろん、例によってCOTS製品を活用することになっている。

　ただし、CANESがFOCを達成するのは2017年の予定であり、まだ相当に先の話だ。そこで、既存の従来型システムを取り込みながら艦内ネットワークの近代化を図るため、つなぎとしてCALI（Common Afloat Local Area Network Infrastructure）の計画が進められている。まず、ネットワーク・インフラとコンピュータ機器の共通化を先行させようというものだ。

FORCEnetへの発展

　こうした、艦内/現場部隊、あるいはその上の艦隊/派遣部隊で構築したネットワーク化システム、あるいは上位の指揮系統で使用する通信網やGCCSなどの指揮統制システムを単一のアーキテクチャの下で統合して、そもそものネットワーク化の目的である情報の優越を実現するのが、FORCEnetということになる。

　そして、陸軍におけるLandWarNetと同様、海軍の現場部隊はFORCEnetを窓口として、GIGにつながることになる。

7 米空軍の C2 Constellation

コソボ紛争で露見した問題点

米空軍の場合、データリンクというものを初めて持ち込んだのはSAGE防空システムだから、これも相当に古い話だ。そして他の軍種と同様に、上層部ではGCCSを初めとする、ネットワーク化された指揮統制システムやISRシステムなどを導入してきた。それが、C2 Constellationに発展する。

そうした中で、1998年にNATO軍がコソボ紛争に介入、米軍を含む複数の国の部隊が共同作戦を展開した。このときに露見したのは、個々のISR資産は情報を集める仕事をこなしているのだが、そうやって得られた情報を有効に活用する部分に問題がある、という点だった。つまり、ISR資産からデータが入ってきても、それを分析して次の作戦行動に反映させる部分に弱点があったということだ。

そうした問題点を解決するべく、情報の収集・分析から作戦行動への反映までを実現するとともに、必要な情報の共有、情報面の優越、作戦行動の同期化（各自がてんでバラバラな行動を取らないという意味）を図るシステムとして、C2 Constellationの導入が始まった経緯がある。

最初はC4ISR資産から

2004会計年度（FY2004）の時点で、C2 Constellationの対象に挙げられたのは、以下の機材、あるいはシステムだった。

・RC-135リベットジョイント
・E-3セントリー
・E-8ジョイントスターズ
・AOC（Air Operation Center）
・DCGS

RC-135は受動的なISR資産、E-3とE-8はISRと指揮・統制を兼ねる資産、AOCは指揮・統制の手段、DCGSはISR資産を活用する手段といえる。

これらのプラットフォームやシステムをネットワーク化した上で、情報の収集・分析・共有を実現するためのアプリケーション・ソフトウェアを実行して、日々の航空作戦の内容を指示するATO（Air Tasking Order, 航空任務命令）をAOCに送信する、TBMCS（Tactical Battle Management Core System）などを稼働させた。

　また、C2 ConstellationのサブセットとしてConstellationNetがあり、これが各地の米空軍基地同士をネットワークで結んで、情報交換を行なえるようにした。もちろん、遠隔地であれば衛星通信を活用することになる。

プラットフォーム同士のネットワークから発展

　一方、現場レベル、つまり実際に戦闘行動を担当する航空機については、Link 16ターミナルの導入によってネットワーク化を図っているほか、それ以外にも用途に応じてさまざまなネットワーク機材を導入している。これについては第7章⑨の「米空軍のデータリンク導入事例」の項などで取り上げているので、そちらを参照していただきたい。

　対象となるプラットフォームの単位は異なるが、航空機同士、航空機と地上の施設、あるいは地上の施設や組織同士を結ぶネットワークが最初に登場した。それらを互いに接続・拡張する形でC2 Constellationに発展、それが上位のGIGにつながる窓口になるわけで、こういった流れについては陸軍・海軍と軌を一にしているといえそうだ。

　特に注目したいのがB-2Aスピリット爆撃機で、EHF通信機器を導入する作業が進められている。まずインクリメント1としてEHF衛星通信端末機を導入するとともに、1ダースほどあるコンピュータをIPU（Integrated Processing Unit）に集約、機内に光ファイバー網を整備する。続くインクリメント2で端末機とアンテナを新型化して、AEHF衛星との組み合わせによる秘話通信を実現する。最後のインクリメント3でGIGへのアクセスを可能にする。つまり、B-2Aは飛行中にGIGにアクセスして、GIGで動作する各種のシステムを通じてさまざまなデータを取り出せるようになるというわけだ[57]。

第10章

サイバー防衛と市民生活

　最近、各国で「サイバー防衛」ということをしきりにいうようになった。それだけ、我々の日常生活がコンピュータやネットワークに依存しているということだが、具体的な形で見えるものではないだけに、不必要に恐怖感を煽る向きも見受けられる。
　そこで、締めくくりとしてサイバー防衛や市民生活との関わりについて取り上げてみることにした。多くの人がインターネットを利用しており、そのインターネットがサイバー戦の戦場になっていることから、一般市民もサイバー防衛と無縁ではない状況にあるからだ。

❶ すでにネットワーク中心戦は現実

ネットワーク中心戦の具体例

　本書ではすでに、ネットワーク中心戦という概念や、それを支えるセンサー技術・コンピュータ技術・通信技術、さらにそれらを組み合わせて構成するC4ISRシステムについて解説してきた。これらが完全にネットワーク化されてリアルタイムの情報交換を行ない、それを融合するのがネットワーク中心戦だ。その前段階である、情報通信システムの活用やデータリンクの活用については、2003年のイラク戦争でも、ある程度は機能していたといえる。

　筆者が2005年に『戦うコンピュータ』を刊行した時点では、ネットワーク中心戦は半分現実、半分未来の話だったといえる。しかし現在では、さらにシステムの導入・発展が進んでおり、ネットワーク中心戦が現実のものになったといえそうだ。

　このことは、不正規戦、あるいは1991年の湾岸戦争からずっと課題になっている移動式ミサイル発射機の制圧において、重要な意味を持つ。目標を発見してもあっという間に消えてしまう場合が多いので、迅速な対処が求められるからだ。

　たとえば、2008年末から2009年初頭にかけて、イスラエルがガザ地峡でハマスの掃討作戦"Operation Cast Lead"を実施した。このときにイスラエル国防軍は、例のTsayadシステムを活用して、陸・海・空軍にまたがるネットワークを構築しており、それによって迅速な情報交換体制を実現した。結果として、目標の発見から攻撃までにかかる時間の短縮を可能にしている。たとえば、地上で交戦中の陸軍から支援要請が寄せられると、指揮統制システムを介して戦闘機や洋上の艦艇に指令が行き、即座に攻撃する、といった具合になる。目標を発見してから攻撃が行なわれるまでにかかる時間は、ときには1分を切ることすらあったとされている。

情報通信網に依存すれば、それが攻撃目標になる

　軍事作戦の立案に際して、「重心」という考え方がある。「それを無力することで敵が麻痺状態になり、有効な戦闘行動をとれなくなる存在」とでもいえばよいだろうか。

　たとえば、強固な独裁体制を敷いている国では、独裁者にすべての権限が集中しており、その独裁者を起点とする指揮系統に従って上から下に指令が行かなければ、現

場では何も行動できない。現場が自由意志で行動できてしまったのでは、独裁体制の維持が怪しくなる。そうした体制の国では、独裁者、あるいは独裁者から始まる指揮系統や通信網が重心といえる。それらを破壊、あるいは無力化することで、現場は何も指令を受けることができなくなり、オタオタしている間にやられてしまう。

その重心という考え方からみると、ネットワーク中心戦においては、情報通信システム、あるいはその際の神経線となる各種ネットワークが重心といえる。あらゆるシステムがコンピュータやネットワークに依存して機能していれば、そのコンピュータやネットワークが無力化されることでネットワーク中心戦そのものが崩壊、結果としてネットワーク中心戦に対応していない側の方が有利、ということになりかねないからだ。

だからネットワーク中心戦を実現するということは、ネットワークやコンピュータを防護する必要性、あるいは敵対勢力のネットワークやコンピュータを無力化する必要性が生じる、ということでもある。

それだけでなく、軍隊から離れた一般の市民生活でもコンピュータやネットワークに依存する部分がどんどん多くなってきているため、そちらでもコンピュータやネットワークは魅力的な攻撃目標になってきている。昔であれば市街地に無差別爆撃を加えることが市民に対する攻撃だった。それが現在であれば、コンピュータやネットワークへの攻撃で日常生活に支障をもたらすことが、すなわち市民に対する攻撃になるわけだ。

サイバー戦、あるいはサイバー防衛という言葉が業界で注目されている背景には、そういった事情がある。

ただし、こうしたサイバー戦、情報戦といったものは、あくまで本来の軍事作戦を有利に運ぶための支作戦というべきだろう。たいていの場合、土地を占領して相手に「負けた」ということを思い知らせるまで、戦争に決着はつかない。ネットワークやコンピュータに対する攻撃、あるいは偽情報の流布による混乱では、土地の占領はできない。

ネットワークへの依存度が高まるクラウド化

最近、主として企業コンピューティングの世界で、クラウド・コンピューティングなるものが注目されている。クラウドとは雲、この場合にはインターネットなどのネットワークを意味する。ネットワークの世界では、構成図を描く際にインターネットを意味する記号として「雲」を使うことが多いのが語源のようだ。

自分のところにコンピュータを設置してソフトウェアを動作させて、必要な機能を実現するのが従来の形態だ。それに対してクラウド・コンピューティングでは、ソフトウェアやデータはクラウド（ネットワーク）の向こう側にあるサービス事業者の担当であり、ユーザーはネットワーク経由でデータを送り込んだり、ソフトウェアを実

行した結果だけを受け取ったりという形になる。ある意味、ネットワーク中心戦と似たところがあって、手元のコンピュータで機能、あるいはデータを扱う代わりに、ネットワークにアクセスすることで機能やデータを得るわけだ。

　ということは当然ながら、クラウド・コンピューティングの方がネットワークへの依存度が高い。ネットワークが途絶すれば、そのネットワークを通じて利用していた機能やデータも利用できなくなる。ネットワークの向こう側にあるサービス事業者のコンピュータがダウンした場合も同じだ。しかも、重要なデータがネットワークを通じて行き来することになるので、通信途上でのデータ保護策も必要になる。

　実際、クラウド・コンピューティングとサイバー・セキュリティの問題については、すでに業界筋でも認識があり、懸念事項として対策を進めていく動きがある。たとえばロッキード・マーティン社では2010年4月に、クラウド・コンピューティングにおけるデータ保護の問題が政府機関にとって最大の懸念事項である、とするレポートをまとめている。

「だから、クラウド・コンピューティングなんて危険だ、使うべきではない」と単純に煽るつもりはないが、だからといって、クラウド・コンピューティングがさまざまな問題を一挙に解決する、バラ色の解決策だと単純に考えるのもどうかと思う。どんなテクノロジーであっても、プラスの面もあればマイナスの面もある。特にクラウド・コンピューティングの場合、サービス事業者に依存する部分が多い点が、話を難しくしている。

❷ サイバー戦とは具体的に何をするもの？

サイバー攻撃とは多様なもの

　何かにつけて「サイバー戦」とか「サイバー防衛」とかいう言葉が出てくるようになった昨今だが、具体的にどういった種類の攻撃が考えられるのか、それによってどんな影響があるのか、といった点については、あまり明確に定義されていないようにも見受けられる。中には、怪しげに脅威ばかりを煽り立てる向きもあるようだ。
　何でもそうだが、適切な対応を取るには、まず相手のことを正しく理解しなければならない。そこで、サイバー攻撃とはどんなもので、どんな場面で発生する可能性があるのか、といった話をしてみたいと思う。
　サイバー戦、あるいはサイバー攻撃というと、具体的にどういった行為を連想されるだろうか？　「いまひとつピンとこない」という人がいれば、「ライフラインに代表されるような社会のインフラを標的にして、それを動かしているコンピュータを攻撃すること」あるいは「企業や官庁（もちろん、防衛関連のものも含む）のコンピュータを攻撃したり、不正侵入して情報を盗むこと」と考える人もいると思う。
　確かに、そういった種類の攻撃が発生する可能性も考えられる。現代の日本、あるいはその他のいわゆる西側先進諸国では、経済活動や日常生活のあらゆる部分にコンピュータやネットワークが入り込んで、それらに依存する形になっているから、そのコンピュータやネットワークを攻撃することは、社会の仕組みに機能不全を起こさせる結果につながりやすい。実際、そうした攻撃が発生して国家のレベルで影響を受けた事例があるのだが、それについては、追って具体例を取り上げることにしよう。
　実際のところ、コンピュータに対する攻撃や不正侵入だけをサイバー戦と考えるのは、いささか定義が狭い。実際のサイバー戦とはもっと幅が広く、意図や目的もいろいろだ。
　広義の攻撃ということであれば、誰もがウンザリさせられているspamメールも、サーバやネットワークに負担をかけているという点では似たようなものだ。もっともこちらの場合、面白半分というよりも金銭的利益を狙ってのことだが。
　ただ、こういったものまで「サイバー攻撃」に含めると幅が広がりすぎて収拾がつかなくなりそうだ。そこで、攻撃元については国家、あるいは組織のレベルに限定して、それらが何らかの明確な政治的目的を達成する手段としてサイバー攻撃を用いる

事例について、考えてみることにしよう。

どんなテクノロジーでも悪用できる

　コンピュータやインターネットの普及によって大きく変化したことというと、コミュニケーションの手段やスピードが大きく変わった点が挙げられる。つまり、情報の伝達速度が速くなり、伝達に用いる手段が多様化して、それが世界規模で実現するようになった。

　昔であれば手紙を書いて、それが届くまでに何日もかかっていたものが、今では電子メールを使えばたちどころにメッセージが届く。不特定多数に向けた情報発信についても、かつては新聞の投書欄に投書するのが関の山で、自ら書籍や雑誌などの媒体を使って情報を発信できる人は限られていた。ところが、今ではWebサイトやblogを開設することで、誰でも、しかも世界のどこからでも（というには語弊があるが）アクセスできる情報発信手段を実現できる。それも、文字だけでなく、静止画・動画・アニメーション・音声まで使える。

　ということは、これはプロパガンダのツールとしても非常に都合が良いといえる。どんなテクノロジーでもそうだが、使う側の意識ひとつで善用も悪用もできる。

インターネットは宣伝ツールとして有用

　実際、インターネットを利用してプロパガンダを展開している事例はたくさんある。テロ組織・ゲリラ組織・反政府武装組織の類というものは、以前であれば地下に潜ってコソコソと活動するのが常で、公然と宣伝活動を展開するのは難しかった。たとえばの話、駅前で演説を行なったり、宣伝ビラなんか撒いたりした日には、たちまち当局にマークされてしまう。

　ところがインターネットの普及によって、Webサイトを開設して宣伝に使うというやり方が実現した。組織と同じ場所にサーバを置いておく必要はないから、どこか規制が甘そうな国でサーバを借りて設置しておけば、宣伝用のコンテンツをアップロードする作業は世界のどこからでもできる。

　また、単に宣伝を行なうだけでなく、意図的に偽情報を流す使い方や、心理戦を仕掛ける使い方も可能だ。ある国の国民に対して「政府の発表なんて嘘っぱちだ、真実は○○という陰謀によるものだ」なんていう類のストーリーを、いかにももっともらしく流布するのは難しくない。

　実際、テロ組織や反政府組織によるものでなくても、「○○は△△の陰謀だった！」とか「××事件の真相はこうだ！」とかいう類の話を書き立てているWebサイトやblogは、それこそ掃いて捨てるほどある。ちょっと常識的に考えればデタラメだと判断できる内容でも、それを作る側は心得ているから、「消防署の方から来まし

た」と同じデンで、つい信じたくなりそうな話をでっち上げてくる。

しかも、静止画や動画の編集ツールがいろいろ出回っているから、提供される「写真」が本当に「真実を写している」という保証はない。画像をチョイチョイと改変して、プロパガンダに都合がいい内容のものをでっち上げるのは簡単だ。といっても、これは技術的には簡単という意味で、もっともらしいモノを捏造する発想力の方が敷居が高いのだが。

つまり、見ようによっては、我々が日常的に利用しているインターネットと、そこで提供されるサービスそのものが、すでに心理戦（PSYOPS：Psychological Operations）の戦場といえる。毎日のように、対立する陣営同士が宣伝合戦を繰り広げているのだから。

かつては一般大衆向けの心理戦というと、宣伝ビラを撒く、あるいはテレビ・ラジオによる宣伝放送を行なう、といったあたりが主流だった。手の者を送り込んで口コミで話を広める方法もあるが、これは時間がかかりすぎて即効性に欠ける。ところが現在では、インターネットを駆使すれば、宣伝ビラ・宣伝放送と同じことを、はるかに効率よく実現できる。

そのほか、宣伝戦やサイバー戦とは関係ないが、犯罪組織やテロ組織が連絡を取り合う手段としてのインターネット、という側面も無視することはできない。通信の秘密を守るという見地から、通信傍受の是非論につながるため、これはこれで複雑な問題をはらんでいる。

不正プログラムを駆使した攻撃

もちろん、コンピュータへの不正侵入、あるいはコンピュータをダウンさせる攻撃といったものも健在だ。こうした攻撃は、個人のレベルで興味半分、あるいは面白半分に行なわれるものも多く含まれる。

一般に、何らかの悪意を持って開発されたプログラムをマルウェアと総称する。マルウェアといっても「〇」のことではなくて、"Malicious"（悪意を持った）と"Software"を組み合わせた造語だ。つまり、何らかの悪意を持って作られたソフトウェアの総称であり、その中にウィルス・ワーム・トロイの木馬・スパイウェアといった小分類がある。

ウィルスとは一般的に、コンピュータで動作するプログラムに寄生して、データの消去・改竄などの破壊行為を行なうものを指す。それに対してトロイの木馬とは、コンピュータの中に密かに送り込まれてデータの盗み出しを図るものと定義される。このほか、ユーザーのキー操作をこっそりと記録して、パスワードやクレジットカード番号などといった情報を盗み出そうとする、キーロガーと呼ばれるソフトウェアもある。

いずれにしても、ディスク上にウィルスやトロイの木馬のプログラムが住み着く形

になる。スパイウェアも情報を盗み出すという点では似ているが、特に個人情報につながる情報をターゲットにしている点で区別される。

ワームは、ネットワークを介して他のコンピュータに攻撃を仕掛けて、侵入可能な設定、あるいは脆弱性があると、それを利用して侵入、さらに攻撃を拡大する。ウィルスやトロイと異なり、ディスク上には住み着かないために電源断や再起動によっていったんは消えるが、同じ状態のままなら再度感染する可能性が高い。

このように、定義の上ではウィルス・ワーム・トロイの木馬・スパイウェアと分かれているのだが、実際にはひとつのマルウェアが複数の性質を兼ね備えていることも多い。

マルウェアの感染ルートと脆弱性

では、こうしたマルウェアはどのようにして感染を広げるのか。大きく分けると、ユーザーの不注意につけ込む方法と、オペレーティング・システムなどの脆弱性につけ込む方法がある。

ユーザーの不注意とは、電子メールの添付ファイル、不正攻撃用Webサイトへの誘導、USBフラッシュメモリにコピーしたファイルの自動実行などといった形で、マルウェアそのもの、あるいはマルウェア導入用のプログラムを実行する方法を意味する。

それに対して脆弱性とは、ソフトウェアが抱えている不具合を指す。もちろん、ソフトウェアを開発する際にはさまざまな状況を想定して、問題が生じないようにプログラムを書くものだが、それでも想定外の状況が発生して、不正にプログラムを実行できてしまったり、マルウェアを送り込まれる原因を作ってしまったりする。そうした問題点を総称して脆弱性といい、ソフトウェアの開発元などが情報を公開して、対策のための修正プログラムを配布している。

ところが脆弱性情報の公開は、実証コード（発見された脆弱性を実際に悪用するためのサンプルとなるプログラム）の出現を伴うことが多い。つまり、脆弱性に関する情報が明らかになった時点で、それを利用した攻撃が発生する可能性があることになる。

特に、インターネットにつながっているコンピュータが脆弱性を残した状態になっていると、それに攻撃者がつけ込む可能性が高い。その結果として、第三者のコンピュータを攻撃するためのプログラムを送り込まれて、本人が知らない間に攻撃のお先棒を担がされる可能性がある。

そうした事態を避けるには、自分が使用しているコンピュータについて、脆弱性を持たない状態を維持する必要がある。それを無理なく実現するため、定期更新や自動更新といった仕組みを用意しているソフトウェアが多くなった。たとえばマイクロソフト社では、WindowsやOfficeを初めとする自社製品について脆弱性情報を公開する

とともに、対策のために必要なセキュリティ修正プログラムを月例で公開、自動更新できるようにしている。

　こうした仕組みを利用して自分のコンピュータを安全な状態に保つことは、単に自分のコンピュータを保護するというだけでなく、他者に対する攻撃のお先棒を担がされないようにするという意味でも重要なことだ。

❸ すでに現実になっている サイバー戦

サイバー攻撃すなわち不正侵入とは限らない

　といった具合に「サイバー戦」の定義について解説してきたが、具体的な事例がなければ説得力に乏しいだろう。そこで、最近になって発生した事例の中から、典型的なものをいくつか選んで取り上げてみよう。

　一般に「サイバー攻撃」というと、かつての「ハッキング」と同じ考え方から、不正侵入・データの盗み出し・データの改竄といった類のものを連想しやすい。確かに、そうした攻撃は現在でも盛大に行なわれているが、それだけではない点に注意したい。また、「サイバー攻撃によって電力供給などのライフラインが機能不全を起こして云々」という話も、蓋然性を完全に否定することはできないが、攻撃の有効性という観点からすると疑問符が付く。分かりやすくはあるが、もっと有効な打撃を、手っ取り早く与える方法はいろいろ考えられるからだ。サイバー戦に限ったことではないが、それを軍事的勝利に結びつけることができなければ、最終的な目標達成につながらない。では、ライフラインの機能不全を起こすことができたとしても、それによってどういった効果が見込めるだろうか。また、その効果の確実性はどの程度だろうか。そう考えると、この種の攻撃が直接的に、軍事的・政治的目標の達成につながる可能性は高くないと思われる。

　それと比べれば、軍やその他の政府機関、あるいは企業のコンピュータに不正侵入して、情報を盗み出す攻撃の方がダメージが大きい。もっとも、「ある国のことについて調べるなら、公然情報を精査することで90%は分かる」という情報の世界の格言もある。不正侵入によって致命的なダメージが生じるかどうかは、状況と対象次第だ。

　こういった問題もさることながら、インターネットを通じて提供されている各種サービスを妨害する、あるいはインターネットを通じて宣伝戦を展開する、といった手法の方が、蓋然性が高く、しかも一般市民に対する心理的影響は大きいのではないか。

　インターネットが普及する前であれば、コンピュータを使っていてもネットワークへの依存度は低かったから、個別のコンピュータを標的にして不正侵入・盗み出し・改竄といった攻撃を仕掛けるしかなかった。ところが、インターネットという公共ネットワークが行き渡り、多くの人がそれに依存している現在では、そのネットワークが機能不全を起こすだけで打撃になる。

また、インターネットは誰でもアクセスできるネットワークだから、そこを通じて行き来する情報を傍受・改竄する可能性もある。これも攻撃の手段として意味があり、それだからこそ暗号化やデジタル署名といったテクノロジーが用いられるようになった。

　このように、サイバー攻撃という言葉が意味するものの幅が広まってきている事情があるので、そのことを正しく認識しなければ、不必要に恐怖を煽られたり、あるいは警戒すべきところで安心してしまったりということになりかねない。

エストニアを麻痺させたサイバー攻撃（2007年）

　まず、サイバー戦というと誰もが連想する、社会の機能を麻痺させる類の攻撃が発生した事例について取り上げよう。場所はバルト三国のひとつ、エストニア共和国だ。

　エストニアは1991年に独立した後、「IT立国」を目指して、積極的に国民生活におけるIT活用を図った。たとえば、オンラインバンキングの利用率が100％に近い高さとなっているほか、PKIの導入により、国民がそれぞれ自分専用のPKIチップ入りIDカードを所持するまでに至っている。つまり、政府公認のデジタル証明書を国民に支給しているものと考えればよいだろう。これだけの充実度を実現しているだけに、日常生活におけるITへの依存度は高い。

　そのエストニアは国内にロシア系住民が住んでいるため、民族不和の問題を抱えている。その対策として2007年4月に同国政府が、第二次世界大戦における勝利を記念して建てられた銅像を、首都タリンの中心部から郊外に移す措置をとった。これがロシア系住民、さらにはロシアからの反発を買い、サイバー攻撃を受けるきっかけになったとされている。

　攻撃に用いられた手法はさまざまだが、その多くは標的になったコンピュータを過負荷にして機能不全を起こさせるものだったようだ。ロシア国内では、攻撃の手法を具体的に示して参加を煽る、攻撃のための寄付を募る、攻撃用プログラムが寄生するコンピュータのネットワーク（いわゆるボットネット）が拡大する、といった形で攻撃元が増殖した。

　さらに、標的の方もエストニアの政府機関だけでなく、金融機関や報道機関などに拡大、最終的には国外からの通信を遮断することで攻撃を食い止める事態になった。いわば、ネット鎖国状態にせざるを得なかったわけだ。攻撃が発生した後で、エストニアではフィルタリング用の機材を増強したり、アメリカ政府やNATOが専門家を派遣したりといった支援が行なわれている。

　なお、エストニアの事例では国の規模が小さく、インターネット関連のインフラが集中していたことから、対策を講じるのが容易だったという指摘がある。

グルジア紛争（2008年）

　一方、宣伝戦・心理戦のツールとしてのサイバー攻撃が用いられた事例としては、2008年のグルジア紛争が挙げられる。

　こちらもロシアが絡んでいるのだが、グルジアからの独立を主張する南オセチア自治州をロシアが支援する構図があった。そして2008年にグルジア政府が軍事行動に出て、それに対してロシア軍が介入する事態になった。その辺の話は本書の本題ではないので詳しく取り上げないが、このロシア軍の介入とともに、ロシアからグルジアに向けてサイバー攻撃が行なわれたとされる。

　やはり、まず狙われたのは大統領府を初めとするグルジア政府機関のサーバで、たとえばWebサイトの内容を勝手に書き換える、グルジア大統領の顔写真に某独裁者風のチョビ髭を書き加えたものをアップロードする、エストニアにおける事例と同様にコンピュータを過負荷にする、といった類の攻撃が行なわれたと報じられている。

　コンピュータを過負荷にするのは分かりやすいが、そのチョビ髭の一件、あるいはWebサイトの改竄に代表されるように、政治性を帯びた攻撃が目立った点が、グルジア紛争がらみのサイバー攻撃における特徴といえる。日本でも、政府機関のWebサイトが不正侵入の被害に遭い、政治性のある内容に改竄される事態が発生したことがあるが、それと同じだ。つまり、宣伝戦・心理戦としてのサイバー攻撃といえる。

各国の軍を狙った情報漏洩事件・ウィルス感染事件

　エストニアやグルジアの事例は、国家間の対立が存在するところにサイバー攻撃が持ち込まれた事例だが、それ以外でも、軍や政府機関がさまざまな形で、情報通信システムに関連する攻撃を受けたり、実際に被害を出したりしている。

　たとえば、コンピュータがウィルスに感染した結果として機密データを外部に流出させた、といった類の話は、我が国も含めてさまざまな国で発生している。日本で、業務データがファイル交換ソフトを通じて流出した事例が発生した件は、記憶に新しい。これは、業務用のデータを自宅に持ち帰ったところ、その自宅のPCにはファイル交換ソフトとそれに感染するウィルスが存在していたため、意図せざる形で"放流"してしまったものだ。いったんファイル交換ネットワークに出回ったものは、もう回収不可能である。

　もっともこれは、自宅に業務用のデータを持ち出す、あるいは私物のPCに依存しないと仕事が進まない、といった体制に起因する部分もある。実際、自衛隊では情報流出事件の後で、私物PCの利用禁止や官品PCの支給拡大といった対策を取った。

　このほか、電子メールの添付ファイル、あるいはWebサイトへのアクセスによってウィルスを送り込まれた事例だけでなく、ウィルスが住み着いたUSBフラッシュメ

モリを業務用のコンピュータに取り付けた結果としてウィルスに感染した事例もある。そうした事情もあり、アメリカや韓国のように、USBフラッシュメモリの利用を禁止した事例もある。米軍では後に、暗号化を初めとするセキュリティ関連機能を充実させた「政府公認」のUSBフラッシュメモリに限定して利用を許可する形とした。

こうした攻撃は、「政府機関だけを狙い撃ちしたわけではないが、不特定多数を狙って送り出したウィルスが政府機関にも被害を出した」事例と、「最初から意図的に、政府機関のコンピュータを攻撃対象にした」事例に分類できるだろう。ただし、実際に発生した事例がどちらに該当するかを判断するのは難しいし、情報が漏洩したり勝手に消されたりして困るのは民間でも同じことだ。

ただし、そうした攻撃を個人のレベルで面白半分、あるいは金銭目的で行なっているのと、政府機関が政治的意図の下に行なっているのとでは、意味合いがまるで違ってくる。

サイバー戦は貧者の最終兵器

こうしたサイバー戦、サイバー攻撃には、一般的な国家同士の戦争とは異なる部分がいろいろある。

まず、「国家によって徴集された軍人同士が戦う」という考え方が当てはまらない。国家レベルで人材を集めてサイバー攻撃を仕掛ける事例ももちろん存在するが、それだけでなく、必要な能力や技術を身につけた一般市民の有志が、勝手に攻撃を仕掛ける場合もある。しかもインターネットの世界では、攻撃用のツールをどこかのサーバにアップロードしておけば、それを使って多数の人が攻撃を仕掛けることができる。

しかも、インターネットが普及したおかげで、コンピュータと人材と通信回線が揃えば、地球の裏側まで攻撃を仕掛けることができる。昔はコンピュータに不正侵入しようとすると、ターゲットとなるコンピュータやシステムが電話回線、あるいはその他の通信回線と接続されている部分を苦労して突き止めなければ、攻撃を始められなかった。

ところが、現在はインターネット経由で簡単に攻撃を仕掛けられる（もちろん、インターネットと切り離されているコンピュータについては話が別だが）。しかも、意外と見過ごされがちな話だが、「インターネット」というものを統括管理している単一の組織があるわけではない。そもそもの発端からして、インターネットとは「それぞれの組織が持っているネットワークを互いにつなぎ合わせて構築した大規模ネットワーク」だ。

そうした事情から、かつてのパソコン通信ネットワークみたいに「運営会社に頼めばなんとかしてくれる」というわけにはいかない。どこか、海を隔てた他所の国から攻撃を仕掛けられた場合、その攻撃元の国でサイバー攻撃、あるいはそれに類する攻撃を取り締まる法律があるかどうか分からないし、あったとしても取り締まれる体制

があるかどうか分からない。ヘタをすると、実はその相手が国家レベルで攻撃を仕掛けてきていた、なんてことになるかもしれない。

この後で述べるように、インターネットに接続するコンピュータはすべて固有のアドレスを持っているから、それを使えば攻撃元を突き止めるのは容易、と考えそうになる。しかし、実際には攻撃元の秘匿は簡単にできる。

こうした事情があるため、特にインターネットを利用する各種のサイバー攻撃とは、正規軍相手の戦争で真っ向勝負できない国、あるいは組織に大きな利点を与える、貧者の最終兵器といえる。まさに究極の不正規戦だ。しかも、この攻撃には武器禁輸措置が機能しない。ある国から攻撃を受けたからといって、その国に対するパソコンなどの輸出を禁止しろというわけにはいかないのだ。

米軍ではサイバー戦に対応できる人材を育成するため、さまざまな訓練課程を整備している（DoD）

❹ サイバー防衛組織の 整備を急ぐ各国

民間レベルの取り組みの例

　もともと、インターネットは（当初は米軍の資金でスタートしたとはいえ）民間の企業・学校・研究機関などの相互接続によってスタートした経緯がある。そのため、そのインターネットにおける各種攻撃についても、民間レベルで情報収集を行なう取り組みが存在する。

　それが、CSIRT（Computer Security Incident Response Team、シーサート）と呼ばれる組織の一群だ。CSIRTとは、インターネット上でセキュリティ関連などの問題が発生していないかどうかを監視したり、問題が発生した際に原因の究明や影響範囲の調査を行なったり、といった活動を行なっている。ただし司法権はないため、情報の収集・提供が主な活動であり、刑事事件に発展した際の捜査は法執行機関に任せることになる。また、事件を予防するための情報収集として、ソフトウェアの脆弱性に関する情報を収集・発信する活動も行なっている。

　著名なCSIRTとしては、米カーネギーメロン大学（CMU）に拠点を構えるCERT/CC（Computer Emergency Response Team/Coordination Center）、日本ではCERT/CCの日本版といえるJPCERT/CC（Japan Computer Emergency Response Team Coordination Center、一般社団法人JPCERTコーディネーションセンター）などがある。ちなみに、CERT/CCが1988年に発足したきっかけは、インターネットで大規模なワーム感染事件が発生したことだ。

　日本のJPCERT/CCは1992年頃からボランティアで活動をスタートして、1996年10月に任意団体となった。その際の名称は「コンピュータ緊急対応センター」だったが、2003年3月に「有限責任中間法人JPCERTコーディネーションセンター」、2009年6月18日に「一般社団法人JPCERTコーディネーションセンター」、と改称を重ねている。

　JPCERT/CCでは、セキュリティ関連の事件発生を把握する目的でインターネット定点観測システム（ISDAS：Internet Scan Data Acquisition System）を運用しているほか、セキュリティ関連の事件についての報告受付、ソフトウェアの脆弱性に関する情報公開（JVN：Japan Vulnerability Notes）、といった活動を行なっている。

政府レベルでの取り組みの例

　政府レベルでは、アメリカ政府が設置しているUS-CERT、あるいは日本政府が内閣官房情報セキュリティ対策推進室内に設置しているNIRT（National Incident Response Team）といった具合に、CSIRTを設置・運営している事例があるほか、国家戦略としてサイバー・セキュリティの問題に取り組む国が増えてきている。前述したように、民間レベルで設置・運営するCSIRTでは司法権がないことから活動内容に制約が生じるが、国家レベルで取り組むことで、それを補える可能性がある。米空軍のように、自前のCERT（AFCERT）を設置している事例もある。

　もっとも、実際に捜査や犯人逮捕を担当するのは各国の法執行機関であり、それを可能にする環境を整備するために法制度を整えたり、所要の組織・施設・人員を整えたり、といったところが政府や立法府の活動になる。たとえばアメリカでは、オバマ大統領が国家レベルの包括的なサイバー・セキュリティ構想としてCNCI（Comprehensive National Cybersecurity Initiative）を策定・公表している[58]。

　日本では、情報通信行政を所管する総務省に加えて、警察庁、経済産業省がこの問題に取り組んでいる。以前からウィルス関連情報の収集などで活動している独立行政法人・情報処理推進機構（IPA：Information-technology Promotion Agency, Japan）に加えて、内閣官房でも2005年に、内閣官房情報セキュリティセンターを発足させている[59]。

　また、政府機関とは異なるが、NATOは2008年5月に、エストニアのタリンに拠点を置くサイバー防衛関連の研究組織・Cooperative Cyber Defence Centre of Excellenceを設置した。CoE（Centre of Excellence）とは最近多用される言葉で、特定分野についての取り組みを進める目的で専門家を集めた組織を指す。そのCoEのサイバー・セキュリティ版だ。

　NATOの政策担当者によると「NATOは毎日、100件前後の"悪意による攻撃"を受けており、一方では120ヵ国あまりがサイバー攻撃能力の育成に取り組んでいる」と指摘。そして、陸・海・空・その他の伝統的領域に続く、第五の戦場がサイバー戦だとしている。そうした認識が、専任の担当組織の設置につながったといえる[60]。

軍レベルでの取り組みの例

　サイバー攻撃といっても動機はいろいろで、面白半分、自己顕示欲、カネ目当てといったものから、戦争の手段としてのものまである。特に戦争の手段としてサイバー攻撃が用いられるようになると、これは国家安全保障に関わる問題になるため、国家安全保障戦略の中にサイバー防衛を取り込み、専任の組織や人員を整備する国が増えている。

たとえばアメリカでは、複数の軍種にまたがって統合指揮をとる統合軍のひとつとして、2009年6月にサイバー軍（USCYBERCOM：US Cyber Command）を発足、その時点で存在している、あるいはその後に発足した陸海空軍のサイバー戦関連部門を、この下に入れる体制を整備した。初代司令官には、国家安全保障局（NSA：National Security Agency）長官とCSS（Central Security Service）の長を兼ねる、キース B.アレクサンダー陸軍大将が就任した。NSAは暗号解読や自国向けの暗号システム整備を担当する組織だから、そこの人間をサイバー防衛部門のトップに据える人事は理に適っている。

USCYBERCOMは、組織的には米戦略軍（USSTRATCOM：US Strategic Command）の下部組織という位置付けになっているが、戦略軍といえば戦略核兵器を扱う組織だ。その戦略軍の下にUSCYBERCOMを入れたことは、サイバー戦の問題を国家戦略レベルの問題として認識していることの現われ、といえるだろう。

USCYBERCOMの主要な任務は、米軍が運用するコンピュータやネットワークの防衛であり、国土安全保障省（DHS：Department of Homeland Security）、国家安全保障局、戦略軍、そして本土防衛を担当する統合軍・米北方軍（USNORTHCOM：US Northern Command）と協力して任務を遂行するとしている。また、アレクサンダー司令官は「USCYBERCOMはサイバー空間を軍事化するものではなく、軍の資産防衛が目的である」と説明している。ここでいう資産とは無論、コンピュータやネットワークといったもののことだ。

そのアレクサンダー大将によると、米軍が運用するコンピュータは700万台、ネットワークは15,000あるとのこと。そして、それらに対してどういった攻撃が加えられているかを把握する状況認識の能力が欠けていると指摘している。米軍のコンピュータ・ネットワークに対しては、1時間に25万件、1日に600万件の探索が仕掛けられており、その中には探索に成功した証拠が残っている事例が少なくないとしている。そのため、ネットワークについても（リアルの戦場と同様に）状況認識の手段が必要だとしている[61]。

なお、このUSCYBERCOMの下に入る陸海空軍の組織は、それぞれ以下のようになっている。

- 陸軍：ARFORCYBER（Army Forces Cyber Command。SMDC/ARSTRATの機能を一本化して発足、2010年末にFort Belvoir〈VA〉に新司令部を開設する予定）
- 海軍：FLTCYBERCOM（Fleet Cyber Command）
- 空軍：AFCYBER（Air Force Cyber Command）

◎William J.Lynn III 米国防副長官は2010年9月に、NATO各国の関係者とサイバー防衛について協議した際に、サイバーセキュリティの五本柱として「サイバースペー

スを新たな戦闘空間と認識した上で、人員の訓練、ドクトリンの策定、他の領域で講じているのと同様の施策の導入を図る」「防衛手段の整備。パッシブ防衛（個別のコンピュータの防禦とファイアウォール。これで 70–80% の攻撃は阻止できる）、アクティブ防衛（より積極的に攻撃を検出・阻止する）の二本立て」「インフラの保護」「包括的な防衛体制の構築」「技術面のアドバンテージ維持」を挙げている。

アメリカ以外の国では、たとえばイスラエルで、2010年3月に国防軍参謀次長のベニー・ガンツ少将が率いるサイバー戦部門を発足させている。イスラエルでは、SIGINTや暗号解読を担当する部門・IMIがサイバー関連分野を仕切る形をとっている。そのイスラエルは2007年にシリア国内の核施設を爆撃・破壊しているが、その際にシリアのコンピュータ・システムに侵入して攻撃を成功に導いたと報じられている[62]。

日本における防衛省の取り組み

日本でも同様に、防衛省が指揮通信システム隊の麾下に「サイバー空間防衛隊」を設置する計画を進めている。人員規模は60名、まず2010年度予算で70億円の予算を計上した。最初は、コンピュータ・ウィルスへの対処方法を研究したり、専門知識を持った要員を養成したり、といったところから着手するとしている。さらに、自衛隊指揮通信システム隊（仮称）を新編する計画もある。

日本でも他国と同様に、情報面の優越を実現するためにコンピュータやネットワークに依存する度合が高まっている。そのため、そうした資産を外部からの攻撃から護る必要があるため、専任の組織を設置することになった。これは単に自衛隊の情報優越を維持するというだけでなく、同盟国と足並みを揃えて共同運用を円滑に進める見地からも、必須の施策といえる。「自衛隊のサイバー戦対策はザルだから」といって重要な情報を回してもらえないようでは困るのだ。

また、サイバー防衛そのものについても同盟国との協調・協力が必要なので、日米間の防衛協力の一環として、「情報保証とコンピュータ・ネットワーク防御における協力に関する了解覚書」を2009年4月に締結済みだ。これは、サイバー攻撃が発生したときの対処能力向上を図るため、日米間の情報交換を可能にする目的による。

❺ サイバー防衛の実際

インターネット経由の攻撃とIPアドレス

　続いて、インターネット経由の攻撃に対処する際に欠かすことができない、IPアドレスの話について簡単に解説しておこう。

　2台のコンピュータを直結しているだけのシンプルな環境なら、通信相手は決まっているから、相手を識別する仕組みがなくてもなんとかなる。しかし、ひとつのネットワークに多数のコンピュータが接続されている場合、通信相手を識別して、正しい相手と通信する仕組みが必要になる。そこで、個々のコンピュータごとに異なるアドレスを割り当てる方法をとる。いわば住所のようなものだ。

　インターネットでは、TCP/IPと呼ばれる方法で通信相手の識別とデータの搬送を行なっているが、そのTCP/IPで通信相手の識別に使用するのが、IPアドレスと呼ばれる数値だ。TCP/IPを使用する軍用ネットワークでも同様に、IPアドレスを割り当てて通信相手を識別している。

　TCP/IPで使用するIPアドレスには、IPv4とIPv6という2種類の体系があり、表記に使用する桁数が異なる。IPv4は32ビット、つまり2進法32桁で、2の32乗≒約43億個のアドレスを用意できる。しかし実際には、インターネット以外のところで使用するアドレス範囲が決められている等の事情から、インターネットで利用可能なアドレスの数はグッと少なく、4億個程度とされる。

　このIPアドレスを、地域別→国別→各国内のインターネット接続事業者（ISP：Internet Service Provider）と分割しながら割り当てて行く仕組みをとっており、どこの誰にどのアドレス範囲が割り当てられているかは、誰でも調べることができる。

　そして、インターネットを介して行き来する通信はすべて、誰が誰と通信するのかを識別できるように、「送信元IPアドレス」と「宛先IPアドレス」の情報を持っている。ということは、インターネットに接続したコンピュータが攻撃を受けたときに、攻撃のために送りつけられたデータの送信元IPアドレスを調べれば、誰が攻撃元なのかは把握できる。

実際には簡単な話ではない

といいたいところだが、実際にはそんなに単純な話ではない。

まず、限られたIPアドレスを有効に活用するため、ISPの利用者よりもIPアドレスの数の方が少なく、接続を要求したユーザーに、その時点で空いているIPアドレスを割り当てる仕組みをとっている。そのため、特定のユーザーと特定のIPアドレスを関連付けるのは難しい。だから、ISPの側で、接続要求を受け付けた際に「どのユーザーに、どのIPアドレスを割り当てた」という記録をとっていなければ、万事休すだ。また、ISPがそうした情報を正しく提供してくれなければ、意味がなくなってしまう。

また、攻撃者は馬鹿正直に、インターネットに接続した自分のコンピュータから攻撃を仕掛けるとは限らない。攻撃用プログラムを自分で実行せずに、セキュリティ設定が甘いコンピュータを見つけて、そちらに送り込んで実行させる場合もある。その場合、攻撃用プログラムを送り込まれた側は、それと知らずに攻撃のお先棒を担ぐ羽目になるだけでなく、攻撃の嫌疑をかけられる可能性すらある。

また、攻撃の際にデータに細工をして、送信元IPアドレスの情報を詐称する可能性もある。詐称した内容を基に犯人を捜査しても、正しい犯人には行き着けない。

こうした事情があるため、インターネットにおける犯罪行為、あるいは攻撃行為を完璧に取り締まるのは難しい。前述したように、「インターネットというものを統一管理している単一の組織」があるわけではないので、国によっても対応に温度差が生じてしまう。

だいたい、ある国に対して「おたくの国からサイバー攻撃を受けているのだが」といって捜査協力を要請してみたら、実はその国の政府機関そのものが攻撃元だった、なんていうことになったらシャレにならない。しかし、これはおおいにあり得る話である。

サイバー攻撃網の存在と否認の問題

しばらく前に、アメリカのジェームズ・カートライト統合参謀本部次長が、「中国からのサイバー攻撃は大量破壊兵器並み」と発言した。バラク・オバマ大統領も「サイバー戦は大量破壊兵器である」との見解を示しており、国家レベルでサイバー防衛に力を入れる考えを示している。

実際、何年も前から米軍のネットワークが中国からさまざまな種類の攻撃を受けているのは周知の事実だ。また、インターネットを通じて公開されているサーバから、大量のデータをダウンロードしているという報告もなされている。

そして2009年4月にカナダの研究者が、中国を拠点とするオンライン・スパイ網の存在について報告書をまとめた。これは、他国の政府機関・産業界・学術界に対して、

組織的にネットワーク経由で攻撃を仕掛けて、情報の盗み出しなどを図るものだとされている。

また、セキュリティ研究者らが参加する調査機関・IWM（Information Warfare Monitor）とShadowserver Foundationが、マルウェアを使って各国の政府機関・企業などから情報を盗み出すサイバー・スパイ網の存在について発表している。クラウド・コンピューティングのシステム、Twitterを初めとするSNS（Social Networking Service）を利用してマルウェアの感染を広げた上で、そのマルウェアを用いて情報の盗み出しを図り、そうした攻撃を中国にある中核サーバで取り仕切っていたとされる。攻撃に関与したとみられる人物は、中国・四川省の成都にいる可能性があるとされた。2009年には同じIWMが、100ヵ国以上の政府機関などを標的にしていたスパイ網「GhostNet」についての報告書を発表している。

このほか、「○○国の軍隊がサイバー攻撃網を組織している」という類の報道も、いろいろと出てきている。

こうしたサイバー攻撃事件、あるいはサイバー攻撃網が、個人、あるいは民間の組織によって行なわれているのか、それとも国家レベルで行なわれているのかどうかは、判断が難しい場合が多い。ただ、仮に国家レベルで意図的・組織的に行なっているのだとしても、そのことを突き止めて証拠を挙げて、クレームをつけるのは難しい部分がある。

というのも、国の機関が直接攻撃を仕掛けるとは限らないからだ。前述したように、第三者のコンピュータにマルウェアを送り込んで攻撃させる場合、大元の攻撃者の存在は表に出ない。

また、仮に国家レベルで攻撃を仕掛けているというクレームを受けたとしても、「それは民間人が勝手にやったことで、我が国は関わっていない。捜査を実施した上で、犯人を逮捕すればしかるべく処分する」と応答すれば、それまでになってしまう。実際、エストニアやグルジアの事例では"愛国的な"国民が勝手に攻撃を仕掛けたとされるが、それと国家レベルでの攻撃を明確に区分するのは困難だ。

さらに、インターネットを通じた攻撃では、インターネット接続回線の構成も問題になる。すべての国同士が直接通信可能な状態になっているわけではなく、ときにはA国からB国を経由して他国とつながっている、という形になっている場合もあるので、攻撃元がA国だったとしても、攻撃の方法によってはB国からの攻撃に見えてしまう可能性はある。

サイバー防衛を担当する側からすると、攻撃元を特定するのは厄介であり、故に、攻撃元に対して"サイバー反撃"を仕掛けるのも難しいといえる。へたをすると、無関係の第三者を"誤爆"することにもなりかねないからだ。そもそも、後述するような事情により、攻撃を受けたからといってホイホイと反撃できるとはいえない。

戦場がサイバーなら演習もサイバーに

とはいえ、何もしないで手をこまねいているわけにも行かないので、実際にはさまざまな防衛策がとられている。

攻撃の内容によって、「こういった形のデータが送られてくる」「トラフィック（ネットワークを行き来する通信の内容・状況）に特定の傾向が現われる」といった特徴があることが分かれば、そうした情報を利用して通信を遮断する等の措置をとれる。問題は、実際に攻撃を受けてみなければ、どういった状況が発生するかが分からないことだ。そうした問題を解決するため、模擬環境で既知の攻撃手法を再現して、攻撃の検出や攻撃への対処について研究する手法がとられている。

たとえばアメリカでは、DARPAがNCR（National Cyber Range）という計画を進めており、ロッキード・マーティン社が主契約社となって開発を進めている。これは、サイバー防衛の演習場を仮想空間上に実現するものと考えればよい。本物のインターネット、あるいはその他のネットワークと同様の技術・内容・構成を備えたネットワークを設置して、そこで攻撃や防御を実際に行なってみるわけだ。日本でも、防衛省が同様の施策を進めている。

Northrop Grummanはイギリスで、BT・Oxford University・Warwick University・Imperial Collegeと組んで、England南部のFarehamで2010年10月に、SATURN（Self-

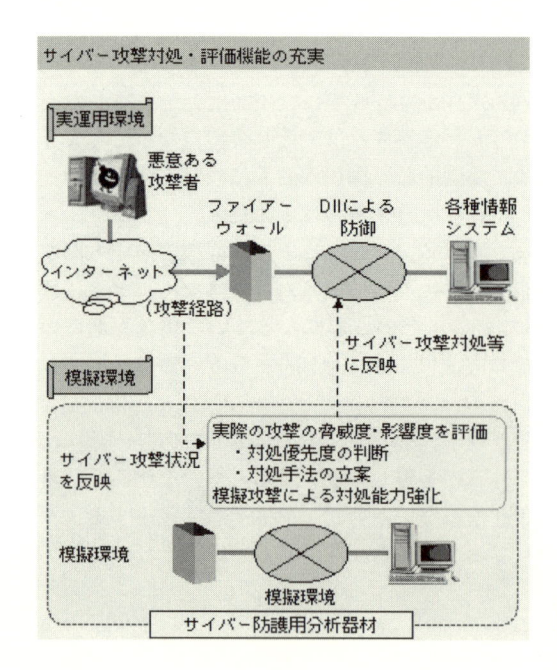

図 10.1：サイバー防衛のために模擬環境を構築する際の考え方（防衛省）

Organizing Adaptive Technology under Resilient Networks）なる研究プログラムをスタートさせる。趣旨はNCRと同じで、攻撃・防禦の手法について研究する環境を構築するもの。

この考え方は、軍事作戦の演習を演習場の模擬環境で実施するのと同じだ。ただし、飛び交うのが実弾ではなくプログラムやデータという点が異なる。

サイバー戦と法的問題

サイバー防衛で問題になるのは、防衛に徹するのか、こちらから反撃、あるいは攻撃を仕掛けるのかという点だろう。実のところ、防禦に徹するのであればともかく、こちらから攻撃を仕掛けようとすると、いろいろと法的な問題が出てくる。

軍隊が戦闘行動をとるときには、交戦規則（RoE：Rules of Engagement）を定める。好き勝手に発砲して、不必要に戦争のきっかけを作ったり、事態をエスカレートさせたりしたのでは困るからだ。では、サイバー戦はどうか。

たとえば、コンピュータが攻撃を受けて使い物にならない状態に追い込まれたとする。それ自体はレッキとしたサイバー攻撃だが、その後の対応は問題だ。ちょっと考えただけでも、以下のようにいろいろと課題が生じる。

・サイバー攻撃を、火砲・ミサイル・爆弾などの武器を使った攻撃と同列にみなして良いのか
・攻撃とみなした場合に反撃できるのか
・反撃する場合の手段はどうするのか
・どこまでの反撃が許容されるのか
・設定した目標が、本当に攻撃して良い相手なのかどうかをどのように確認するか

技術の進歩が法律や規則の盲点を生み出す事例はたくさんあるが、戦争においても同じといえる。従来から馴染みがある戦闘行動を想定して作られた法律や交戦規則が、果たしてサイバー防衛やサイバー攻撃にも同様に適用できるのか、という問題だ。

また、NATOのように軍事同盟を構成しているケースでは、どこかの加盟国がサイバー攻撃を受けたときに、それを軍事同盟に対する攻撃とみなして、相互防衛義務に基づいて反撃してしまって良いのか、という問題も生じる[63]。実のところ、こうした問題についてはまだ、答えが出たとはいえない。実際にさまざまな事例を積み重ねながら、どの程度まで対応して良いかを見極めていくことになるのではないだろうか。

しかしその一方では、法律も交戦規則も関係なく、好きなようにサイバー攻撃を仕掛けることを躊躇しない国家、あるいは勢力も存在する。こうした場面では、どうしても攻撃を受ける側の方が不利な立場に立たされることになる。そこで軍も政治家も国民も、ヒステリーを起こさずに冷静に対応できるか。これは厄介な問題になるかも

しれない。

実は人間がセキュリティ上の盲点

　ここまではもっぱら、技術的な面からサイバー防衛について取り上げてきた。ところが実際には、技術的な対策だけでは十分とはいえない。むしろ、技術的な問題よりも人的な問題の方が根深いといえるぐらいだ。いくらシステムを整備しても、人間の「うっかり」がすべてを台無しにしてしまう事例は、すでにいくつも存在している。

　マルウェアの感染を企てる場合だけでなく、spamメール、あるいはフィッシングを初めとする各種の詐欺にもいえることだが、この種の攻撃では人間の心理を突く攻撃が目につく。たとえば、世間を騒がせている事件や有名人のスキャンダルといった話をネタにして、添付ファイル、あるいは攻撃用Webサイトへのリンクをクリックさせようとする。

　警戒している人が相手でも、さまざまな手法を用いて警戒心を緩ませようとするぐらいだから、ましてや「自分だけは問題に巻き込まれっこない」なんて考えて、油断している人においてはなおのことだ。実のところ、そういう考えを持ってしまっている人は意外と多いものだ。

　分かりやすい事例では、無線LANのセキュリティ設定がある。何もセキュリティ設定を行なっていない無線LANは、電波が届く範囲であれば誰でもつなぎ放題であり、それを通じてインターネットに接続できてしまう。そこでさまざまな「悪さ」を行なうと、攻撃を受けた側からは、（本当の攻撃者ではなく）無線LANの持ち主から攻撃を受けたように見える。これも、意図せずに攻撃のお先棒を担いでしまう一例だ。「自分のところには、盗まれて困るようなデータはないから」といって無線LANのセキュリティ設定をサボる人がいるものだが、それは不正侵入されることしか考えていない、一面的なモノの見方といえる。むしろ昨今では、自分の情報が盗まれることよりも、自分のネットワークが攻撃の手段に使われることを心配しなければならない。

　こうした人的なセキュリティ対策だけは、政府やソフトウェアの製造元がいくら頑張っても、どうにもならない。ユーザー一人一人の自覚が問題なのだ。

註

1. Automatic Identification Technologies（AIT）（http://www.acq.osd.mil/log/rfid/r_supplier.html）
2. JDW（2005/7/27）"BRIEFING：ESSENTIAL COVER - Contractor Support"
3. IT Pro（NIKKEI BPNet, 2004/8/20）"イラク駐留米軍の在庫の山が消えたワケ"
4. AirForceLink（2010/4/12）"KC-135 testing aims at fueling efficiency, cost savings"
5. http://www.defenseindustrydaily.com/Raytheon-Wins-USAs-GBU-53-Small-Diameter-Bomb-Competition-06510/
6. 日本無線技報No.47 2005 - 2「当社GPS受信機開発の歴史と動向」
7. CRL News 1987.6 No.135（http://www.nict.go.jp/publication/CRL_News/back_number/135/135.htm）
8. http://tycho.usno.navy.mil/gpscurr.html
9. JDW（2004/12/15）"India joins Russian effort to replenish satellites"
10. JDW（2005/12/24）"India and Russia strengthen defence ties"
11. マイクロソフト導入事例・米国海軍（http://www.microsoft.com/japan/showcase/usnavy.mspx）
12. @IT NewsInsight「次世代戦闘機で試される大規模コード管理」（http://www.atmarkit.co.jp/news/200205/21/jsf.html）
13. 防衛技術ジャーナル（2010/1）"特集座談会・欧米の軍用通信ネットワークはいま！"
14. JDW（2006/7/5）"NITEworks project completes three-year assessment phase"
15. JDW（2008/2/26）"NITEworks partnership adopts new funding mix"
16. JDW（2005/3/23）"Leased Gripens incompatible with missile system"
17. JDW（2006/6/7）"Czech Gripens upgraded to carry improved Sidewinder"
18. JDW（2004/7/7）"Czech Republic in rush to arm Gripen fighters", JDW（2004/10/20）"Czech Republic running out of time to equip Gripens with AMRAAMs"
19. JDW（2004/6/30）"US restructures underwater robot projects"
20. http://www.janes.com/articles/Janes-Underwater-Warfare-Systems/MRUUV-United-States.html
21. Giant Shadow Experiment Tests New SSGN Capabilities（Navy.mil, http://www.navy.mil/search/display.asp?story_id=5559）
22. Lockheed Martin Press Release（2010/5/24）"Lockheed Martin Demonstrates New Ambush-Thwarting Push Vehicle Capability For Automated Convoy Program"
23. General Dynamics Press Release（2010/5/12）"General Dynamics Robotic Systems Completes Successful Autonomous Navigation System Critical Design Review"
24. MoD UK（2010/5/19）"RAF's Reaper logs 10,000 hours over Afghanistan"（http://www.mod.uk/DefenceInternet/DefenceNews/EquipmentAndLogistics/RafsReaperLogs10000HoursOverAfghanistan.htm）
25. http://www.disa.mil/mnis/index.html
26. http://www.lm-isgs.co.uk/defence/datalinks/satellite.htm
27. http://www.chips.navy.mil/archives/08_jul/web_pages/tactical_datalinks.html
28. COMMAND, CONTROL, COMMUNICATIONS, COMPUTERS, AND INTELLIGENCE（C4I）（http://www.navy.mil/navydata/policy/vision/vis99/v99-ch3e.html）
29. http://www.lm-isgs.co.uk/defence/datalinks/link_14.htm
30. http://www.lm-isgs.co.uk/defence/datalinks/link_4.htm
31. Common Data Link [CDL]（http://www.globalsecurity.org/intell/systems/cdl.htm）
32. JDW（2006/5/3）"IP-based airborne networking comes of age"
33. DoD Contracts（2010/2/19）FA8650-06-D-7636
34. JDW（2006/5/10）"Tactical targeting networking technology advances"
35. JDW（2006/5/3）"IP-based airborne networking comes of age"

36 JDW (2002/7/31) "Mobile phone radar system moves ahead"
37 Harris Corp. Press Release (2006/2/28) "Harris Corporation Successfully Completes Weapon Data Link Network Technology Demonstration"
38 Boeing Press Release (2010/6/21) "Boeing Begins Flight-testing B-1 with New Link 16 Communications"
39 http://www.lm-isgs.co.uk/defence/datalinks/other_protocols.htm
40 http://www.lm-isgs.co.uk/defence/datalinks/other_protocols.htm
41 AirForceLink (2010/5/14) "Leaders conclude successful Sensor Rally" (http://www.af.mil/news/story.asp?id=123204787)
42 http://www.shiploc.jp/
43 C4ISRjournal (2010/5/26) "U.S. puts hold on video management upgrade"
44 JDW (2010/8/25) "BRIEFING : Counter-IED Technology"
45 DefenseSystems (2009/5/6) "Blue Force gets capacity boost" (http://www.defensesystems.com/Articles/2009/05/06/Tech-Focus-Blue-Force-Tracking.aspx)
46 Joint Army System Boasts Hybrid Network - SIGNAL Connections (http://www.afcea.org/signal/articles/templates/signal_connections.asp?articleid=2174&zoneid=220)
47 DefenseNews (2009/10/8) "Northrop BFT2 Moving Information 45 Times Faster" (http://www.defensenews.com/osd_story.php?sh=VSDD&i=3762226)
48 http://www.defense-update.com/products/f/fbcb2_jcr.html
49 DefenseSystems (2010/6/14) "Military likely to shun iPhone"
50 JDW (2002/10/30) "DARPA finishes testing situational-awareness system"
51 JDW (2005/1/26) "BRIEFING : US Network-Centric Warfare - Widening the net"
52 http://www.disa.mil/gccs-j/index.html
53 http://www.disa.mil/gcssj/index.html
54 JDW (2004/5/19) "Submarines join the network of warfighters"
55 JDW (2005/6/29) "US to trial new submarine comms buoy"
56 JDW (2007/3/21) "Submarine communicatinos quest nears harbour trials"
57 Northrop Grumman Press Release (2010/3/17) "Northrop Grumman Begins Installing First EHF Satcom Hardware on B-2"
58 http://www.whitehouse.gov/cybersecurity/comprehensive-national-cybersecurity-initiative/
59 http://www.nisc.go.jp/
60 JDW (2010/3/31) "NATO urges more co-operation to curb cyber attacks"
61 DODLive (2010/6/8) "New Cyber Chief: Cyberspace Must Become a National Security Priority"
62 JDW (2010/4/14) "IDF works on interrogation skills"
63 JDW (2010/3/31) "NATO urges more co-operation to curb cyber attacks"

資 料

❶ MDS命名法

　以下に示すのは、米軍が1960年代に導入した、MDS（Mission Design Series）という命名ルールだ。航空機、ミサイル、各種電子機器の三分野について規定しており、形式を見ただけで、それが何者で、どのような働きをするものかが分かる優れものだ。

航空機

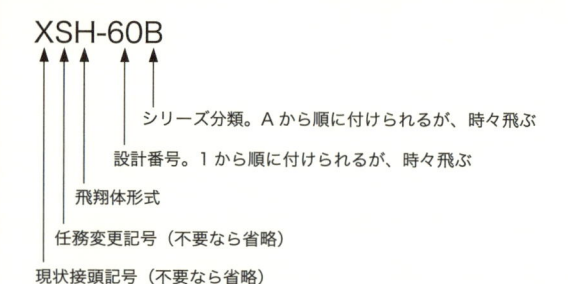

```
XSH-60B
││││
││││└─ シリーズ分類。Aから順に付けられるが、時々飛ぶ
│││└── 設計番号。1から順に付けられるが、時々飛ぶ
││└─── 飛翔体形式
│└──── 任務変更記号（不要なら省略）
└───── 現状接頭記号（不要なら省略）
```

　航空機の場合、本来の用途は「基本任務記号」で識別する。用途が異なる派生型ができた場合に、任務変更記号を付け加えて対応する。いずれの場合でも、試験機・試作機・原型機などでは現状接頭記号が加わる。飛翔体形式が加わるのは固定翼機以外だ。

現状接頭記号	任務変更記号	基本任務記号	飛翔体形式
G: 恒久飛行停止	A: 攻撃	A: 攻撃	無印: 固定翼航空機
J: 特別試験（臨時）	C: 輸送	B: 爆撃	G: グライダー
N: 特別試験（恒久）	D: 司令	C: 輸送	H: ヘリコプター
X: 試作／実験	E: 特殊電子装備	E: 特殊電子装備	S: 宇宙機
Y: 原型	F: 戦闘	F: 戦闘	V: V/STOL機
Z: 計画	H: 捜索救難	O: 観測	Z: 飛行船
	K: 給油	P: 哨戒	
	L: 極地	R: 偵察	
	M: 多用途／特殊作戦	S: 対潜	
	O: 観測	T: 練習	
	P: 哨戒	U: 汎用	
	Q: 標的	X: 研究	
	R: 偵察		
	S: 対潜		
	T: 練習		
	U: 汎用		
	V: 高官輸送		
	W: 気象		

ミサイル／ロケット／標的機／探査機／ブースター／衛星

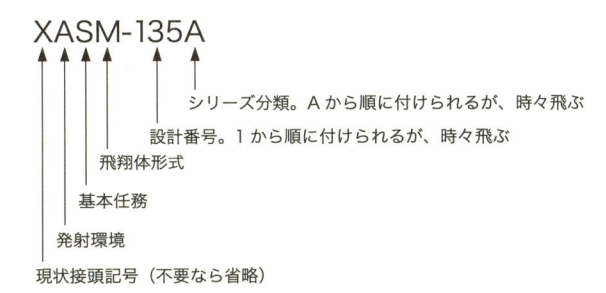

XASM-135A

- シリーズ分類。Aから順に付けられるが、時々飛ぶ
- 設計番号。1から順に付けられるが、時々飛ぶ
- 飛翔体形式
- 基本任務
- 発射環境
- 現状接頭記号（不要なら省略）

ミサイルの場合、同じミサイルでも発射環境が変わる場合がある。その場合、基本任務と飛翔体形式は変えずに発射環境の文字だけを変える場合と、発射環境を「B」として、最初からマルチプラットフォーム対応にしてしまう場合がある。

現状接頭記号	発射環境	基本任務	飛翔体形式
C: キャプティブ	A: 航空機	C: 輸送	B: ブースター
D: ダミー	B: マルチプラットフォーム	D: デコイ	M: ミサイル / 標的
J: 特別試験(臨時)	C: 棺桶式発射器	E: 電子 / 通信	N: 探査機
M: 整備	F: 携帯式	G: 対地・対艦攻撃	R: 非誘導ロケット
N: 特別試験(恒久)	G: 滑走路	I: 対空 / 対衛星要撃	S: 衛星
X: 試作 / 実験	H: サイロ収容	L: 発射探知 / 監視	
Y: 原型	L: サイロ発射	M: 科学 / 修正	
Z: 計画	M: 車載	N: 航法	
	P: ソフトパッド	Q: 標的	
	R: 水上艦	S: 宇宙支援	
	S: 宇宙	T: 練習	
	U: 潜水艦 / 水中	U: 水中攻撃	
		W: 気象	

1 MDS命名法

電子機器

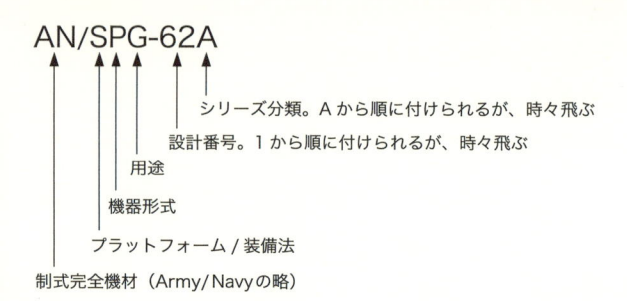

AN/SPG-62A

- シリーズ分類。Aから順に付けられるが、時々飛ぶ
- 設計番号。1から順に付けられるが、時々飛ぶ
- 用途
- 機器形式
- プラットフォーム/装備法
- 制式完全機材（Army/Navyの略）

電子機器の場合、シリーズ分類の代わりに「(V)〇〇」（〇〇の部分は数字）となり、改良型では数字が増えていく場合がある。例として、F-16の射撃管制レーダー「AN/APG-68(V)9」などがある。

プラットフォーム/装備法	機器形式	用途
A：航空機	A：赤外線	A：補助部品
B：潜水艦	B：標的	B：爆撃
C：航空可搬	C：有線	C：通信
D：無人機	D：放射能測定	D：方向探知/偵察/監視
F：地上固定	E：Nupac	E：射出/投下
G：地上全般	F：写真	G：火器管制/灯火指揮
K：水陸両用	G：テレグラフ/テレタイプ	H：録音/再生
M：地上車載	I：インターフォン	K：コンピュータ
P：携帯可搬	J：電子機械	M：整備/支援
S：水上	K：テレメーター	N：航空支援
T：地上	L：カウンターメジャー	Q：特殊/目的組み合わせ
U：汎用部品	M：気象	R：受信/パッシブ探知
W：水面	N：空中音響	S：探知/測距/方位/捜索
Z：有人/無人機組み合わせ	P：レーダー	T：送信
	Q：ソナー	W：自動操縦/遠隔操作
	R：無線機	X：識別/認証
	S：特殊/各種組み合わせ	Y：監視/管制
	T：有線電話	
	V：視覚/可視光線	
	W：兵器	
	X：ファクシミリ/テレビ	
	Y：データ処理	

❷ 統合弾薬命名法

　弾薬・発射器・信管の類については別途、統合弾薬命名法が規定されている。こちらは「○○U-△△A/B」といった構成で、「△△」は数字。それに続いて、最初のモデルは省略、2番目以降はシリーズ分類のアルファベットが入る。最後は、航空機に固定設置するものは「/A」、航空機から投下するものは「/B」、飛行不可能な地上品目は「/E」。たとえば「GBU-24/B」なら航空機から投下する誘導爆弾で、その改良型は「GBU-24A/B」となる。

　識別記号と識別内容の種類は多岐にわたるが、紙数の関係もあるので、頻出するものだけを以下に示す。これらを組み合わせることもあり、たとえばクラスター弾「CBU-○○/B」なら「SUU-△△/B」の中に「BLU-××/B」を入れて構成する。

識別記号	識別内容
BD	訓練弾
BL	爆弾・地雷・機雷
BR	爆弾架
CB	集束爆弾
CP	射撃諸元算定装置
FM	信管
GA	機関銃・機関砲
GB	誘導爆弾
GP	ガンポッド
KM	改造キット
LA	ミサイル/ロケット弾発射器
MJ	チャフ/フレアー
PG	機関銃弾・機関砲弾
SU	兵装投下用コンテナ
WD	ミサイル弾頭
WG	ミサイル誘導パッケージ

③ 頭文字略語表

軍事はIT業界と並んで、頭文字略語がやたらと多い。そこで、C4ISR分野に関わるものを中心に頭文字略語のリストをまとめてみた。ただし紙数の関係もあり、メジャーなものや特定のシステム名称、組織名称はあまり含まれていない点、御容赦いただきたい。

略語	正式名称	日本語訳
ABCCC	Airborne Battlefield Command and Control Center	（米空軍）機上戦場指揮管制センター
ABCS	Army Battle Command System	（米陸軍）陸軍戦闘指揮システム
ACB	Advanced Capability Build	（米海軍）新機能ビルド
ACCS	Air Command and Control System	航空戦指揮統制システム
ACDS	Advanced Combat Direction System	（米海軍）先進戦闘指揮システム
ACINT	Acoustic Intelligence	音響情報
ACIS	Amphibious Command Information System	（米海軍）両用戦指揮情報処理システム
ACTES	Air Combat Training Evaluation System	空戦訓練評価システム
AEHF	Advanced Extremely High Frequency	（米）先進EHF通信衛星
AESA	Active Electronically Scanned Array	アクティブ電子走査アレイ
AEW	Airborne Early Warning	空中早期警戒機
AEW&C	Airborne Early Warning and Control	空中早期警戒管制機
AFATDS	Advanced Field Artillery Tactical Data System	（米陸軍）先進野戦砲兵戦術データ・システム
ALIS	Autonomic Logistics Information System	自律兵站情報システム
AMSTE	Affordable Moving Surface Target Engagement	（米）低価格移動水上目標攻撃
APAR	Active Phased Array Radar	アクティブ・フェーズド・アレイ・レーダー
ARGUS-IS	Autonomous Real-time Ground Ubiquitous Surveillance-Imaging System	（米）自律リアルタイム地上映像監視（システム）
ASARS	Advanced Synthetic Aperture Radar System	先進合成開口レーダー
ASPJ	Airborne Self-Protection Jammer	航空機搭載自衛ジャマー
ATDL	Advanced Tactical Data Link	先進戦術データリンク
ATDS	Airborne Tactical Data System	航空戦術データシステム
ATECS	Advanced Technology Combat System	（海上自衛隊）先進技術戦闘システム
ATFLIR	Advanced Targeting Forward Looking Infra-Red	先進目標指示・前方監視赤外線センサー
ATHS	Automatic Target Handoff System/Automatic Target Handover System	（米空軍）自動目標情報引渡システム
ATIMS	Advanced Tactical Information Management System	（米海兵隊）先進戦術情報管理システム
ATIRCM	Advanced Threat Infrared Countermeasures	先進赤外線脅威対策
ATTCS	Army Tactical Command and Controls System	（米陸軍）戦術指揮統制システム
AWACS	Airborne Warning And Control System	空中警戒管制システム
BACN	Battlefield Airborne Communications Node	戦場航空通信ノード
BADGE	Base Air Defense Ground Environment	（日）自動警戒管制組織
BAMS	Broad Area Maritime Surveillance	（米海軍）広域洋上監視
BCIS	Battlefield Identification System	戦場敵味方識別システム

BCS3	Battle Command Sustained Support System	戦闘指揮/維持支援システム
BCS-F	Battle Control System-Fixed	(米空軍) 固定式戦闘指揮システム
BFT	Blue Force Tracker	(米陸軍) 友軍追跡装置
BGAN	Broadband Global Area Network	(米) 広帯域・汎地球通信網
BMS	Battle Management System	戦闘管制システム
BTID	Battlefield Target Identification	戦場向け敵味方識別
C2BMC	Command, Control Battle Management and Communications	指揮・統制・戦闘管制・通信
C2P	Command & Control Processor	指揮統制処理装置
C2T	Command and Control Terminal	(日) 指揮統制端末
C3I	Command, Control, Communication & Intelligence	指揮・統制・通信および情報
C4I	Command, Control, Communication, Computers & Intelligence	指揮・統制・通信・コンピュータおよび情報
C4ISR	Command, Control, Communication, Computers & Intelligence, Surveillance, and Reconnaissance	指揮・統制・通信・コンピュータ・情報・監視および偵察
CALI	Common Afloat Local Area Network Infrastructure	(米海軍) 共通艦上通信網
CANES	Consolidated Afloat Networks and Enterprise Services	(米海軍) 統合艦上通信網/エンタープライズ・サービス
CAOC	Combined Air Operation Centre	合同航空作戦センター
CCE	Common Computing Environment	共通コンピューティング環境
CCID	Coalition Combat Identification	聯合戦闘任務・敵味方識別
CCS	Counter Communication System	通信対抗システム
CCS-C	Command and Control System-Consolidated	(米空軍) 統合指揮統制システム
CDL	Common Data Link	共通データリンク
CDS	Combat Direction System	戦闘指揮システム
CDS	Command and Decision System	指揮・意志決定システム
CEC	Cooperative Engagement Capability	(米海軍) 共同交戦能力
CENTRIXS	Combined Enterprise Regional Information Exchange System	(米海軍) 複合型エンタープライズ地域情報交換システム
CENTRIXS-M	CENTRIXS (Combined Enterprise Regional Information Exchange System) -Maritime	(米海軍) 複合型エンタープライズ地域情報交換システム (海洋型)
CINS	Communications, Intelligence and Networking Systems	(米海兵隊) 通信・情報網システム
CMS	Combat Management System	戦闘管制システム
CNI	"Communication, Navigation, Identification"	通信・航法・識別
COE	Common Operating Environment	共通コンピュータ運用環境
COMINT	Communication Intelligence	通信情報
CONECT	Combat Network Communications Technology	(米空軍) 戦闘用通信網技術
COP	Common Operating Picture	共通作戦図
COTM	Communications-On-The-Move	移動中通信
CPOF	Command Post of the Future	(米) 将来型指揮所
CSD	Communications at Speed and Depth	(米海軍) 潜没航行中通信
CTP	Common Tactical Picture	共通戦術状況
CWID	Coalition Warrior Interoperability Demonstration	(米) 聯合作戦相互運用性実証
DAGR	Defense Advanced GPS Receiver	(米) 国防先進GPS受信機

DAS	Defensive Aids Subsystem	自衛サブシステム
DCGS	Distributed Common Ground System	（米）分散型共通地上システム
DCS	Defense Communications System	（米）国防通信システム
DIB	DCGS Intelligence Backbone	（米）DCGSインテリジェント基幹網
DII	Defense Information Infrastructure	国防情報基盤
DIRCM	Directed Infrared Countermeasures	指向性赤外線対策
DISN	Defense Information System Network	（米）国防情報システム網
DMON	Distributed Mission Operations Network	（米空軍）分散任務作戦網
DMS	Defense Messaging System	（米）国防メッセージング・システム
DMT	Distributed Mission Training	分散任務訓練[環境]
DSCS	Defense Satellite Communication System	（米）国防衛星通信システム
ECCM	Electronic Counter Countermeasures	対電子対策
ECM	Electronic Countermeasures	電子対策
ELINT	Electronic Intelligence	電子情報
EMPAR	European Multi-function Phased Array Radar	欧州多機能フェーズド・アレイ・レーダー
EO/IR	Electro-Optical/Infrared	電子光学/赤外線
EO-DAS	Electro-Optical Distributed Aperture System	電子光学分散開口システム
EOTS	Electro Optical Targeting System	電子光学目標指示システム
EPLRS	Enhanced Position Location Reporting Systems	（米陸軍）拡張位置標定報告システム
ESM	Electronic Support Measures	電子支援対策
FAB-T	Family of Advanced Beyond line-of-sight Terminals	（米）見通し線圏外通信用先進端末群
FBCB2	Force XXI Battle Command Brigade and Below	Force XXI戦闘指揮・旅団以下向け
FBX-T	Forward Based X-band Transportable	前線配備Xバンド・レーダー
FCS	Fire Control System	射撃管制システム
FDDS	Flag Data Display System	（米海軍）指揮データ表示システム
FDP	Forward Distribution Point	前線分配ポイント
FLIR	Forward Looking Infra-Red	前方監視赤外線センサー
FLTSATCOM	Fleet Satellite Communication	（米海軍）艦隊衛星通信
GBS	Global Broadcast Service	（米）汎地球配信サービス
GCCS	Global Command and Control System	（米）陸上指揮統制システム
GCS	Ground Control Station	地上管制ステーション
GCSS	Global Combat Support System	（米）汎地球戦務支援システム
GEOINT	Geospatial Intelligence	地理情報
GFCS	Gun Fire Control System	砲射撃管制システム
GIG	Global Information Grid	（米）汎地球情報網
GLONASS	Global Orbiting Navigation Satellite System	（露）汎地球周回航法衛星システム
GMTI	Ground Moving Target Indicator	地上移動目標識別
GPR	Ground Penetration Radar	地表貫通レーダー
GPS	Global Positioning System	（米）汎地球測位システム
HUMINT	Human Intelligence	人的情報
IBS	Integrated Broadcast Service	（米）統合配信サービス
IDECM	Integrated Defensive Electronic Countermeasures	（米空軍）統合自衛用電子戦機器
IFDL	Intra-Flight Data Link	（米）編隊内データリンク
IFF	Identify Friendly or Foe	敵味方識別装置
IHADSS	Integrated Helmet and Display Sighting System	統合ヘルメット表示照準システム

INS	Inertial Navigation System	慣性航法システム
IRCM	Infrared Countermeasures	赤外線対策
IRS/IRU	Inertial Reference System/Inertial Reference Unit	慣性参照システム
IRST	Infra-Red Spot Tracker/Infrared Search and Track	赤外線捜索・追跡
ISAR	Inverse Synthetic Aperture Radar	逆合成開口レーダー
ISR	"Information, Surveillance and Reconnaissance"	情報・監視・偵察
ISTAR	"Intelligence, Surveillance, Target Acquisition and Reconnaissance"	情報・監視・目標捕捉・偵察
ITAWDS	Integrated Tactical Amphibious Warfare Data System	両用戦統合戦術情報処理システム
IVIS	Inter Vehicle Information System	（米陸軍）車両間情報システム
JADGE	Japan Aerospace Defense Ground Environment	（日）新自動警戒管制システム
JBC-P	Joint Battle Command – Platform	（米陸軍）統合戦闘指揮プラットフォーム
JCR	Joint Capabilities Release	（米）統合能力リリース
JHMCS	Joint Helmet-Mounted Cueing System	（米）統合ヘルメット装備型キューイング・システム
JLENS	Joint Land Attack Cruise Missile Defense Elevated Netted Sensor	（米）対地攻撃巡航ミサイル防衛用統合ネットワーク化センサー
JMCIS	Joint Maritime Command Information System	（米海軍）統合海洋指揮情報システム
JMPS	Joint Mission Planning System	（米海軍）統合任務計画システム
JNN	Joint Network Node	（米陸軍）統合通信ノード
JOTS	Joint Operational Tactical System	（米海軍）統合作戦戦術システム
JREAP	Joint Range Extension Application Protocol	
J-STARS	Joint Surveillance Target Attack Radar System	（米）統合監視/目標攻撃レーダーシステム
JTIDS	Joint Tactical Information Delivery System	（米）統合戦術情報配信システム
JTRS	Joint Tactical Radio System	（米）統合戦術無線機
JTT	Joint Tactical Terminal	（米）統合戦術ターミナル
LAIRCM	Large Aircraft Infrared Counter Measures	（米空軍）大型機赤外線対策
LANTIRN	Low Altitude Navigation and Targeting Infra-Red for Night	夜間低高度航法・測的
LASER	Light Amplification by Stimulated Emission of Radiation	放射の誘導放出による光増幅
LCOP	Logistics Common Operating Picture	（米）共通兵站作戦図
LEMV	Long Endurance Multi-Intelligence Vehicle	
LPI	Low Probability of Intercept	低要撃可能性
LRS&T	Long-Range Surveillance and Track	（米）長距離監視・追跡
MADL	Multifunction Advanced Data Link	多機能先進データリンク
MAINGATE	Mobile Ad-Hoc Interoperable Network GATEway	
MAWS	Missile Approach Warning System/Missile Attack Warning System	ミサイル接近警報システム
MFCS	Missile Fire Control System	迫撃砲射撃統制装置
MFR	Multi Function Radar	多機能レーダー
MGV	Manned Ground Vehicle	（米陸軍）有人車輌群
MIDS	Multifunctional Information Distribution System	多機能情報分配システム
MIDS-JTRS	MIDS-Joint Tactical Radio System	多機能情報分配システム・JTRS型
MIDS-LVT	MIDS-Low Volume Terminal	多機能情報分配システム・小型版

MILES	Multiple Integrated Laser Engagement System	多重統合レーザー交戦システム
MILSTAR	Military Strategic/Tactical Relay System	(米) 軍用戦略／戦術中継システム
MNIS	Multinational Information Sharing System	多国間情報共有システム
MOF	Maritime Operations Force	(日) MOFシステム
MOS	MIDS On Ship	MIDS艦載型
MP-RTIP	Multi-Platform Radar Technology Insertion Program	マルチプラットフォーム・レーダー技術追加計画
MSS	Mission Support System	任務支援システム
MTI	Moving Target Indicator	移動目標表示
MTS	Movement Tracking System	移動追跡システム
MTS	Multi-spectral Targeting System	(米海兵隊) 海兵戦術システム
MTT	Moving Target Tracker	移動目標追跡
MUOS	Mobile User Objective System	(米海軍) 移動体ユーザー向けシステム
NADGE	NATO Air Defense Ground Environment	NATO自動警戒管制システム
NAVSTAR	Navigation System with Time And Ranging	
NCR	National Cyber Range	(米) サイバー演習場
NCTR	Non-Cooperative Target Recognition	非協力的目標識別
NCW	Network Centric Warfare	(米) ネットワーク中心戦闘
NEC	Network Enabled Capability	(英) ネットワーク中心（戦闘）能力
NGC2P	Next Generation Command and Control System	(米) 次世代指揮統制システム
NIK	Network Integration Kit	(米陸軍) ネットワーク化キット
NIPRNet	Non-secure IP Router Network	
NITEworks	Network Integration Test and Experimentation Works	
NTCSS	Navy Tactical Command Support System	(米海軍) 海軍戦術指揮支援システム
NTDS	Naval Tactical Data System	(米海軍) 海軍戦術データシステム
NVG	Night Vision Goggle	暗視ゴーグル
OFP	Operational Flight Program	任務プログラム
OPV	Optionally Piloted Vehicle	無人化可能ヴィークル
OSGCS	One System Ground Control Station	(米) One System地上管制ステーション
OSRVT	One System Remote Video Terminal	(米) One System動画受信端末機
PHOTINT	Photographic Intelligence	写真情報
PNVS	Pilot Night Vision System	パイロット暗視システム
RAID	Rapid Aerostat Initial Deployment	監視用飛行船緊急配備計画
RCDL	Radar Common Data Link	(米) レーダー利用共用データリンク
RMA	Revolution of Military Affairs	軍事における革命
RMP	Radar Modernization Program	レーダー近代化改修
RNCSS	Royal Navy Command Support System	英海軍指揮支援システム
ROVER	Remotely Operated Video Enhanced Receiver	(米) 遠隔動画受信機
RSIP	RADAR System Improvement Program	レーダー・システム改良計画
RSTA	Reconnaissance, Surveillance & Target Acquisition	偵察・監視・目標捕捉
RTOF	Recoverable Tethered Optical Fibre	(米海軍) 回収可能・光ファイバー曳航ブイ
RWR	Radar Warning Receiver	レーダー警報受信機
SAASM	Selective Availability Anti-Spoofing Module	利用選択・耐偽造モジュール
SADL	Situational Awareness Datalink	(米) 状況認識データリンク
SAGE	Semi-Automatic Ground Environment	(米空軍) 半自動地上管制要撃

SAR	Synthetic Aperture Radar	合成開口レーダー
SCA	Software Communications Architecture	（米）ソフトウェア通信機器アーキテクチャ
SDR	Software Defined Radio	ソフトウェア無線機
SICPS	Standardized Integrated Command Post System	（米陸軍）標準統合指揮システム
SIGINT	Signal Intelligence	信号情報
SIPRNet	Secure IP Router Network	（米）秘話IP通信網
SLAR	Side Looking Airborne Radar	側視機上レーダー
SLIR	Sideways-Looking Infra-Red	側視赤外線センサー
SMCS NG	Submarine Command System New Generation	（英海軍）
SOFLAM	Special Operations Forces Laser Marker	特殊作戦部隊向けレーザー目標指示器
SoS	System of Systems	
SSDS	Ship Self Defense System	（米海軍）自艦防衛システム
STANAG	Standardization Agreement	（NATO）標準化合意
STDL	Satellite Tactical Data Link	（英）衛星戦術データリンク
SUGV	Small Unmanned Ground Vehicle	小型無人車両
SWAN	Shipboard Wide Area Network	（米海軍）艦載広域ネットワーク
TACC	Marine Tactical Air Command Center	（米海兵隊）海兵戦術航空指揮センター
TADIL	Tactical Data Information Link	魚雷・音響機器対策
TADIX	Tactical Data Information Exchange	戦術データ情報リンク（LINK 16：JTIDS）
TADS	Target Acquisition and Designation Sight	目標捕捉・照射サイト
TBMCS	Tactical Battle Management Core System	（米空軍）戦術戦闘管制中核システム
TCDL	Tactical Common Data Link	戦術共通データリンク
TELINT	Telemetry Intelligence	テレメトリー情報
TEWS	Tactical Electronic Warfare System	戦術電子戦システム
TFCC	Tactical Flag Command Center	（米海軍）戦術指揮管制センター
TIDLS	Tactical Information Datalink System	戦術情報データリンク
TINS	Thermal Image Navigation System	熱画像航法システム
TSAT	Transformational SATCOM (Satellite Communications)	
TTNT	Tactical Targeting Networking Technology	（米）戦術目標捕捉ネットワーク技術
T-UGS	Tactical Unattended Ground Sensor	（米陸軍）戦術無人センサー
TWS	Track While Scan	走査中（目標）追尾
UAI	Universal Armament Interface	（米空軍）汎用兵装インターフェイス
UAV	Unmanned Aerial Vehicle/Unmanned Air Vehicle	無人航空機
UCAV	Unmanned Combat Air Vehicle	無人戦闘用機
UFO	UHF Follow-On	（米）UHF次世代衛星
UGV	Unmanned Ground Vehicle	無人車両
USV	Unmanned Surface Vehicle/Unmanned Surface Vessel	無人船
U-UGS	Urban Unattended Ground Sensor	（米陸軍）市街戦無人センサー
UUV	Unmanned Underwater Vehicle	無人水中機
VUIT-2	Video from UAS for Interoperability Teaming Level II	
WGS	Wideband Global SATCOM (Satellite Communications)	（米）広帯域汎地球衛星通信
WIN-T	Warfighter Information Network-Tactical	（米陸軍）戦術戦闘情報網

井上孝司（いのうえ　こうじ）

テクニカルライター。1966年生まれ、マイクロソフト（株）勤務などを経て、1999年春に独立。当初はIT関連分野で書籍・雑誌記事などの執筆からスタートしたが、さらにIT教育分野や航空戦ゲームソフトの監修などにも進出。
　その後、本書の前作にあたる『戦うコンピュータ』（毎日コミュニケーションズ）により軍事・安全保障分野にテリトリーを拡大したのをきっかけに、「エアワールド」「丸」などの各誌で記事を執筆中。特に軍事分野においては、IT関連の知識・経験を活かして独自の境地を開拓中。その集大成が本書といえる。
　さらに、鉄道を初めとする運輸・交通分野に進出して、『配線略図で広がる鉄の世界』（秀和システム）では、交通協力会の交通図書賞（第35回）一般部門で奨励賞を受賞したり、テレビ・ラジオ番組に出演したりと、こちらも精力的に活動中。

Web URL : http://www.kojii.net/

戦うコンピュータ2011
戦場のIT革命　いま、そこにある未来戦

2010年11月13日　　第1刷
2011年5月10日　　第2刷

著　者　　井上孝司
発行者　　高城直一
発行所　　株式会社　光人社
　　　　〒102-0073
　　　　東京都千代田区九段北1-9-11
　　　　振替番号／00170-6-54693
　　　　電話番号／03(3265)1864(代)
　　　　http://www.kojinsha.co.jp
印刷製本　　株式会社シナノ

定価はカバーに表示してあります
乱丁、落丁のものはお取り替え致します。本文は中性紙を使用
©2010　Printed in Japan　　ISBN978-4-7698-1486-3 C0095